高等学校"十二五"规划教材

无机化学实验

王新芳　主　编

U0391991

化学工业出版社

·北京·

本书分为无机化学实验基础知识、无机化学实验基本仪器与操作技能、无机化学实验项目三个部分，共涉及实验项目 50 个，其中基本操作技能实验 8 个，化学原理及常数测定实验 8 个，元素化学实验 10 个，无机制备实验 14 个，综合与设计实验 10 个。本书着重强调仪器基本操作的规范性、实验方法的正确性，注重方法论，重点训练学生的基本操作技能。

本书可作为化学、化工、环工、材料、轻工、纺织、冶金、医学、生物等专业本科生的教材，亦可供相关专业工作者参考。

图书在版编目（CIP）数据

无机化学实验/王新芳主编. —北京：化学工业出版社，2014.8（2024.8 重印）
高等学校"十二五"规划教材
ISBN 978-7-122-21372-3

Ⅰ.①无… Ⅱ.①王… Ⅲ.①无机化学-化学实验-高等学校-教材 Ⅳ.①O61-33

中国版本图书馆 CIP 数据核字（2014）第 161154 号

责任编辑：宋林青　　　　　　　　　文字编辑：李　琰
责任校对：蒋　宇　　　　　　　　　装帧设计：史利平

出版发行：化学工业出版社（北京市东城区青年湖南街 13 号　邮政编码 100011）
印　　装：北京七彩京通数码快印有限公司
787mm×1092mm　1/16　印张 10½　字数 257 千字　2024 年 8 月北京第 1 版第 8 次印刷

购书咨询：010-64518888　　　　　　　售后服务：010-64518899
网　　址：http://www.cip.com.cn
凡购买本书，如有缺损质量问题，本社销售中心负责调换。

定　　价：30.00 元

前　言

　　化学实验是化学理论的基础，是检验化学理论正确与否的唯一标准，同时也是化学学科促进生产力发展的根本。化学实验其自身的系统性与教学规律以及其在应用创新型人才培养中的地位是基础化学理论课程所无法替代的。

　　无机化学实验是高校化学、化工、环工、材料化学、轻工、材料、纺织、冶金、医学、生物科学等专业学生的必修课程，该课程对于其他后续理论与实验课程起着基础性、示范性作用。无机化学实验课的主要教学目的就是培养学生科学的世界观和方法论，提高学生的综合素质和创新能力。

　　随着现代化实验技术的不断发展，无机化学实验的教学内容、实验方法、实验手段在不断更新。为了满足和适应新时代对人才培养的需要，适应高等学校教学的发展趋势，与时俱进，开拓创新，全面提升我院学生的综合实力和国际竞争能力，我们根据教育部化学类专业教学指导委员会的要求以及我校培养创新应用型人才的要求编写了本实验教材。

　　在编写过程中吸收了我校近年来无机化学实验教学和教改的经验和成果，并借鉴其他高校在实验教学改革方面的经验，参考了部分国内外出版的同类教材，根据我校开设无机化学实验课程的专业的特点，经过大量调查、分析研究，立足于课程的整体性和基础性，同时结合编写教师们的科研工作，对教学内容进行了整合和优化，突出了对学生动手能力、科学素养、创新精神等综合素质的培养。

　　本书共分三个部分。

　　第一篇，无机化学实验基础知识。较系统和详细地介绍了无机化学实验常识，以及进行无机化学实验和化学研究所必备的相关基础知识。

　　第二篇，无机化学实验基本仪器与操作技能。对无机化学实验基本仪器的规范使用方法以及无机化学实验的基本实验方法、手段及操作技能做出了较系统的总结和详细的介绍，力争使学生通过无机化学实验的训练而掌握规范、系统的基本操作，为后续的化学实验打下坚实的基础。

　　第三篇，无机化学实验项目，是本书的核心部分。实验项目共 50 个，其中基本操作技能实验 8 个，化学原理及常数测定实验 10 个，元素化学实验 10 个，无机制备实验 14 个，综合与设计实验 10 个。本章除了选择大量的以训练学生化学实验基本操作能力和掌握基本化学实验原理方法为目的的经典的无机化学实验外，还引入了一些应用及影响面广、内容上与无机化学前沿学科结合较为密切的较新的无机合成化学实验及综合与设计实验，以反映当今化学研究前沿领域的新进展、新技术，激发学生的兴趣和创造力，使学生在实验方法和实验技能上得到全面的训练，并培养学生开拓创新的能力。

　　附录部分列出了与无机化学实验相关的基本数据、常数和必要的资料，并介绍了相关的实验参考书目以及网站。

　　本书在编写过程中突出了以下几点。

　　(1) 强调了无机化学实验基础知识、无机化学实验基本仪器及操作在无机化学实验中的重要性。本书对实验基本操作的要点做了翔实的介绍和指导，着重强调了仪器基本操作的规范性、实验方法的正确性，注重方法论，重点训练学生的基本操作技能。为此，本书除了将"无机化学实验基础知识"和"实验基本操作与技能"单独列为两章外，还在第3篇的第1章基本操作技能实验中选取了典型的基本技能与操作实验项目供学生训练之用。

（2）本书在本校原有无机化学实验指导书的基础上，仍然保留了大量典型的无机化学实验，以满足对学生动手能力、科学素养等综合素质的培养。加强了与化学学科相关专业的无机化学实验基本操作技能和实验方法的训练及创新性思维的培养。

（3）为了训练学生独立分析问题、解决问题的能力，满足培养应用创新型人才的需要，本书还增设了部分的无机合成实验及综合与设计实验。因此，本书可作为与化学学科相关的各个专业的无机化学实验教材，也可作为从事医学、农学、生物、纺织及其相关专业工作者的参考书。

本实验教材是我们多年来实验教学改革与实践经验的总结。全书由王新芳主编并负责统稿，周连文、刘雷芳、范晋勇、牛萍等多位从事无机化学实验教学的老师任副主编，2012级材料化学专业的张晴晴、辛旋旋两位同学参与了部分校订工作。

本书在编写过程中得到了德州学院化学化工学院和化学工业出版社的关心和支持，在此深表谢意。特别感谢德州学院化学化工学院董岩教授、孙建之教授对本书编写工作的大力支持和帮助！

此外，衷心感谢在网络上提供无机化学实验素材的同行们，他们为本书中一些实验的编写提供了有用的参考资料。

虽然在编写之前广泛征求了理论课教师的意见，无机化学实验教研室的老师们也进行了多次讨论，但是，由于时间仓促，编者水平有限，教材中缺点疏漏在所难免，希望老师和同学们提出宝贵意见，以便进一步完善和修改。

编者
2014 年 5 月

目　　录

附　录

第1篇 无机化学实验基础知识

第1章 化学实验基本知识

1.1 实验室安全知识

化学实验室是开展实验教学的主要场所，在实验室中涉及许多仪器仪表、化学试剂甚至有毒药品，实验室常常潜藏着诸如爆炸、着火、中毒、灼伤、触电等事故。因此，实验者必须特别重视实验安全。

1.1.1 实验室守则

(1) 实验前要认真预习，明确实验目的，了解实验原理，熟悉实验内容、方法和步骤，做好实验准备工作，严格遵守实验室的规章制度，听从教师的指导。

(2) 实验中要保持安静，不得大声喧哗，不得随意走动；实验时要集中精力，认真操作，积极思考，仔细观察，如实记录。

(3) 爱护公共财物，小心使用仪器和实验室设备，注意节约水、电和煤气。正确使用实验仪器设备，精密仪器应严格按照操作规程使用，发现仪器有故障应立即停止使用，并及时向教师报告。

(4) 实验台上的仪器、试剂瓶等应整齐地摆放在一定的位置，注意保持台面的整洁；每人应取用自己的仪器，公用或临时共用的玻璃仪器使用完毕后应洗净并放回原处。

(5) 药品应按规定用量取用，如未规定用量，应注意节约使用；已取出的试剂不能再放回原试剂瓶中，以免带入杂质。取用药品的用具应保持清洁、干燥，以保证试剂的纯洁和浓度。取用药品后应立即盖上瓶盖，以免放错瓶塞，污染药品。放在指定位置的药品不得擅自拿走，用后要及时放回原处；实验中用过又规定要回收的药品，应倒入指定的回收瓶中。

(6) 实验中的废渣、纸、碎玻璃、火柴梗等应倒入废品杯内；废液倒入指定的废液缸，剧毒废液由实验室统一处理；未反应完的金属洗净后回收；实验室的一切物品不得私自带出室外。

(7) 实验结束后，应将所用仪器洗净放回实验橱内，橱内仪器应清洁整齐，存放有序；实验室内公共卫生由学生轮流打扫，并检查水、电，关好门窗。

1.1.2 实验室安全守则

(1) 一切易燃、易爆物质的操作都要在离火较远的地方进行；一切有毒的或有恶臭的物质的实验，应在通风橱中进行。

(2) 不要用湿手接触电源；水、电、煤气用后应立即关闭水龙头、煤气阀门、拉掉电闸；点燃的火柴用后应立即熄灭，不得乱扔。

(3) 严禁在实验室内饮食、抽烟或把食品带进实验室。防止有毒药品（如铬盐、钡盐、铅盐、砷的化合物、汞及汞的化合物、氰化物等）进入口内或接触伤口。

（4）绝对不允许随意混合各种化学药品，以免发生意外事故。

（5）加热试管时，不得将试管口对着自己或别人，也不要俯视正在加热的液体，以免溅出的液体把人烫伤；在闻瓶中气体的气味时，鼻子不能直接对着瓶口（或管口），而应用手轻轻扇动少量气体进行嗅闻。

（6）倾注药剂或加热液体时，不要俯视容器，特别是浓酸碱等具有腐蚀性的药剂，切勿使其溅在皮肤或衣服上，眼睛更应注意防护；稀释酸、碱（特别是浓硫酸）时，应将它们慢慢注入水中，并不断搅拌，切勿将水注入浓酸、碱中；强氧化剂（如氯酸钾、硝酸钾、高锰酸钾等）或其混合物不能研磨，以免引起爆炸；银氨溶液不能留存，因久置后会析出黑色的氮化银沉淀，极易爆炸。

（7）金属钾、钠和白磷等暴露在空气中易燃烧，所以金属钾、钠应保存在煤油中，白磷则可保存在水中，取用时要用镊子；金属汞易挥发，并通过呼吸道进入人体，逐渐积累会引起慢性中毒，一旦出现金属汞洒落，必须尽可能收集起来，并用硫黄粉盖在洒落的地方，使金属汞转变成不挥发的硫化汞。一些有机溶剂（如乙醚、乙醇、丙酮、苯等）极易引燃，使用时必须远离明火、热源，用毕立即盖紧瓶盖。

（8）实验室所有药品不得携出室外。每次实验后，必须洗净双手后才可离开实验室。

1.1.3　意外事故的紧急处理

因各种原因而发生事故后，千万不要慌张，应沉着冷静，立即采取有效措施处理事故。

（1）割伤　先将伤口中的异物取出，不要用水清洗伤口，伤轻者可涂用紫药水（或红汞、碘酒）或贴上"创可贴"包扎；伤势较重时先用酒精清洗消毒，再用纱布按住伤口，压迫止血，立即送医院治疗。

（2）烫伤　被火、高温物体或开水烫伤后，不要用冷水冲洗或浸泡，若伤处皮肤未破可将碳酸氢钠粉调成糊状敷于伤处，也可用 10% 的高锰酸钾溶液或者苦味酸溶液洗灼伤处，再涂上獾油或烫伤膏。

（3）受强酸腐蚀　立即用大量水冲洗，再用饱和碳酸氢钠或稀氨水冲洗，最后再用水冲洗；若酸液溅入眼睛，用大量水冲洗后，立即送医院诊治。

（4）受浓碱腐蚀　立即用大量水冲洗，再用 2% 醋酸溶液或饱和硼酸溶液冲洗，最后再用水冲洗；若碱液溅入眼睛，用 3% 硼酸溶液冲洗，然后立即到医院治疗。

（5）受溴腐蚀致伤　用苯或甘油洗涤伤口，再用水洗。

（6）受磷灼伤　应立即用 1% 硝酸银、5% 硫酸铜或浓高锰酸钾溶液洗灼伤处，除去磷的毒害后，再按一般烧伤的治理方法处置。

（7）吸入刺激性或有毒气体：吸入氯气、氯化氢气体时，可吸入少量酒精和乙醚的混合蒸气解毒；吸入硫化氢或一氧化碳气体而感到不适（头晕、胸闷、欲吐）时，应立即到室外呼吸新鲜空气。但应注意氯气、溴中毒不可进行人工呼吸，一氧化碳中毒不可使用兴奋剂。

（8）遇毒物入口时　可内服一杯含有 5～10mL 稀硫酸铜溶液的温水，再用手指伸入咽喉部，促使呕吐，然后立即送医院治疗。

（9）触电　立即切断电源，或尽快用绝缘物（干燥的木棒、竹竿等）将触电者与电源隔开，必要时进行人工呼吸。

（10）起火　要立即灭火，并采取措施防止火势蔓延（如切断电源，移走易燃药品等），必要时应报火警（119）。灭火的方法要针对起火原因选择合适的方法和灭火设备。

① 一般的起火，小火用湿布、石棉布或砂子覆盖燃烧物即可灭火；大火可以用水、泡沫灭火器、二氧化碳灭火器灭火。

② 活泼金属如钠、钾、镁、铝等引起的着火，不能用水、泡沫灭火器、二氧化碳灭火器灭火，只能用砂土、干粉灭火器灭火；有机溶剂着火时切勿使用水、泡沫灭火器灭火，而应该用二氧化碳灭火器、专用防火布、砂土、干粉灭火器等灭火。

③ 精密仪器、电器设备着火时，首先切断电源，小火可用石棉布或砂土覆盖灭火，大火用四氯化碳灭火器灭火，亦可用干粉灭火器或 1211 灭火器灭火。不可用水、泡沫灭火器灭火，以免触电。

④ 身上衣服着火时，切勿惊慌乱跑，应赶快脱下衣服或用专用防火布覆盖着火处，或就地卧倒打滚，也可起到灭火的作用。

1.2　实验数据的记录与处理

1.2.1　测量误差

在测量实验中，误差是普遍存在的。我们要分析测量结果的准确性，误差的大小及其产生的原因，不断提高测量结果的准确性。

（1）准确度与误差

准确度是指测定值与真实值接近的程度。准确度的大小用误差表示，误差越小，表示分析结果的准确度越高。误差可用绝对误差与相对误差两种方法表示。

绝对误差（E）：指测量值（X）与真实值（T）之差，即

$$E=X-T$$

相对误差（RE）：指绝对误差占真实值的百分率，即

$$RE=\frac{E}{T}\times100\%$$

绝对误差只能显示出误差变化的范围，不能确切地表示测量精度。相对误差表示误差在测量结果中所占的百分比，测量结果的准确度常用相对误差表示。绝对误差可是正值也可是负值，正值表示测量值较真实值偏高，负值表示测量值较真实值偏低。

（2）精密度与偏差

通常被测物质的真实值是未知的，因此无法求得分析结果的准确度。实际工作中，为了得到可靠的分析结果，在相同的条件下，对样品进行多次反复测定，求出分析结果的算术平均值。多次测定值之间相吻合的程度称为精密度。精密度表现了测定结果的再现性，用偏差表示，偏差越小，说明分析结果的精密度越高，所以偏差的大小是衡量精密度高低的尺度。

绝对偏差（d_i）表示测定值（x_i）与平均值（$\overline{x}$）之差：

$$d_i=x_i-\overline{x}$$
$$\overline{x}=\frac{x_1+x_2+x_3+\cdots+x_n}{n}$$

平均偏差（$\overline{d}$）为各单个偏差的平均值：

$$\overline{d}=\frac{d_1+d_2+d_3+\cdots+d_n}{n}=\frac{|x_1-\overline{x}|+|x_2-\overline{x}|+|x_3-\overline{x}|+\cdots+|x_n-\overline{x}|}{n}$$

相对平均偏差为：

$$R\overline{d}=\frac{\overline{d}}{\overline{x}}\times100\%$$

由以上分析可知，误差是以真实值为标准，偏差是以多次测量结果的平均值为标准。

（3）误差的种类及其产生的原因

系统误差　这种误差是由某种固定的原因造成的。例如方法误差（由测定方法本身引起），仪器误差（仪器本身不够准确），试剂误差（试剂不够纯），操作误差（正常操作情况下，操作员本身的原因）。这些情况下产生的误差在同一条件重复测定时会重复出现。

偶然误差　这是由于一些难以控制的偶然因素引起的误差。如测定时的温度、大气压的微小波动，仪器性能的微小变化，操作人员对试样微小处理时的差别等。由于引起原因有偶然性，所以误差是可变的，有时大，有时小；有时是正值，有时是负值。

除上述两类误差外，还有因工作疏忽而引起的过失误差。如试剂用错，读数错，砝码认错，或者计算错误，均可引起很大的误差，这些都应力求避免。

1.2.2　有效数字

（1）有效数字的定义

有效数字是指实际上能测量到的数值，在该数值中只有最后一位是可疑数字，其余的均为可靠数字。它的实际意义在于有效数字能反映出测量时的准确程度。例如：用最小刻度为0.1cm的直尺量出某物体的长度为11.23cm。显然这个数值的前3位数是准确的，而最后一位数字就不是那么可靠，因为它是测试者估计出来的，这个物体的长度可能是11.24cm，亦可能是11.22cm，测量的结果有±0.01cm的误差。我们把这个数值的前面3位可靠数字和最后一位可疑数字称为有效数字。

有效数字的位数：从左侧第一个不为零的数字起到最末一位数，共有几个数字，就是几位有效数字。例：0.0923、0.09230、2.0140有效字的位数依次为3位、4位和5位。

（2）数字的运算规则

① 四舍六入五留双。在运算时，按一定的规则舍入多余的尾数，称为数字的修约。测量数值中被修订的那个数，若小于等于4，则舍弃；若大于等于6，则进一；若等于5（5后无数或5后为0），5前面为偶数则舍弃，5前面为奇数则进一，当5后面还有不为0的任何数时，无论5前面是偶数还是奇数一律进一。

例如，将下列测量值修约为四位数：

3.14245	3.142	5.62450	5.624
3.21560	3.216	3.38451	3.385
5.62350	5.624	3.3845	3.384

修约数字时，对原测量值要一次修约到所需位数，不能分次修约。例如，将3.3149修约成三位数，不能先修约成3.315，再修约成3.32；只能一次修约为3.31。

② 在进行加减运算时，有效数字取舍以小数点后位数最少的数值为准。例如，0.0231、24.57和1.16832三个数相加，24.57的数值小数点后位数最少，故其他数值也应取小数点后两位，其结果是：$0.02+24.57+1.17=25.76$。

③ 在乘除运算中，应以有效数字最少的为准。例如，0.0231、24.57和1.16832三个数相乘，0.0231的有效数字最少，只有3位，故其他数字也只取3位。运算的结果也保留3位有效数字：$0.0231×24.6×1.17=0.665$。

④ 在对数运算中，所取对数的位数应与真数的有效数字位数相同。例如：lg9.6的真数有两位有效数字，则对数应为0.98，不应该是0.982或0.9823。又如 $[H^+]$ 为 $3.0×10^{-2}$

mol·L^{-1}时，pH 应为 1.52。

1.2.3　化学实验中的数据记录与处理

（1）实验数据的记录

学生要有专门的实验报告本，标上页码，不得乱撕。绝不允许将数据记在单页纸上、小纸片上，或随意记在其他地方。实验数据应按要求记在实验记录本或实验报告本上。实验过程中的各种测量数据及有关现象，应及时、准确而清楚地记录下来，记录实验数据时，要有严谨的科学态度，要实事求是，切忌夹杂主观因素，绝不能随意拼凑和伪造数据。

实验过程中涉及的各种特殊仪器的型号和标准溶液浓度等，也应及时准确记录下来。记录实验数据时，应注意其有效数字的位数。如用分析天平称量时，要求记录至0.0001g；滴定管及移液管的读数，应记录至 0.01mL。实验中的每一个数据，都是测量结果，所以，重复测量时，即使数据完全相同，也应记录下来。在实验过程中，如果发现数据算错、测错或读错而需要改动时，可将数据用一横线划去，并在其上方写上正确的数字。

（2）实验数据的处理

① 列表法　做完实验后，应该将获得的大量数据，尽可能整齐地有规律地列表表达出来，以便处理运算。列表时应注意以下几点：每一个表都应有简明完备的名称；在表的每一行或每一列的第一栏，要详细地写出名称、单位等；在每一行中数字排列要整齐，位数和小数点要对齐，有效数字的位数要合理；原始数据可与处理的结果写在一张表上，在表下注明处理方法和选用的公式。

② 作图法　利用图形表达实验结果更直观，易显示出数据的特点，如极大值、极小值、转折点等，还可利用图形求面积、斜率、截距、作切线、进行内插和外推等。在画图时应注意以下几点。

a. 坐标纸和比例尺的选择。最常用的坐标纸是直角坐标纸，其他如对数坐标纸、半对数坐标纸和三角坐标纸也有时用到。在用直角坐标纸作图时，以自变数为横轴，因变数为纵轴，横轴与纵轴的读数不一定从 0 开始，要视具体情况而定。制图时选择比例尺是极为重要的，因为比例尺的改变，将会引起曲线外形的变化。特别对于曲线的一些特殊性质，如极大值、极小值、转折点等，比例尺选择不当会使图形特点显示不清楚。

b. 画坐标轴。选定比例尺后，画上坐标轴，注明该轴所代表变数的名称及单位。横轴读数自左至右，纵轴自下而上。

c. 作代表点。将测得数值的各点绘于图上，实验点用铅笔以×、□、○、△等符号标出（符号的大小表示误差的范围）。若测量的精确度很高，这些符号应作得小些，反之就大些。在一张图纸上如有数组不同的测量值时，各组测量值代表点应用不同符号表示，以示区别。

d. 连曲线。借助于曲线板或直尺把各点连成线，曲线应光滑均匀，细而清晰，曲线不必强求通过所有各点，实验点应该分布在曲线的两边，曲线的两边的点在数量上应近似于相等。代表点与曲线间的距离表示测量的误差，曲线与代表点间的距离应尽可能小。选用合适的绘图工具，铅笔应该削尖，线条才能明晰清楚。画线时应该用直尺或曲线尺辅助，不能光凭手来描绘。选用的直尺或曲线板应该透明，才能全面地观察实验点的分布情况，画出较理想的图形。

　　e. 写图标。写上清楚完备的图标（图的名称）及坐标轴的比例尺。比例尺的选择应遵循如下的规则：首先，要能表示出全部有效数字。以便从作图法求出的物理量的精确度与测量的精确度相适应。其次，读数方便。图纸每小格所对应的数值应便于迅速简便地读数，便于计算。充分利用图纸的全部面积，使全图布局匀称合理。

1.3　实验报告的书写

　　实验报告是总结实验进行的情况、分析实验中出现的问题和整理归纳实验结果必不可少的基本环节，是把直接和感性认识提高到理性思维阶段的必要一步。实验报告也反映了每个学生的实验水平，是实验评分的重要依据。实验者必须严肃、认真、如实的写好实验报告。

　　实验报告包括七部分内容：

　　(1) 实验目的。

　　(2) 实验原理：主要用反应方程式和公式表示，语言要简明扼要。

　　(3) 实验仪器与药品。

　　(4) 实验步骤：尽量用表格、框图、符号等形式，表达要清晰条理。

　　(5) 实验现象和数据记录：表达实验现象要正确、全面，数据记录要规范、完整，绝不允许主观臆造，弄虚作假。

　　(6) 实验结果：对实验结果的可靠程度与合理性进行评价，并解释所观察到的实验现象；若有数据计算，务必将所依据的公式和主要数据表达清楚。

　　(7) 问题与讨论：针对实验中遇到的疑难问题，提出自己的见解或体会；也可以对实验方法、检测手段、合成路线、实验内容等提出自己的意见，从而训练创新思维和创新能力。

　　实验报告内容包括：实验题目、实验目的、实验原理及实验内容，并回答教师指定的实验思考题或练习题。实验报告应字体工整，简明扼要，整齐清洁。下面列举几种不同类型的实验报告格式，以供参考。

无机化学测定实验报告

实验名称：＿＿＿＿＿＿＿＿＿＿＿＿＿＿＿＿＿＿＿＿

气压＿＿＿＿＿＿室温＿＿＿＿＿

＿＿＿＿＿级　　＿＿＿组　　姓名＿＿＿＿＿实验室＿＿＿＿＿

指导教师＿＿＿＿＿日期＿＿＿＿＿

测定原理（简述）：

_____

数据记录和结果处理：

_____

问题和讨论：

_____

附注：

元素化学性质实验报告

实验名称：_____　气压_____　室温_____
_____级　__组　姓名_____　实验室_____　指导教师_____　日期_____

实验内容（步骤）	实验现象	解释和反应方程式

讨论：

小结：

附注：

无机化学制备实验报告

实验名称：_____　气压_____　室温_____
_____级　__组　姓名_____　实验室_____　指导教师_____　日期_____

基本原理（简述）：

简单流程：

实验过程主要现象：

实验结果：
　　产品外观：
　　产量：
　　含量：

问题和讨论：

附注：

指导教师签名_____

第2章 化学实验常用仪器的使用

2.1 台秤和电子天平的使用

天平是化学实验室中最常用的称量仪器。天平的种类很多，按天平的平衡原理，可将天平分为杠杆式天平和电磁力式天平两类；根据天平的精度，天平可分为常量（0.1mg）、半微量（0.01mg）、微量（0.001mg）天平等。选用何种天平进行称量，需视实验时对称量的精度要求而定。托盘天平和电子天平是化学实验中最常用的称量仪器。

2.1.1 台秤

台秤（又叫托盘天平）常用于一般称量，台秤一般能称至 0.1mg，用于对精度要求不高的称量或精密称量前的粗称。

图 1-1　台秤

① 构造　如图 1-1 所示，由横梁、托盘、指针、刻度盘、游码标尺、游码、平衡调节螺丝、天平底座组成。

② 称量　称量物品前，要先调整台秤零点。将台秤游码拨到标尺"0"处，检查台秤指针是否停在刻度盘中间位置，若不在中间，可调节台秤托盘下侧的平衡调节螺丝。当指针在刻度盘中间位置左右摆动大致相等时，则台秤处于平衡状态，停摇时，指针即可停在刻度盘中间。该位置即为台秤的零点。零点调好后方可称量物品。

称量时，左盘放被称物品，右盘放砝码（10g 或 5g 以下的质量，可用游码），用游码调节至指针正好停在刻度盘中间位置，此时台秤处于平衡状态，指针所停位置称为停点（零点与停点之间允许偏差 1 小格以内），右盘上的砝码的质量与游码上的读数之和即为被称物的质量。

使用台秤应注意以下几点：不能称量热的物品；被称量物品不能直接放在台秤盘上，应放在称量纸、表面皿或其他容器中。吸湿性强或有腐蚀性的药品（如氢氧化钠）必须放在玻璃容器中快速称量；砝码只能放在台秤盘（大的放在中间、小的放在大的周围）和砝码盒里，必须用镊子夹取砝码；称量完毕立即将砝码放回砝码盒内，将游码拨到"0"位处，把托盘放在一侧或用橡皮圈将横梁固定，以免台秤摆动；保持台秤的整洁，托盘上不慎撒入药品或其他脏物时，应立即将其清除、擦净后，方能继续使用。

2.1.2 电子天平

通过电磁力矩的调节使物体在重力场中实现力矩平衡的天平称之为电子天平（图 1-2）。电子天平是最新一代的天平，可直接称量，全量程不

天窗　　　　　　　　　　　　　外框

左侧门　　　　　　　　　　　　右侧门

秤盘

显示器　　　　　　　　　　　　底脚
　　　　　　　　　　　　　　　功能键

图 1-2　电子天平

需砝码，放上被称物品后，在几秒钟内即可达到平衡。电子天平具有称量速度快、精度高、使用寿命长、性能稳定、操作简便和灵敏度高的特点，其应用越来越广泛，并逐步取代机械天平。

① 结构　电子天平的外框为优质合金框架，上部有一个可以移动开的天窗，左、右各有一个可以移动开的侧门，天窗和侧门供称量或清理天平内部时方便使用。电子天平底座的下部有 3 个底脚（前 1 后 2），是电子天平的支撑部件，同时也是电子天平的水平调节器。调节天平的水平时，旋动后面的底脚即可。秤盘由优质金属材料制成，是承受物品的装置，使用时要注意清洁，随时用毛刷除去洒落的药品或灰尘。水平仪位于天平侧门里左侧一角，用来指示天平是否处于水平状态。前部面板是功能键：ON-开机键；OFF-关机键；TAR-去皮或清零键；CAL-自动校准键。

② 电子天平的使用方法

a. 检查并调整天平至水平位置。

b. 事先检查电源电压是否匹配（必要时配置稳压器），按仪器要求通电预热至所需时间，不少于 30 分钟。

c. 按一下 ON 键，显示器显示"0.0000g"，如果显示的不是"0.0000g"，应进行校准。方法是按 TARE 键，稳定地显示 0.0000g 后，按一下 CAL 键，天平将自动进行校准，屏幕显示 CAL，表示正在进行校准。CAL 消失后，表示校准完毕，即可进行称量。

d. 称量时，打开电子天平侧门，将被称物品轻轻放在秤盘上，关闭侧门，待显示屏上的数字稳定并出现质量单位 g 后，即可读数（最好再等几秒钟）。轻按一下 TARE 键，天平将自动校对零点，然后逐渐加入待称物质，直到所需重量，显示屏所显示的数值即为所需物品的质量。

e. 称量结束后应及时移去物品，关上侧门，切断电源，盖好天平罩。

③ 注意事项　电子天平应放置在牢固平稳的水泥台或木质台面上，室内要求清洁、干燥及较恒定的温度，同时应避免光线直接照射到天平上。称量时应从侧门取放物质，读数时应关闭箱门，以免空气流动引起天平摆动。顶窗仅在检修或清除残留物质时使用。若长时间不使用，则应定时通电预热，每周一次，每次预热 2h，以确保仪器始终处于良好状态。天平内应放置吸潮剂（如硅胶），当吸潮剂吸水变为红色时，应立即高温烘烤更换，以确保干燥剂的吸湿性能。挥发性、腐蚀性、强酸强碱类物质应盛于带盖称量瓶内称量，防止腐蚀天平。

2.2　液体体积的度量仪器及使用

根据需要，可用量筒、移液管、容量瓶和滴定管等度量液体体积。

2.2.1　量筒

量筒是化学实验室中最常用的度量液体的仪器，多用来量取对体积精度要求不高的溶液或蒸馏水。量筒容量有 10mL、25mL、50mL、100mL 等，实验中可根据所取溶液的体积来选用。

要求准确移取一定体积溶液时，可用移液管、吸量管或滴定管。

2.2.2　移液管和吸量管

移液管和吸量管是用于准确移取一定体积的液体量出式玻璃量器。中间有一膨大部分的管颈上部刻有一条标线是移液管，俗称胖肚吸管，管中流出的溶液的体积与管上所标明的体积相同；内径均匀管上有分刻度的是吸量管也称刻度吸管，吸量管一般只用于取小体积的溶液。因管上带有分度，可用来吸取不同体积的溶液，但准确度不如移液管。

移液管和吸量管的使用方法如下：

使用前用少量洗液润洗后，依次用自来水、蒸馏水润洗几次，洗净的移液管和吸量管整个内壁和下部的外壁不挂水珠。再用滤纸将管尖内外的水吸去，然后用少量移取液润洗2～3次，以免溶液被稀释。润洗后，即可移液。

用洗液洗涤的方法如下：右手手指拿住移液管标线上部，插入洗液，左手捏出洗耳球内空气，并以洗耳球嘴顶住移液管上口，借球内负压将洗液吸至移液管球部约1/4处，用右手食指按住管口，取出吸管，将其横过来，左右两手分别拿住移液管上下端，慢慢转动移液管，使洗液布满全管，然后将洗液倒回原瓶。

移液操作：用移液管移取溶液时，右手拇指及中指拿住管颈标线以上部位（图1-3），将移液管下端垂直插入液面下1～2cm处，插入太深，外壁沾带溶液过多；插入太浅，液面下降时易吸空。左手持洗耳球，捏扁洗耳球挤出空气并将其下端尖嘴插入吸管上端口内，然后逐渐松开洗耳球吸上溶液，眼睛注意液体上升，随着容器中液面的下降，移液管逐渐下移。当溶液上升至管内标线以上时，拿去洗耳球，迅速用右手食指紧按管口。将移液管离开液面，靠在器壁上，稍微放松食指，同时轻轻转动移液管，使液面缓慢下降，当液面与标线相切时，立即按紧食指使溶液不再流出。将吸取了溶液的移液管插入准备接收溶液的容器中，将接收容器倾斜而移液管直立，使容器内壁紧贴移液管尖端管口，并成45°左右。放开食指让溶液自然顺壁流下（图1-4），待溶液流尽后再停靠约15s，取出移液管。最后尖嘴内余下的少量溶液，不必吹入接收器中，因在制管时已考虑到这部分残留液体所占体积。注意，有的吸管标有"吹"字，则一定要将尖嘴内余下的少量溶液吹入接收容器中。

图1-3　移液管吸液

图1-4　移液管放液

2.2.3　容量瓶

容量瓶是一种细颈梨形的平底瓶，配有磨口玻璃塞或塑料塞，容量瓶上标明使用的温度和容积，瓶颈上有刻度线。是一种量入式的量器。主要用来配制准确浓度的溶液。

容量瓶在使用前应检查是否漏水，如漏水则不能使用。检查方法是：将水装至标线附近，盖好塞子，右手食指按住瓶盖，左手握住瓶底（图1-5），将瓶倒置2min，观察瓶塞周围有无漏水现象。如不漏水，将瓶直立，转动瓶塞180°后再试一次。不漏水，方可使用。容量瓶的塞子是配套使用的，为避免塞子打破或遗失，应用橡皮筋把塞子系在瓶颈上。

用容量瓶配制溶液时，如是固体物质，应先将已准确称量的固体在烧杯内溶解，再将溶液转移到容量瓶中，转移溶液时用玻璃棒引流（图 1-6）。用少量蒸馏水冲洗烧杯和玻璃棒几次，冲洗液也转入容量瓶中。然后慢慢往容量瓶中加入蒸馏水至容量瓶 3/4 左右容积时，将容量瓶沿水平方向摇转几圈，使溶液初步混匀。继续加水至标线下约 1cm 处，稍停待附在瓶颈上的水充分流下后，仔细地用滴管或洗瓶加水至弯月面的最下沿与标线相切（小心操作，切勿过标线），塞好塞子，将容量瓶倒置摇动（图 1-7），重复几次，使溶液混合均匀。如固体是经加热溶解的，溶液冷却后才能转入容量瓶内。如果是用已知准确浓度的浓溶液稀释成准确浓度的稀溶液，可用移液管吸取一定体积的浓溶液于容量瓶中，然后按上述操作方法加水稀释至标线。

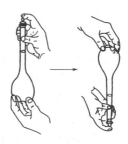

图 1-5　容量瓶的拿法　　　　图 1-6　溶液移入容量瓶　　　　图 1-7　振荡容量瓶

不宜在容量瓶内长期存放溶液（尤其是碱性溶液）。配好的溶液如需保存，应转移到试剂瓶中，该试剂瓶预先应经过干燥或用少量该溶液润洗 2～3 次。容量瓶用毕后应立即用水冲洗干净。如长期不用，磨口处应洗净擦干，并用纸片将磨口隔开。温度对量器的容积有影响，使用时要注意溶液的温度、室温以及量器本身的温度。容量瓶不得在烘箱中烘烤，也不能用其他任何方法进行加热。

2.2.4　滴定管的使用

滴定管主要用于定量分析作滴定用，有时也能用于精确取液。滴定管分酸式和碱式两种。酸式滴定管的下端有一玻璃旋塞、开启旋塞酸液即自管内流出。主要用来装酸性溶液或氧化性溶液。碱性滴定管的下端连接一乳胶管，乳胶管内装有一个玻璃圆球。代替玻璃旋塞，以控制溶液的流出。乳胶管下端接一个带尖嘴的小玻璃管。碱式滴定管用来装碱性溶液。

（1）使用前的准备

① 检查滴定管的密合性　酸式滴定管的密合性关键是下端磨口玻璃旋塞是否漏水，检查方法是将旋塞关闭，滴定管里注满水，把它固定在滴定管架上，放置 1～2 分钟，观察滴定管口及旋塞两端是否有水渗出，旋塞不渗水才可使用。碱式滴定管的检查是检查乳胶管是否老化以及玻璃球大小是否合适等。

② 修理滴定管　酸式滴定管旋塞漏水或旋塞旋转困难，应该进行维修。最常用的方法是涂凡士林。其方法是：把旋塞芯取出，用手指蘸少许凡士林，在旋塞芯两头薄薄地涂上一层，然后把旋塞芯插入塞槽内，沿同一方向旋转使油膜在旋塞内均匀透明，且旋塞转动灵活（图 1-8）。碱式滴定管如果漏水，应更换乳胶管或大小合适的玻璃球。

注意事项：

a. 涂抹凡士林时，不能太多，也不能太少，不能堵塞塞孔。

b. 塞子用橡皮筋套住以防脱落破损。

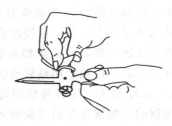

图1-8　旋塞涂油

c. 涂油后，再次检查是否漏水，方法同①。

③ 洗涤　滴定管使用前应进行洗涤。洗前要将酸式滴定管旋塞关闭。管中注入水后，一手拿住滴定管上端无刻度的地方，一手拿住旋塞或橡皮管上方无刻度的地方，边转动滴定管边向管口倾斜，使水浸湿全管。然后直立滴定管，打开旋塞或捏挤橡皮管使水从尖嘴口流出。滴定管洗干净的标准是玻璃管内壁不挂水珠。洗涤时，先用自来水冲洗，然后用蒸馏水洗2~3次。最后用少量滴定用的溶液淋洗3次。

（2）装液

装操作溶液前应先用操作液润洗滴定管2~3次，洗去管内壁的水膜，以确保标准溶液浓度不变。装液时要将标准溶液摇匀，然后不借助任何器皿直接注入滴定管内。到刻度"0"以上约1cm。

（3）调整零点

首先，要将滴定管中的气泡赶出。将酸式滴定管稍微倾斜30度，右手迅速开启旋塞，

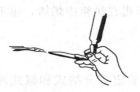

图1-9　碱式滴定管
排出气泡

使溶液快速冲出，将气泡带走。对于碱式滴定管，挤压玻璃球，可将橡皮管稍向上弯曲，出口上斜，挤压玻璃球的右上方，使溶液从玻璃球和橡皮管之间的隙缝中流出，气泡即被逐出，如图1-9。然后将多余的溶液滴出，使管内液面处在"0.00"刻度处。如果在排气泡时，流出溶液过多，液面在"0.00"以下，可以记下此刻的读数，计算时减去该数值即可。

（4）滴定

① 手法　进行滴定操作时，应将滴定管夹在滴定管架上。对于酸式滴定管，左手控制旋塞（图1-10），大拇指在管前，食指和中指在后，三指轻拿旋塞柄，手指略微弯曲，向内扣住旋塞，手心空握，避免产生使旋塞拉出的力。向里旋转旋塞使溶液滴出（图1-11）。对于碱式滴定管，用左手的拇指和食指捏住玻璃珠靠上部位，向手心方向捏挤橡皮管，使其与玻璃珠之间形成一条缝隙，溶液即可流出（图1-12）。滴定过程中，右手要不断向同一方向摇动锥形瓶。

图1-10　左手旋转旋塞　　　　图1-11　酸式滴定管操作　　　　图1-12　碱式滴定管的操作

② 滴定时，先快后慢，刚开始时可稍快一些，稍快时可每秒 3～4 滴，但不可成"流"，必须成滴；当接近终点时（即局部指示剂变色），要慢滴。每加一滴碱液（或酸液）都要将溶液摇动均匀，然后再加一滴，临终点时要加入半滴（控制液滴悬而不落，用锥形瓶内壁把液滴沾下来），用洗瓶冲洗锥形瓶内壁，摇匀，指示剂在 30 秒内不变色，即为达到终点。记下滴定管液面的位置。

（5）读数

滴定管必须固定在滴定管架上使用。读取滴定管的读数时，要使滴定管垂直，对于无色溶液或浅色溶液，视线应与弯月面下沿最低点在一水平面上，对于有色溶液，视线应与液面两侧的最高点相切。读数要在装液或放液后 1～2 分钟进行。

2.3　光电仪器的使用

2.3.1　分光光度计的使用

分光光度计用于测量物质对光的吸收程度，并进行定性、定量分析。可见分光光度计是实验室常用的分析测量仪器，下面以紫外可见分光光度计 UV752 型为例系统地介绍分光光度计的使用方法和注意事项。

（1）仪器工作原理

分光光度计的基本工作原理是基于物质对光（对光的波长）的吸收具有选择性，不同的物质都有各自的吸收光带，所以当光色散后的光谱通过某一溶液时，其中某些波长的光就会被溶液吸收。在一定的波长下，溶液中物质的浓度与光能量减弱的程度有一定的比例关系，符合于比色原理朗伯-比尔定律（图 1-13）：

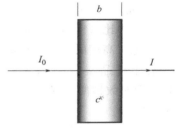

图 1-13　朗伯-比尔定律原理示意

$$T=\frac{I}{I_0}$$

$$A=\lg\frac{1}{T}=\lg\frac{I_0}{I}=\varepsilon cb$$

式中，T 为透射比；I_0 为入射光强度；I 为透射光强度；A 为吸光度；ε 为吸收系数，$dm^3\cdot mol^{-1}\cdot cm^{-1}$；$b$ 为溶液的光径长度 cm；c 为溶液的浓度，$mol\cdot dm^{-3}$。

从以上公式可以看出，当入射光、吸收系数和溶液厚度一定时，透光率是随溶液的浓度而变化的。当入射光的波长一定时，ε 即为溶液中有色物质的一个特征常数。

752 型分光光度计允许的测定波长范围在 195～1020nm，其构造比较简单，测定的灵敏度和精密度较高。因此，应用比较广泛。

（2）仪器的基本结构

752 型分光光度计的仪器构造见图 1-14。从光源灯发出的连续辐射光线，射到聚光透镜上，汇聚后，再经过平面镜转角 90°，反射至入射狭缝。由此入射到单色器内，狭缝正好位于球面准直物镜的焦面上，当入射光线经过准直物镜反射后，就以一束平行光射向棱镜。光线进入棱镜后，进行色散。色散后回来的光线，再经过准直镜反射，就会聚在出光狭缝上，再通过聚光镜后进入比色皿，光线一部分被吸收，透过的光进入光电管，产生相应的光电流，经放大后在微安表上读出。

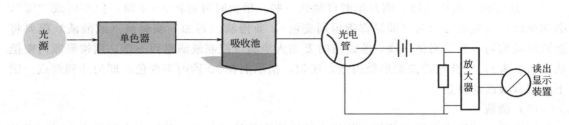

图 1-14　752 型分光光度计的基本结构示意图

（3）操作和使用方法

① 打开仪器开关，仪器使用前应预热 30 分钟。

② 转动波长旋钮，观察波长显示窗，调整至需要的测量波长。

③ 根据测量波长，拨动光源切换杆，手动切换光源。200～339nm 使用氘灯，切换杆拨至紫外区；340～1000nm 使用卤钨灯，切换杆拨至可见区。

④ 调 T 零

在透视比（T）模式，将遮光体放入样品架，合上样品室盖，拉动样品架拉杆使其进入光路。按下"调 0%"键，屏幕上显示"000.0"或"－000.0"时，调 T 零完成。

⑤ 调 100%T/OA

先用参比（空白）溶液洗涤比色皿 2～3 次，将参比（空白）溶液倒入比色皿，溶液量约为比色皿高度的 3/4，用擦镜纸将透光面擦拭干净，按一定的方向，将比色皿放入样品架。合上样品室盖，拉动样品架拉杆使其进入光路。按下"调 100%"键，屏幕上显示"BL"延时数秒便出现"100.0"（T 模式）或"000.0"、"－000.0"（A 模式）。调 100%T/OA 完成。

⑥ 测量吸光度

a. 参照操作步骤（3）、步骤（4）。

b. 在吸光度（A）模式，参照步骤（5）调 100%T/OA。

c. 用待测溶液荡洗比色皿 2～3 次，将待测溶液倒入比色皿，溶液量约为比色皿高度的 3/4，用擦镜纸将透光面擦拭干净，按一定的方向，将比色皿放入样品架。合上样品室盖，拉动样品架拉杆使其进入光路，读取测量数据。

⑦ 测量完毕

测量完毕后，清理样品室，将比色皿清洗干净，倒置晾干后收起。关闭电源，盖好防尘罩，结束实验。

（4）仪器的维护和注意事项

① 调 100%T/OA 后，仪器应稳定 5 分钟再进行测量。

② 光源选择不正确或光源切换杆不到位，将直接影响仪器的稳定性。

③ 比色皿应配对使用，不得混用。置入样品架时，石英比色皿上端的"Q"标记（或箭头）、玻璃比色皿上端的"G"标记方向应一致。

④ 玻璃比色皿适用范围：320nm～1100nm 石英比色皿适用范围：200nm～1100nm。

⑤ 使用的吸收池必须洁净，并注意配对使用。量瓶、移液管均应校正、洗净后使用。

⑥ 取吸收池时，手指应拿毛玻璃面的两侧，装盛样品以池体的 4/5 为度，使用挥发性溶液时应加盖，透光面要用擦镜纸由上而下擦拭干净，检视应无溶剂残留。吸收池放入样品

室时应注意方向相同。用后用溶剂或水冲洗干净，晾干防尘保存。

⑦ 供试品溶液浓度除该品种已有注明外，其吸收度以在 0.3～0.7 之间为宜。

⑧ 测定时除另有规定外，应以配制供试品溶液的同批溶剂为空白对照，采用 1cm 石英吸收池，在规定的吸收峰±2nm 以内，测几个点的吸收度或由仪器在规定的波长附近自动扫描测定，以核对供试品的吸收峰位置是否正确，并以吸收度最大的波长作为测定波长，除另有规定外吸收度最大波长应在该品种项下规定的测定波长±2nm 以内。

⑨ 供试品应取 2 份，如为对照品比较法，对照品一般也应取 2 份。平行操作，每份结果对平均值的偏差应在±0.5％以内。选用仪器的狭缝宽度应小于供试品吸收带的半宽度，否则测得的吸光度值会偏低，狭缝宽度的选择应以减少狭缝宽度时供试品的吸收度不再增加为准，对于大部分被测品，可以使用 2nm 缝宽。

2.3.2　pH 计（酸度计）的使用

pH 计即酸度计，是测定溶液 pH 的常用仪器。它主要是利用一对电极在不同 pH 溶液中，产生不同的直流毫伏电动势，将此电动势输入到电位计，经过电子换算，最后在指示器上指示出测量结果。酸度计种类较多，但是基本原理、操作步骤大致相同。现以 25 型酸度计和 pHS-2C 型酸度计为例，来说明其操作步骤及其注意事项等。

（1）工作原理

酸度计主要利用一对电极测定不同 pH 溶液时产生不同的电动势。这对电极中的一根称为指示电极（通常使用玻璃电极），其电极电位随着被测溶液的 pH 而变化；另一根称为参比电极，其电极电位与被测溶液的 pH 无关，通常使用甘汞电极。

① 玻璃电极　玻璃电极是一种特殊的导电玻璃（含 72％ SiO_2、22％ Na_2O、6％ CaO）吹制成的空心小球，球中有 $0.1mol \cdot L^{-1}$ 的 HCl 溶液和 Ag-AgCl 电极，把它插入待测溶液中，便组成一个电极（图 1-15）：

$$Ag, AgCl(s) | HCl(0.1mol \cdot L^{-1}) \ | \ 玻璃 \ | \ 待测溶液$$

这个导电的薄玻璃膜把两个溶液隔开，即有电动势产生，小球内氢离子浓度是固定的，所以该电极的电势随待测溶液的 pH 不同而改变，即

$$E = E^{\ominus} + 0.0592V \ pH$$

式中，E 为电动势；$E^{\ominus}$ 为标准电极电势。

② 饱和甘汞电极　饱和甘汞电极是由金属汞、Hg_2Cl_2 和饱和 KCl 溶液组成的电极，内玻璃管封接一根铂丝，铂丝插入纯汞中，纯汞下面有一层甘汞（Hg_2Cl_2）和汞的糊状物。外玻璃管中装入饱和 KCl 溶液，下端用素烧陶瓷塞塞住，通过素瓷塞的毛细孔，可是内外溶液相通（图 1-16）。甘汞电极可表示为：

$$Hg | Hg_2Cl_2(s) | KCl(饱和)$$

电极反应为：

$$Hg_2Cl_2 + 2e^- == 2Hg + 2Cl^-$$

其电极电势为：

$$E(Hg_2Cl_2 | Hg) = E^{\ominus}(Hg_2Cl_2 | Hg) - 0.0592V/2lg[c(Cl^-)/c^{\ominus}]^2$$

甘汞电极电势只与 $c(Cl^-)$ 有关，当管内盛饱和 KCl 溶液时，$c(Cl^-)$ 一定，$E(Hg_2Cl_2 | Hg) = 0.2415V(25℃)$。

将饱和甘汞电极与玻璃电极一起浸到被测溶液中组成原电池，其电动势为：

$$E_{MF} = E(Hg_2Cl_2 \mid Hg) - E_{玻} = 0.2415V - E_{玻}^{\ominus} + 0.0592V \, pH$$

$$pH = \frac{E_{MF} - 0.2415V + E_{玻}^{\ominus}}{0.0592V}$$

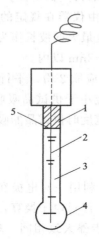

图 1-15　玻璃电极

1—玻璃管；2—铂丝；3—缓冲溶液；
4—玻璃膜；5—Ag＋AgCl

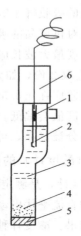

图 1-16　甘汞电极

1—Hg；2—Hg＋Hg$_2$Cl$_2$；3—KCl 饱和溶液
4—KCl 晶体；5—素瓷塞；6—导线

如果 $E_{玻}^{\ominus}$ 已知，即从电动势求出 pH。不同玻璃电极的 $E_{玻}^{\ominus}$ 是不同的，而且同一玻璃电极的 $E_{玻}^{\ominus}$ 也会随时间而变化。为此，必须对玻璃电极先进行标定，即用一已知 pH 的缓冲溶液先测出电动势：

$$E_s = E(Hg_2Cl_2 \mid Hg) - E_{玻}^{\ominus} - 0.0592V \, pH_s \qquad ①$$

然后测出未知液（其 pH 为 pH_x）的电动势 E_x：

$$E_x = E(Hg_2Cl_2 \mid Hg) - E_{玻}^{\ominus} - 0.0592V \, pH_x \qquad ②$$

式②一式①可得：

$$\Delta E = E_s - E_x = 0.0592V(pH_s - pH_x) = 0.0592V \Delta pH$$

由上式可知，当溶液的 pH 改变一个单位时，电动势改变 0.0592V 即 59.2mV。酸度计上一般把测得的电动势直接用 pH 的值表示出来。为了方便起见，仪器上设有定位调节器，测定标准缓冲溶液时，可利用调节器，把读数直接调节到标准缓冲溶液的 pH，以后测量未知溶液时，就可直接指示出溶液的 pH。

（2）雷磁 25 型酸度计的使用方法

① pH 挡使用

a. 玻璃电极在使用前要提前 24h 浸泡在去离子水或蒸馏水中；

b. 甘汞电极接正极（＋），玻璃电极接负极（－）。安装时先把甘汞电极上的橡皮套取下，再将甘汞电极固定在电极夹上，玻璃电极插入负极插孔，并旋紧螺丝固定好。注意把甘汞电极的位置装的低一些，以防电极下落损坏玻璃电极；

c. 接通电源，打开电源开关，此时指示灯亮，预热 10min；

d. 定位（校准）

（a）电极用去离子水冲洗后，用碎滤纸吸干水，插入定位用的标准缓冲溶液中（酸性溶液常用 pH＝4.009 的邻苯二甲酸氢钾标准缓冲溶液，碱性溶液用 pH＝9.18 的标准缓冲溶液）；

（b）将测量旋钮扳至 pH 挡；

（c）温度补偿器旋至被测溶液的温度；

（d）量程开关置于与标准缓冲溶液相应的 pH 范围（酸性 0～7，碱性 7～14）；

（e）调节零点调节器，使电表指针在 7 处（通电前表针不在 7 处，可用螺丝刀调节表上螺丝）；

（f）按下读数开关，调节定位调节器，使指针的读数与标准缓冲溶液的 pH 相同；

（g）放开读数开关，指针回到 7 处。如有变动，可重复 f 和 g 的操作。定位结束后，不得再动定位调节器。

e. 测量

（a）电极用去离子水冲洗后，用滤纸吸干水后插入被测溶液中；

（b）按下读数开关，指针所指的数值就是被测溶液的 pH 值；

（c）在测量过程中，零点可能发生变化，应随时加以调整；

（d）测量完毕，放开读数开关，移走溶液，冲洗电极，取下甘汞电极，冲洗擦干后套上橡皮套，放回盒中。玻璃电极可不取下，但是要浸泡在新鲜去离子水中。切断电源。

② mV 挡的使用

a. 接通电源，打开电源开关，预热 10min；

b. 把 pH-mV 旋钮置于＋mV（或－mV）挡处，此时温度补偿旋钮和定位旋钮均不起作用；

c. 量程开关置于"0"处，此时电表指针应指 7 处。再将量程开关置于 7～0 处，指针所示范围 700～0mV，调节零点调节器，使电表指针在"0"mV 处；

d. 将待测电池的电极接在电极接线柱上；

e. 按下读数开关，电表指针所指读数即为所测的端电压（电势差）。若指针偏转范围超过刻度时，量程开关由"7～0"扳回到"0"，再扳到"7～14"，指示所示范围为 700～1400mV；

f. 读数完毕，先将量程开关扳向"0"，再放开读数开关，以免打弯指针；

g. 切断电源，拆除电极。

（3）pHS-2C 型酸度计的使用方法

pHS-2C 型酸度计采用了数字显示，读数方便准确。测量溶液 pH 时，以玻璃电极为指示电极，甘汞电极为参比电极，也可与 pH 复合电极配套使用。pH 复合电极是将玻璃电极和甘汞电极制作在一起，使用方便。

① pH 测定步骤　玻璃电极使用前必须浸泡 24h。仪器在使用前，即测量溶液的 pH 前，可按如下程序进行定位。

a. 打开仪器电源开关；

b. 把测量选择开关扳到 pH 挡；

c. 先把电极用去离子水或蒸馏水清洗，然后把电极插在 pH＝6.86 的缓冲溶液中，调节"温度"补偿器所指示的温度与被测溶液的温度相同，然后再调节定位调节器使仪器所指示的 pH 与该缓冲溶液在此温度下的 pH 相同；

d. 取出电极，用去离子水清洗，把洗过的电极用碎滤纸吸干水分，插入 pH 为 4.003 的缓冲溶液中，使仪器的"温度"补偿器所指示的温度与缓冲溶液的温度相同，然后再调节

"斜率"调节器，使仪器显示的 pH 与缓冲溶液在该温度下的 pH 相同。

经过标定的仪器，"定位"、"斜率"不应有任何变动。

经过标定的仪器就可以进行 pH 的测量。当被测溶液的温度不同于缓冲溶液温度时，温度调节器的温度与被测液温度一致。

② 测量电极电势（mV）

a. 把测量选择开关扳向"mV"；

b. 接上各种适当的离子选择电极；

c. 用去离子水清洗电极，用滤纸吸干；

d. 把电极插在被测液内，即可读出该离子选择电极的电动电势（mV）值并显示极性。

③ 注意事项

a. 仪器性能的好坏与合理的维护保养密不可分，因此必须注意维护与保养；

b. 仪器可以长时间连续使用，当仪器不用时，拔出电极插头，关掉电源开关；

c. 甘汞电极不用时要用橡皮套将下端套住，用橡皮塞将上端小孔塞住，以防饱和 KCl 流失。当 KCl 溶液流失较多时，则通过电极上端小孔进行补加。玻璃电极不用时，应长期浸在去离子水中；

d. 玻璃电极球泡切勿接触污物，如有污物可用医用棉花轻擦球泡部分或用 0.1mol·L^{-1} HCl 溶液清洗；

e. 玻璃电极球泡有裂缝或老化，应更换电极。新玻璃电极或干置不用的玻璃电极在使用前应在去离子水中浸泡 24～48h；

f. 电极插口必须保持清洁、干燥。在环境湿度较大时，应用干布擦干。

2.3.3　电导率仪的使用

DDS-11A 型电导率仪的测量范围广，可以测定一般液体和高纯水的电导率，操作简便，可以直接从表上读取数据，并有 0～10mV 讯号输出，可接自动平衡记录仪进行连续记录。

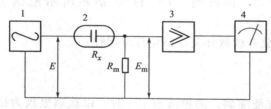

图 1-17　电导率仪测量原理图
1—振荡器；2—电导池；3—放大器；4—指示器

（1）测量原理

电导率仪的工作原理如图 1-17 所示。把振荡器产生的一个交流电压源 E，送到电导池 R_x 与量程电阻（分压电阻）R_m 的串联回路里，电导池里的溶液电导愈大，R_x 愈小，R_m 获得的电压 E_m 也就越大。将 E_m 送至交流放大器放大，再经过讯号整流，以获得推动表头的直流讯号输出，表头直读电导率。

（2）测量范围

① 测量范围　0～105μS·cm^{-1}，分 12 个量程。

② 配套电极　DJS-1 型光亮电极，DJS-1 型铂黑电极，DJS-10 型铂黑电极。光亮电极用于测量较小的电导率（0～10μS·cm^{-1}），而铂黑电极用于测量较大的电导率（10～105μS·cm^{-1}）。通常用铂黑电极，因为它的表面比较大，这样降低了电流密度，减少或消除了极化。但在测量低电导率溶液时，铂黑对电解质有强烈的吸附作用，出现不稳定的现象，这时宜用光亮铂电极。

（3）使用方法

DDS-11A 型电导率仪的面板如图 1-18 所示。

① 打开电源开关前，应观察表针是否指零，若不指零时，可调节表头的螺丝，使表针指零。

② 根据电极选用原则，选好电极并插入电极插口。各类电极要注意调节好配套电极常数。将校正、测量开关拨在"校正"位置。

③ 插好电源后，再打开电源开关，此时指示灯亮。预热数分钟，待指针完全稳定下来为止。调节校正调节器，使表针指向满刻度。

④ 根据待测液电导率的大致范围选用低周或高周，并将高周、低周开关拨向所选位置。

⑤ 将量程选择开关拨到测量所需范围。如预先不知道被测溶液电导率的大小，则由最大挡逐挡下降至合适范围，以防表针打弯。

⑥ 倾去电导池中电导水将电导池和电极用少量待测液洗涤 2～3 次，再将电极浸入待测液中并恒温。

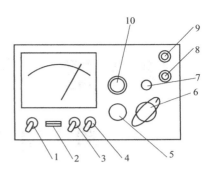

图 1-18　DDS-11A 型
电导率仪的面板图

1—电源开关；2—指示灯；3—高、低周
开关；4—校正测量开关；5—量程开关；
6—电容补偿；7—电极插口；8—输出插口；
9—校正调节；10—电极常数调节

⑦ 将校正、测量开关拨向"测量"，这时表头上的指示读数乘以量程开关的倍率，即为待测液的实际电导率。

⑧ 当用 $0\sim0.1\mu S\cdot cm^{-1}$ 或 $0\sim0.3\mu S\cdot cm^{-1}$ 这两档测量高纯水时，在电极未浸入溶液前，调节电容补偿调节器，使表头指示为最小值（此最小值是电极铂片间的漏阻，由于此漏阻的存在，使调节电容补偿调节器时表头指针不能达到零点），然后开始测量。

⑨ 10mV 的输出可以接到自动平衡记录仪或进行计算机采集。

（4）注意事项

① 电极的引线不能潮湿，否则测量不准确。

② 高纯水应迅速测量，否则空气中 CO_2 溶入水中变为 CO_3^{2-}，使电导率迅速增加。

③ 测定一系列浓度待测液的电导率，应注意按浓度由小到大的顺序测定。

④ 盛待测液的容器必须清洁，没有离子玷污。

⑤ 电极要轻拿轻放，切勿触碰铂黑。

⑥ 清洗电极，并用滤纸吸干多余最后淋洗的电导水，切勿损伤电极。

⑦ 对于电导率不同的体系，应采用不同的电极。

电导率低于 $10^{-5}\cdot\Omega^{-1}cm^{-1}$ 时使用光亮电极；电导率在 $10^{-5}\sim10^{-2}\Omega^{-1}\cdot cm^{-1}$ 时使用 DJS-1 铂黑电极；电导率大于 $10^{-2}\Omega^{-1}\cdot cm^{-1}$ 时使用 DJS-10 铂黑电极。此时电极常数调到 1/10 的位置，测出的结果乘以 10。

第2篇 实验基本操作与技能

第1章 仪器的干燥和洗涤

1.1 玻璃仪器的洗涤

在化学实验中，玻璃仪器的洗涤不仅是一项必须做的实验前的准备工作，也是一项技术性的工作。仪器洗涤是否符合要求，对实验结果的准确和精密度均有影响，严重时甚至导致实验失败。因此实验所用仪器必须是清洁干净的，有些实验还要求仪器必须是干燥的。洗涤仪器的方法很多，应根据实验的要求、污物的性质和玷污程度以及仪器的类型和形状来选择合适的洗涤方法。一般来说，附着在仪器上的污物既有可溶性物质，也有尘土和其他不溶性物质，还有有机物质和油污等。应针对这些情况"对症下药"，选用适当的洗涤剂来洗涤。

1.1.1 玻璃仪器洗涤方法

玻璃仪器干净的标准是用水冲洗后，仪器内壁能均匀地被水润湿而不沾附水珠，如果仍有水珠沾附内壁。说明仪器还未洗净，需要进一步清洗。洗涤方法可分为如下几种。

（1）一般洗涤

像烧杯、试管、量筒、漏斗等仪器，一般先用自来水洗刷仪器上的灰尘和易溶物。然后选用合适的毛刷蘸取去污粉、洗衣粉或合成洗涤剂，转动毛刷将仪器内外全部刷洗一遍，再用自来水冲洗至看不见有洗涤剂的小颗粒为止，自来水洗涤的仪器，往往还残留着一些 Ca^{2+}、Mg^{2+}、Cl^- 等离子，需再用蒸馏水或去离子水漂洗几次。洗涤仪器时应该逐一清洗，这样可避免同时抓洗多个仪器时碰坏或摔坏仪器。洗涤试管时要注意避免试管刷底部的铁丝将试管捅破。用蒸馏水或去离子水洗涤仪器时应采用"少量多次"法，通常使用洗瓶，挤压洗瓶使其喷出一股细流，均匀地喷射在内壁上并不断地转动仪器，再将水倒掉，如此重复几次即可。这样既提高效率，又可节约用水。

（2）铬酸洗液洗涤

洗液洗涤常用于一些形状特殊、容积精确、不宜用毛刷刷洗的容量仪器。如滴定管、移液管、容量瓶等。

铬酸洗液可按下述方法配制：将 25g 重铬酸钾固体在加热后溶于 50mL 水中，冷却后在搅拌下向溶液中慢慢加入 450mL 浓硫酸（注意安全，切勿将重铬酸钾溶液加到浓硫酸中），冷却后贮存在试剂瓶中备用。铬酸洗液是一种具有强酸性、强腐蚀性和强氧化性的暗红色溶液，对具有强还原性的污物如有机物、油污的去污能力特别强。铬酸洗液可重复使用，故洗液在洗涤仪器后应保留，多次使用后当颜色变绿时（Cr^{6+} 变为 Cr^{3+}），就丧失了去污能力，需再生后才能继续使用。

王水也是实验室中经常用的一种强氧化性的洗涤剂。王水为一体积浓硝酸和三体积浓盐酸的混合液，因王水不稳定，所以使用时应现用现配。以上两种洗液在使用时要切实注意不能溅到身上，以防"烧"破衣服和损伤皮肤。

用洗液洗涤仪器的一般步骤如下：仪器先用自来水洗，并尽量把仪器中残留的水倒净，以免稀释洗液。然后向仪器中加入少许洗液，倾斜仪器并使其慢慢转动，使仪器的内壁全部被洗液润湿，使洗液在仪器内浸泡一段时间。若用热的洗液洗，则洗涤效果更佳。用完的洗液倒回洗液瓶。用洗液刚浸洗过的仪器应先用少量水冲洗，冲洗废水不要倒入水池和下水道里，长久会腐蚀水池和下水道，应倒在废液缸中，经处理后排放。仪器用洗液洗过后再用自来水冲洗，最后用蒸馏水或去离子水淋洗 3 次即可。

（3）特殊污垢的洗涤

一些仪器上常有不溶于水的污垢，特别是原来未清洗而长期放置后的仪器。这就需要根据污垢的性质选用合适的试剂，使其经化学溶解而除去（表 2-1）。

表 2-1　常见污物处理方法

污　物	处　理　方　法
可溶于水的污物、灰尘等	自来水清洗
不溶于水的污物	肥皂、合成洗涤剂
氧化性污物（如 MnO_2、铁锈等）	浓盐酸、草酸洗液
油污、有机物	碱性洗液（Na_2CO_3、NaOH 等）、有机溶剂、铬酸洗液、碱性高锰酸钾洗涤液
残留的 Na_2SO_4、$NaHSO_4$ 固体	用沸水使其溶解后趁热倒掉
高锰酸钾污垢	酸性草酸溶液
黏附的硫黄	用煮沸的石灰水处理
瓷研钵内的污迹	用少量食盐在研钵内研磨后倒掉，再用水洗
被有机物染色的比色皿	用体积比为 1∶2 的盐酸-酒精液处理
银迹、铜迹	硝酸
碘迹	用 KI 溶液浸泡，温热的稀 NaOH 或用 $Na_2S_2O_3$ 溶液处理

除了上述清洗方法外，现在还有先进的超声波清洗器。只要将用过的仪器放在配有合适洗涤剂的溶液中，接通电源，利用声波产生的振动，就可将仪器清洗干净，既省时又方便。

1.1.2　洗净标准

将洗涤过的仪器，倒置、控净水，若洗涤干净，器壁上的水应均匀分布不挂水珠，如还挂有水珠，说明未洗净需要重新洗涤，直至符合要求。用蒸馏水冲洗时，要用顺壁冲洗方法并充分振荡，经蒸馏水冲洗后的仪器，用指示剂检查应为中性。凡洗净的仪器，不要用布或软纸擦干，以免使布上或纸上的少量纤维留在容器上反而沾污了仪器。

1.2　玻璃仪器的干燥

在化学实验中，往往需要用干燥的仪器，因此在仪器洗净后，还应进行干燥。下面介绍几种简单的干燥仪器的方法。

① 晾干　不急用的仪器，应尽量采用晾干法在实验前使仪器干燥。可将洗涤干净的仪器先尽量倒净其中的水滴，然后置于安有木钉的架子或带有透气孔的玻璃柜中晾干。

② 烘干　一般用带鼓风机的电热恒温干燥箱。主要用来干燥玻璃仪器或烘干无腐蚀性、热稳定性比较好的药品，挥发性易燃品或医用酒精、丙酮淋洗过的仪器切勿放入烘箱内，以免发生爆炸。一般烘干时烘箱温度保持在 100～120℃，鼓风可以加速仪器的干燥。仪器放入前要尽量倒尽其中的水。仪器放入时口应朝上。用坩埚钳子把已烘干的仪器取出来，放在

石棉板上冷却；注意别让烘得很热的仪器骤然碰到冷水或冷的金属表面，以免炸裂。厚壁仪器和量筒、吸滤瓶、冷凝管等，不宜在烘箱中烘干。分液漏斗和滴液漏斗，则必须在拔去盖子和旋塞并擦去油脂后，才能放入烘箱烘干。

③ 吹干　就是用热或冷的空气流将玻璃仪器干燥，常用的工具是电吹风机或"玻璃仪器气流干燥器"。将洗净仪器残留的水分甩尽，将仪器套到气流干燥器的多孔金属管上即可。使用时要注意调节热空气的温度。气流干燥器不宜长时间连续使用，否则易烧坏电机和电热丝。

④ 烤干　可根据不同的仪器选用不同的烤干设备，实验室常用的烤干设备有煤气灯、酒精灯、电炉等。烧杯、蒸发皿可置于石棉网上用小火烤干，烤前应先擦干仪器外壁的水珠。试管烤干时应使试管口向下倾斜，以免水珠倒流炸裂试管。烤干时应先从试管底部开始，慢慢移向管口，不见水珠后再将管口朝上，把水气赶尽。

⑤ 用有机溶剂干燥　对于急于干燥的仪器或不适于放入烘箱的较大的仪器可采用此法。通常用少量乙醇、丙酮（或最后再用乙醚）倒入已控去水分的仪器中摇洗，然后用电吹风机吹，开始用冷风吹 1～2min，当大部分溶剂挥发后吹入热风至完全干燥，再用冷风吹去残余蒸汽，不使其又冷凝在容器内。用过的溶剂应倒入回收瓶中。

带有刻度的计量仪器，如移液管、容量瓶、滴定管等不宜用加热的方法干燥，原因是热胀冷缩会影响这些仪器的精密度。

第 2 章　实验室常用的加热仪器与加热方法

2.1　加热装置

化学实验中常用的加热仪器有酒精灯、酒精喷灯、煤气灯、电炉、电加热套等。

2.1.1　酒精灯

酒精灯（图 2-1）由灯帽、灯芯和灯壶三部分组成，酒精灯的加热温度通常为 400～500℃，适用于加热温度不需太高的实验。酒精灯的灯焰分为焰心、内焰、外焰（图 2-2）。

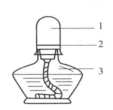

图 2-1　酒精灯

1—灯帽；2—灯芯；3—灯壶

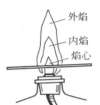

图 2-2　酒精灯的灯焰

使用酒精灯时，应先检查灯芯，剪去灯芯烧焦部分，露出灯芯管约 0.8～1cm 为宜。然后添加酒精，加酒精时必须将灯熄灭，待灯冷却后，借助漏斗将酒精注入（图 2-3），酒精加入量约为灯壶容积的 1/3～2/3，即稍低于灯壶最宽位置（肩膀处）；必须用火柴点燃酒精灯，绝对不能用另一燃着的酒精灯去点燃，以免洒落酒精引起火灾（图 2-4）。用后要用灯罩盖灭，不可用嘴吹灭，灯罩盖上片刻后，还应将灯罩再打开一次，以免冷却后盖内产生负压使以后打开困难。

正确　　　　　错误

图 2-3　添加酒精的方法

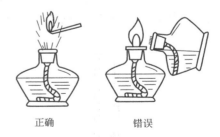

正确　　　　　错误

图 2-4　酒精灯的点燃方法

2.1.2　酒精喷灯

酒精喷灯多为金属制品，常用的有座式（图 2-5）和挂式（图 2-6）两种。挂式喷灯由灯管、空气调节器、预热盘、铜帽和盖子构成，酒精贮存在悬挂于高处的贮罐内；座式喷灯由灯管、空气调节器、预热盘、酒精和酒精壶贮罐构成，酒精贮存在酒精壶内。喷灯温度可达到 900～1200K。

使用酒精喷灯时首先在预热盘内加少量酒精，点燃，加热铜制灯管；待预热盘内酒精将近燃烧完肘，开启空气调节器开关，由于酒精在灼热的灯管内汽化，并与来自气孔的空气混合，即可燃烧形成高温火焰，调节开关螺丝，可以控制灯焰的大小，使用完毕后熄灭时可盖灭，也可顺时针旋紧开关。添加酒精时挂式喷灯注意关好下口开关，座式喷灯酒精量不超过2/3 壶。

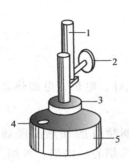
图 2-5 座式喷灯
1—灯管；2—空气调节器；3—预热盘；
4—铜帽；5—盖子

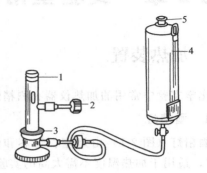
图 2-6 挂式喷灯
1—灯管；2—空气调节器；3—预热盘
4—酒精；5—酒精壶贮罐

2.1.3 煤气灯

煤气灯是化学实验中很常用的加热器具。煤气灯加热快，温度高，可达 1270K，使用方便。煤气灯由灯管、空气入口、煤气入口、针阀和灯座（图 2-7）。

煤气灯使用时先按照顺时针方向转动灯管，以关闭空气入口；点燃火柴，从下斜方向靠近灯管口；稍开煤气开关，将灯点燃，调节煤气开关和上旋灯管增大空气进入量，使空气和煤气的比倒适当，获得正常火焰，熄灭时针阀向里旋，关闭煤气开关。

煤气灯的正常火焰，其氧化焰为淡紫色，还原焰为淡蓝色，焰心为黑色（图 2-8）。实验室用氧化焰加热。使用时，如果空气或煤气的进入量调节不合适，会产生不正常火焰。当空气和煤气量都过大时，火焰会脱离灯管而凌空燃烧，这种火焰为凌空火焰，它只在点燃的一刹那产生，火柴熄灭时，火焰也自然熄灭；当空气的进入量大、煤气的进入量小时，煤气在灯管内燃烧，有时形成细长的火焰，这种火焰称侵入火焰。遇到产生不正常火焰时，应关闭煤气，冷却后重新调节、点燃，直至得到正常火焰。

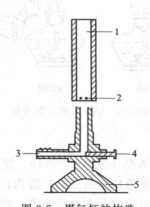
图 2-7 煤气灯的构造
1—灯管；2—空气入口；3—煤气入口；
4—针阀；5—灯座

图 2-8 火焰的组成
1—氧化焰；2—最高温区；3—还原焰；4—焰心

2.1.4　马弗炉

马弗炉是利用电热丝或硅碳棒加热的密封炉子，炉膛是利用耐高温材料制成，呈长方体。一般电热丝炉最高温度为 950℃，硅碳棒炉为 1300℃，炉内温度是利用热电偶和毫伏表组成的高温计测量，并使用温度控制器控制加热速度。使用马弗炉时，被加热物体必须放置在能够耐高温的容器（如坩埚）中，不要直接放在炉膛上，同时不能超过最高允许温度。

2.1.5　微波炉

微波炉可以用作实验室加热，国际上规定微波功率的频率为 915±25MHz、2450±50MHz、5800±75MHz 和 22125±125MHz。目前我国主要应用 915MHz 和 2450MHz。

微波加热是材料在电磁场中由介质损耗而引起的体加热，意味着微波加热将微波电磁能转变为热能，其能量将通过空间或媒质以电磁波形式来传递，对物质的加热过程与物质内部分子的极化有着密切的关系。由于微波加热的特殊机制，因此与常规加热方式相比，它具有加热速度快、均匀、热效率高、无热惯性等优越性。

在一般条件下，微波可方便地穿透如玻璃、陶瓷、塑料（如聚四氟乙烯）等材料。因此，这些材料可用作微波化学反应器。另外水、炭、橡胶、木材和湿纸等介质可吸收微波而产生热。因此，微波作为一种能源，被广泛应用于纸张、木材、皮革、烟草、中草药的干燥、杀虫灭菌和食品工业等科研领域。

2.1.6　电加热套

电加热套是用玻璃纤维丝与电热丝编织成的半圆形内套，外边加上金属外壳，中间填上保温材料。根据内套直径的大小分为 50cm³、100cm³、150cm³、200cm³、250cm³ 等规格，最大可到 3000cm³。此设备不用明火加热，使用较安全。但不能直接用于加热乙醚等易燃溶剂。由于它的结构是半圆形的，在加热时，烧瓶处于热气流中，因此，加热效率较高。使用时应注意，不要将药品洒在电热套中，以免加热时药品挥发污染环境，同时避免电热丝被腐蚀而断开。用完后放在干燥处，否则内部吸潮后会降低绝缘性能。

2.1.7　电炉

电炉是一种利用电阻丝将电能转化为热能的装置。电炉可以代替煤气灯，用于加热盛于器皿中的液体。使用温度的高低可通过调节外电阻来控制，为保证容器受热均匀，使用时反应容器与电炉间利用石棉网相隔离。

2.2　加热方式

实验室常用的加热方法，按加热的方式不同，加热可分为直接加热或间接加热。

2.2.1　直接加热

当被加热的液体在较高温度下稳定而不分解，又无着火危险时，可以把盛有液体的容器放在石棉网上用灯直接加热。实验室常用于直接加热的玻璃器皿中，烧杯、烧瓶、蒸发皿、试管等，能承受一定的温度，但不能骤冷骤热，因此在加热前必须将器皿外的水擦干，加热后也不能立即与潮湿物体接触。

（1）试管加热

少量液体或固体一般置于试管中加热。用试管加热时，由于温度较高，不能直接用手拿试管加热，应用试管夹夹持试管或将试管用铁夹固定在铁架台上。加热液体时，应控制液体的量不超过试管容积的1/3，用试管夹夹持试管的中上部加热，并使管口稍微向上倾斜（图2-9），管口不要对着自己或别人，以免被暴沸溅出的溶液灼伤，为使液体各部分受热均匀，应先加热液体的中上部，再慢慢往下移动加热底部，并不时地摇动试管，以免由于局部过热，蒸气骤然发生将液体喷出管外，或因受热不均使试管炸裂。加热固体时，试管口应稍微向下倾斜（图2-10），以免凝结在试管口上的水珠回流到灼热的试管底部，使试管破裂。加热固体时也可以将试管用铁夹固定在铁架台上。

（2）烧杯、烧瓶、蒸发皿的加热

蒸发液体或加热量较大时可选用烧杯、烧瓶或蒸发皿。用烧杯、烧瓶和蒸发皿等这些玻璃器皿加热液体时，不可用明火直接加热，应将器皿放在石棉网上加热（图2-11），否则易因受热不均而破裂。使用烧杯和蒸发皿加热时，为了防止暴沸，在加热过程中要适当加以搅拌。加热时，烧杯中的液体量不应超过烧杯容积的1/2。

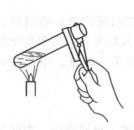  

　　图2-9　加热液体　　　　　　图2-10　加热固体　　　　　图2-11　加热烧杯中的液体

蒸发、浓缩与结晶是物质制备实验中常用的操作之一，通过此步操作可将产品从溶液中提取出来。由于蒸发皿具有大的蒸发表面，有利于液体的蒸发，所以蒸发浓缩通常在蒸发皿中进行。蒸发皿中的盛液量不应超过其容积的2/3。加热方式可视被加热物质的性质而定：对热稳定的无机物，可以用灯直接加热（应先均匀预热），一般情况下采用水浴加热。加热时应注意不要使瓷蒸发皿骤冷，以免炸裂。

（3）坩埚加热

高温灼烧或熔融固体使用的仪器是坩埚。灼烧是指将固体物质加热到高温以达到脱水、分解或除去挥发性杂质、烧去有机物等目的的操作。实验室常用的坩埚有：瓷坩埚、氧化铝坩埚、金属坩埚等。至于要选用何种材料的坩埚则视需灼烧的物料的性质及需要加热的温度而定。

加热时，将坩埚置于泥三角上，直接用煤气灯灼烧（图2-12）。先用小火将坩埚均匀预热，然后加大火焰灼烧坩埚底部，根据实验要求控制灼烧温度和时间。夹取高温下的坩埚时，必须使用干净的坩埚钳，坩埚钳使用前先在火焰上预热一下，再去夹取。灼热的瓷坩埚及氧化铝坩埚绝对不能与水接触，以免爆裂。坩埚钳使用后应使尖端朝上（图2-13）放在

 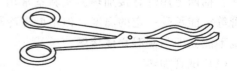

　　　　图2-12　灼烧坩埚　　　　　　　　　　图2-13　坩埚钳的放法

桌子上，以保证坩埚钳尖端洁净。用煤气灯灼烧可获得 700～900℃的高温，若需更高温度可使用马弗炉或电炉。

2.2.2　间接加热

当被加热的物体需要受热均匀，而且受热温度又不能超过一定限度时，可根据具体情况，选择特定的热浴进行间接加热。所谓热浴是指先用热源将某些介质加热，介质再将热量传递给被加热物的一种加热方式。它是根据所用的介质来命名的，如用水作为加热介质称为水浴，类似的还有油浴、砂浴等。热浴的优点是加热均匀，升温平稳，并能使被加热物保持较恒定温度。

① 水浴　以水为加热介质的一种间接加热法，水浴加热常在水浴锅中进行。在水浴加热操作中，水浴中水的表面略高于被加热容器内反应物的液面，可获得更好的加热效果。如采用电热恒温水浴锅加热，则可使加热温度恒定。实验室也常用烧杯代替水浴锅，在烧杯上放上蒸发皿，也可作为简易的水浴加热装置，进行蒸发浓缩。如将烧杯、蒸发皿等放在水浴盖上，通过接触水蒸气来加热，这就是蒸气浴。如果要求加热的温度稍高于 100℃，可选用无机盐类的饱和水溶液作为热浴液。

② 油浴　油浴也是一种常用的间接加热方式，所用油多为花生油、豆油、亚麻油、蓖麻油、菜子油、硅油、甘油和真空泵油等。

③ 砂浴　在铁盘或铁锅中放入均匀的细砂，再将被加热的器皿部分埋入砂中，下面用灯具加热就成了砂浴。

另外，还有金属浴、盐浴等热浴。

第 3 章　化学试剂与试纸的相关知识

3.1　化学试剂的基础知识

3.1.1　试剂的规格

根据国家标准，化学试剂按其纯度和杂质含量的高低，基本上可分为四种等级，其级别代号，化学试剂的级别见表 2-2。

表 2-2　化学试剂的级别

级别	一级	二级	三级	四级
名称	保证试剂 优级纯	分析试剂 分析纯	化学纯	实验试剂	生物试剂
英文缩写	G. R.	A. R.	C.P.	L. R.	B. R.
瓶签颜色	绿	红	蓝	棕或黄	黄或其他色

一级（优级纯）试剂，杂质含量最低，纯度最高，适用于精密的分析及研究工作；二级（分析纯）及三级（化学纯）试剂，适用于一般的分析研究及教学实验工作；四级（实验试剂）试剂，杂质含量较高，纯度较低，只能用于一般性的化学实验及教学工作，如在分析工作中作为用辅助试剂（如发生或吸收气体，配制洗液等）使用。

除上述四种级别的试剂外，还有适合某一方面需要的特殊规格试剂，如基准试剂，它的纯度相当于或高于保证试剂，是容量分析中用于标定标准溶液的基准物质，一般可直接得到滴定液，不需标定；生化试剂则用于各种生物化学实验；另外还有高纯试剂，它又细分为高纯、超纯、光谱纯试剂等。此外，还有工业生产中大量使用的化学工业品（也分为一级品、二级品）以及可供食用的食品级产品等。各种级别的试剂及工业品因纯度不同价格相差很大。所以使用时，在满足实验要求的前提下，应考虑节约的原则，尽量选用较低级别的试剂。

3.1.2　试剂的存放

化学试剂的贮存在实验室中是一项十分重要的工作，一般化学试剂应贮存在通风良好、干净和干燥的房间，要远离火源，并要注意防止水分、灰尘和其他物质的污染。同时还要根据试剂的性质及方便取用原则来存放试剂，固体试剂一般存放在易于取用的广口瓶内，液体试剂则存放在细口瓶中。一些用量小而使用频繁的试剂，如指示剂、定性分析试剂等可盛装在滴瓶中。见光易分解的试剂（如 $AgNO_3$、$KMnO_4$、饱和氯水等）应装在棕色瓶中。对于 H_2O_2，虽然也是见光易分解的物质，但不能盛放在棕色的玻璃瓶中，是因棕色玻璃中含有催化分解 H_2O_2 的重金属氧化物，通常将 H_2O_2 存放于不透明的塑料瓶中，置于阴凉的暗处。试剂瓶的瓶盖一般都是磨口的，密封性好，可使长时间保存的试剂不变质。但盛强碱性试剂（如 $NaOH$、KOH）及 Na_2SiO_3 溶液的瓶塞应换成橡皮塞，以免长期放置互相粘连。易腐蚀玻璃的试剂（氟化物等）应保存于塑料瓶中。

特种试剂应采取特殊贮存方法。如易受热分解的试剂，必须存放在冰箱中；易吸湿或易氧化的试剂则应贮存于干燥器中；金属钠浸在煤油中；白磷要浸在水中等。吸水性强的试剂如无水碳酸盐、氢氧化钠、过氧化钠等应严格用蜡密封。

对于易燃、易爆、强腐蚀性、强氧化性及剧毒品的存放应特别加以注意，一般需要分类单独存放。强氧化剂要与易燃、可燃物分开隔离存放；低沸点的易燃液体要放在阴凉通风处，并与其他可燃物和易产生火花的物品隔离放置，更要远离火源。闪点在 $-4℃$ 以下的液体（如石油醚、苯、丙酮、乙醚等）理想的存放温度为 $-4\sim4℃$，闪点在 $25℃$ 以下的液体（如甲苯、乙醇、吡啶等）存放温度不得超过 $30℃$。

盛装试剂的试剂瓶都应贴上标签，并写明试剂的名称、纯度、浓度和配制日期，标签外应涂蜡或用透明胶带等保护。

3.1.3　试剂的取用原则

试剂取用原则是既要质量准确又必须保证试剂的纯度（不受污染）：

① 取用试剂首先应看清标签，不能取错。取用时，将瓶塞反放在实验台上，若瓶塞顶端不是平的，可放在洁净的表面皿上。

② 不能用手和不洁净的工具接触试剂。瓶塞、药匙、滴管都不得相互串用。

③ 应根据用量取用试剂。取出的多余试剂不得倒回原瓶，以防玷污整瓶试剂。对确认可以再用的（或派做别用的）要另用清洁容器回收。

④ 每次取用试剂后都应立即盖好瓶盖，并把试剂放回原处，务使标签朝外。

⑤ 取用试剂时，转移的次数越少越好。

⑥ 取用易挥发的试剂，应在通风橱中操作，防止污染室内空气。有毒药品要在教师指导下按规程使用。

3.2　固体试剂的取用

取用固体试剂一般用干净的药匙（牛角匙、不锈钢药匙、塑料匙等），其两端为大小两个勺，按取用药量多少而选择应用哪一端。使用时要专匙专用。试剂取用后，要立即把瓶塞盖好，把药匙洗净、晾干，下次再用。

要严格按量取用药品，"少量"固体试剂对一般常量实验指半个黄豆粒大小的体积，对微型实验约为常量的 $1/5\sim1/10$ 体积。注意不要多取，多取的药品，不能倒回原瓶，可放在指定的容器中供他用。

定量药品要称量，一般固体试剂可以放在称量纸上称量，对于具有腐蚀性、强氧化性、易潮解的固体试剂要用小烧杯、称量瓶、表面皿等装载后进行称量。不准使用滤纸来盛放称量物。颗粒较大的固体应在研钵中研碎后再称量。可根据称量精确度的要求，分别选择台秤和天平称量固体试剂。

要把药品装入口径小的试管中时，应把试管平卧，小心地把盛药品的药匙放入底部，以免药品沾附在试管内壁上（图 2-14）。也可先用一窄纸条做成"小纸舟"，用药匙将固体药品放在纸舟上，然后将装有药品的小舟送入平卧的试管里，再把小舟和试管竖立起来，并用手指轻轻弹，让药品慢慢滑入试管底部（图 2-15）。

取用大块药品或金属颗粒要用镊子夹取。先把容器平卧，再用镊子将药品放在容器口，然后慢慢将容器竖起，让药品沿着容器壁慢慢滑到底部，以免击破容器，对试管而言，也可将试管斜放，让药品沿着试管壁慢慢滑到底部（图 2-16）。

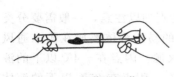
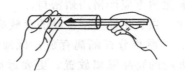

图 2-14　用药匙送药品　　　　图 2-15　用纸舟送药品　　　　图 2-16　块状固体沿管壁滑下

3.3　液体试剂的取用

（1）多量液体的取用

取用多量液体，一般采用倾倒法。把试剂移入试管的具体做法是：先取下瓶塞反放在桌面上或放在洁净的表面皿上，右手握持试剂瓶，使试剂瓶上的标签向着手心（如果是双标签则要放在两侧），以免瓶口残留的少量液体腐蚀标签。左手持试管，使试管口紧贴试剂瓶口，慢慢把液体试剂沿管壁倒入。倒出需要量后，将瓶口在容器上靠一下，再使瓶子竖直，这样可以避免遗留在瓶口的试剂沿瓶子外壁流下来（图 2-17）。把试剂倒入烧杯时，可用玻璃棒引流。具体做法是：用右手握试剂瓶，左手拿玻璃棒，使玻璃棒的下端斜靠在烧杯中，将瓶口靠在玻璃棒上，使液体沿着玻璃棒流入烧杯中（图 2-18）。

（2）少量液体的取用

取用少量液体通常使用胶头滴管。其具体做法是：先提起滴管，使管口离开液面，捏瘪胶帽以赶出空气，然后将管口插入液面吸取试剂。滴加溶液时，须用拇指、食指和中指夹住滴管，将它悬空地放在靠近试管口的上方滴加（图 2-19），滴管要垂直，这样滴入液滴的体积才能准确；绝对禁止将滴管伸进试管中或触及管壁，以免玷污滴管口，使滴瓶内试剂受到污染。滴管不能倒持，以防试剂腐蚀胶帽使试剂变质。滴完溶液后，滴管应立即插回，一个滴瓶上的滴管不能用来移取其他试剂瓶中的试剂，也不能随便拿别的滴管伸入试剂瓶中吸取试剂。如试剂瓶不带滴管又需取少量试剂，则可把试剂按需要量倒入小试管中，再用自己的滴管取用。

长时间不用的滴瓶，滴管有时与试剂瓶口粘连，不能直接提起滴管，这时可在瓶口处滴上 2 滴蒸馏水，让其润湿后再轻摇几下即可。

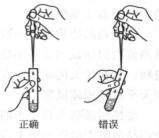

图 2-17　往试管中倾倒液体　　　图 2-18　往烧杯中倾倒液体　　　图 2-19　滴加液体的方法

（3）定量取用液体

在试管实验中经常要取"少量"溶液，这是一种估计体积，对常量实验是指 $0.5 \sim 1.0 \mathrm{mL}$，对微型实验一般指 $3 \sim 5$ 滴，根据实验的要求灵活掌握。要学会估计 $1 \mathrm{mL}$ 溶液在试管中占的体积和由滴管滴加的滴数相当的毫升数。要准确量取溶液，则需根据准确度和量的要求，选用量筒、移液管或滴定管等量器。

3.4　常用试纸的使用

3.4.1　试纸的种类

化学实验常用的有红色石蕊试纸、蓝色石蕊试纸、pH 试纸、淀粉碘化钾试纸和醋酸铅试纸。

① 石蕊（红色、蓝色）试纸　用来定性检验气体或溶液的酸碱性。pH<5 的溶液或酸性气体能使蓝色石蕊试纸变红色；pH>8 的溶液或碱性气体能使红色石蕊试纸变蓝色。

② pH 试纸　用来粗略测量溶液 pH 大小（或酸碱性强弱）。pH 试纸分为两类：一类是广泛 pH 试纸，其变色范围为 1～14，用来粗略地检验溶液的 pH，其变化为 1 个 pH 单位；另一类是精密 pH 试纸，用于比较精确地检验溶液的 pH 值。精密试纸的种类很多，可以根据不同的需求选用，精密 pH 试纸的变化小于 1 个 pH 单位。pH 试纸遇到酸碱性强弱不同的溶液时，显示出不同的颜色，可与标准比色卡对照确定溶液的 pH 值。巧记颜色：赤（pH=1 或 2）、橙（pH=3 或 4）、黄（pH=5 或 6）、绿（pH=7 或 8）、青（pH=9 或 10）、蓝（pH=11 或 12）、紫（pH=13 或 14）。

③ 淀粉碘化钾试纸：用来定性地检验氧化性物质的存在。遇较强的氧化剂时，被氧化成碘，碘与淀粉作用而使试纸显示蓝色。能氧化碘化钾的常见氧化剂有：Cl_2、Br_2 蒸气（和它们的溶液）、NO_2、Fe^{3+}、Cu^{2+}、MnO_4^-、浓硝酸、浓硫酸、双氧水和臭氧等。

④ 醋酸铅（或硝酸）试纸：用来定性地检验硫化氢气体和含硫离子的溶液。遇硫化氢气体或含硫离子的溶液时因生成黑色的 PbS 而使试纸变黑色。

⑤ 品红试纸：用来定性地检验某些具有漂白性的物质存在。遇到二氧化硫等有漂白性的物质时会褪色（变白）。

⑥ 酚酞试纸：用得不多。

3.4.2　试纸的使用方法（通用方法）

（1）检验溶液的性质　将剪成小块的试纸放在表面皿或白色点滴板上，用玻璃棒蘸取待测的溶液，用玻璃棒蘸取待测溶液，滴在试纸上，观察试纸的颜色变化，判断溶液的性质。

（2）检验气体的性质　先用蒸馏水把试纸润湿，粘在玻璃棒的一端，用玻璃棒把试纸靠近气体，观察颜色的变化，判断气体的性质，操作见图 2-20。

（3）使用注意事项

① 试纸不可直接伸入溶液。

② 试纸不可接触试管口、瓶口、导管口等。

③ 测定溶液的 pH 时，试纸不可事先用蒸馏水润湿，因为润湿试纸相当于稀释被检验的溶液，这会导致测量不准确。正确的方法是用蘸有待测溶液的玻璃棒点滴在试纸的中部，待试纸变色后，再与标准比色卡比较来确定溶液的 pH。

④ 取出试纸后，应将盛放试纸的容器盖严，以免被实验室的一些气体玷污。

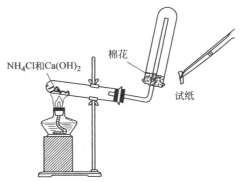

图 2-20　试纸检验气体

第4章　气体的制备与收集

4.1　气体的制备

在实验室制备气体，可以根据所使用反应原料的状态及反应条件，选择不同的方法和反应装置进行制备。在实验室制取少量无机气体，常采用图 2-21、图 2-22 和图 2-23 等装置。实验室制气体，按反应物状态及反应条件，可分为四大类：第一类为固体或固体混合物加热的反应，此类反应一般采用图 2-21 装置；第二类为不溶于水的块状或粒状固体与液体之间不需加热的反应，一般选用图 2-23 装置；第三类为固液之间需加热的反应，或粉末状固体与液体间不需加热的反应，应使用图 2-22 装置；第四类为液液之间的反应，此类反应常需加热，也是采用图 2-22 装置。

图 2-21　固体加热制气装置

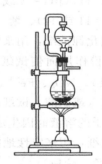

图 2-22　气体发生装置

（1）固体加热制气装置

固体加热制气装置（图 2-21）一般由硬质试管、带导管的单孔橡胶塞、铁架台、加热灯具（酒精灯或煤气灯）组成。适用于在加热的条件下，利用固体反应物制备气体（如 O_2、NH_3、N_2 等）。使用本装置时应注意使管口稍向下倾斜，以免加热反应时，在管口冷凝的水滴倒流到试管灼烧处而使试管炸裂，同时注意要塞紧管口带导气管的橡皮塞以免漏气。加热反应时，需先用小火将试管均匀预热，然后再放到有试剂的部位加热使之反应。

（2）启普发生器

启普发生器适用于不溶于水的块状或粗粒状固体与液体试剂间的反应，在不需加热的条件下制备气体，如制备 H_2、CO_2、H_2S 等气体均可使用启普发生器。

启普发生器（图 2-23）由球形漏斗和葫芦状的玻璃容器两部分组成。葫芦体容器由球体和半球体构成，球体上侧有气体出口，出口与配有玻璃旋塞（或单孔橡胶塞）导气管，利用玻璃旋塞来控制气体流量；葫芦体的下部有一液体出口，用于排放反应后的废液，反应时用磨口的玻璃塞或橡皮塞塞紧。如果用发生器制取有毒的气体（如 H_2S），应在球形漏斗口安装安全漏斗［图 2-23(b)］，在其弯管中加进少量水，水的液封作用可防止毒气逸出。

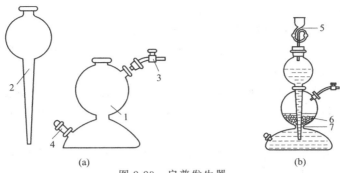

图 2-23　启普发生器

1—葫芦状容器；2—球形漏斗；3—旋塞导管；4—下口塞；5—安全漏斗；6—固体；7—玻璃棉

启普发生器使用方法如下。

① 装配　将球形漏斗颈、半球部分的玻璃塞及导管的玻璃旋塞的磨砂部分均匀涂抹一薄层凡士林，插好漏斗和旋塞，旋转，使之装配严密，以免漏气（图 2-24）。

② 检查气密性　打开旋塞，从球形漏斗口注水至充满半球体，先检查半球体上的玻璃塞是否漏水，若漏水需重新处理塞子（取出擦干，重涂凡士林，塞紧后再检查）。若不漏水，关闭导气管旋塞，继续加水，至水到达漏斗球体处时停止加水，记下水面的位置，静置片刻，然后观察水面是否下降。若水面不下降则表明不漏气（否则应找出漏气的原因并进行处理），可以使用。从下面废液出口处将水放掉，再塞紧下口塞，备用。

③ 加料　固体药品放在葫芦体的圆球部分，在发生器中间圆球的底部与球形漏斗下部之间的间隙处，先放些玻璃棉或橡胶垫圈［图 2-23(b)］，以免固体落入葫芦体下半球内。固体从球体上侧气体出口加入（图 2-25），加入量不宜超过球体的 1/3，否则固液反应激烈，液体很容易被气体从导管中冲出。然后塞好塞子。打开导气管上的旋塞，从球形漏斗加入液体，待加入的液体恰好与固体试剂接触，即关闭导气管的旋塞。加入的液体也不宜过多，以免产生的气体量太多而把液体从球形漏斗中压出去。

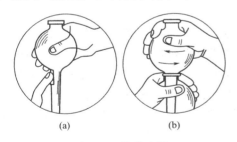

(a)　　　(b)

图 2-24　涂凡士林

图 2-25　装填固体

④ 发生气体　制气时，打开旋塞，由于压力差，液体试剂会自动从漏斗下降进入中间球内与固体试剂接触而产生气体。停止制气时，关闭旋塞，由于中间球体内继续产生的气体使压力增大，将液体压到球形漏斗中，使固体与液体分离，反应自动停止。再需要气体时，只要打开旋塞即可，产生气流的速度可通过调节旋塞来控制。

⑤ 添加或更换试剂（图 2-26）　当发生器中的固体即将用完或液体试剂变得太稀时，反应逐渐变得缓慢，生成的气体量不足，此时应及时补充固体或更换液体试剂。更换或添加固体时，先关闭旋塞，让液体压入球形漏斗中使其与固体分离。然后，用橡皮塞将球形漏斗的上口塞紧，再取下气体出口的塞子，即可从侧口更换或添加固体。换液体时（或实验结束后

要将废液倒掉），先关闭旋塞，用塞子将球形漏斗的上口塞紧。然后用左手握住葫芦状容器半球体上部凹进部位——即所谓"蜂腰"部位，把发生器先仰放在废液缸上，使废液出口朝上，再拔出下口塞子，倾斜发生器使下口对准废液缸，慢慢松开球形漏斗的橡胶塞，控制空气的进入速度，让废液缓缓流出。废液倒出后再把下口塞塞紧，重新从球形漏斗添加液体。中途更换液体试剂的另一种更方便和常用的方法是，先关闭旋塞，将液体压入球形漏斗中，然后用移液管将用过的液体抽吸出来，也可用虹吸管吸出，吸出液体量视需要而定，吸出废液后，即可添加新液体。

⑥ 清理　实验结束，将废液倒入废液缸内（或回收）。剩余固体倒出洗净回收。将仪器洗净后，在球形漏斗与球形容器连接处以及液体出口与玻璃旋塞间夹上纸条，以免长时间不用，磨口粘连在一起而无法打开。

使用注意事项如下。

① 启普发生器不能加热。

② 所用固体必须是颗粒较大或块状的。

③ 移动（或拿取）启普发生器时（图 2-27），应用手握住"蜂腰"部位，绝不可用手提（握）球形漏斗，以免葫芦状容器脱落打碎，造成伤害事故。

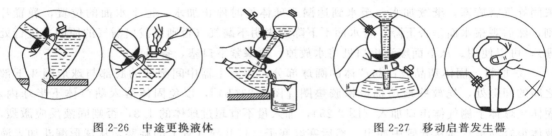

图 2-26　中途更换液体　　　　　　　　　图 2-27　移动启普发生器

4.2　气体的净化与干燥

在实验室通过化学反应制备的气体一般都带有水气、酸雾等杂质。如果要求得到纯净、干燥的气体，则必须对产生的气体进行净化。如果要求得到纯净、干燥的气体，则必须对产生的气体进行净化处理。通常将气体分别通过装有某些液体或固体试剂的洗气瓶、吸收干燥塔或 U 型管等装置（图 2-28），通过化学反应或者吸收、吸附等物理化学过程将其去除，达到净化的目的。液体试剂使用洗气瓶，而固体试剂一般选用干燥塔或 U 型管。各种气体的性质及所含的杂质虽不同，但通常都是先除杂质与酸雾，再将气体干燥。

洗气瓶　　　　　　　干燥塔　　　　　　　U形管　　　　　　　干燥管

图 2-28　气体洗涤与干燥仪器

去除气体中的杂质，要根据杂质的性质，选用合适的反应剂与其反应除去。还原性气体杂质可用适当氧化剂去除，如 SO_2、H_2S、AsH_3 等，可使用 $K_2Cr_2O_7$ 与 H_2SO_4 组成的铬酸溶液或 $KMnO_4$ 与 KOH 组成的碱性溶液洗涤而除掉；对干氧化性杂质，可选择适当的还原性试剂除去；而杂质 O_2 可通过灼热的还原 Cu 粉，$CrCl_2$ 的酸性溶液或 $Na_2S_2O_4$（保险粉）溶液被除掉；对于酸性、碱性的气体杂质宜分别选用碱、不挥发性酸液除掉（如 CO_2 可用 $NaOH$；NH_3 可用稀 H_2SO_4 溶液等）。此外，许多化学反应都可以用来去除气体杂质，如用 $Pb(NO_3)_2$ 溶液除掉 H_2S，用石灰水或 Na_2CO_3 溶液去除 CO_2，用 KOH 溶液去除 Cl_2 等等。

选择的除杂方法除了要满足除杂外，还应考虑所制备气体本身的性质。因此，相同的杂质，在不同的气体中，去除的方法可能不同。例如制备的 N_2 和 H_2S 气体中都含有 O_2 杂质，但 N_2 中的 O_2 可用灼热的还原 Cu 粉除去，而 H_2S 中的 O_2 应选用 $CrCl_2$ 酸性溶液洗涤的方法来去除。

气体中的酸雾可用水或玻璃棉除去。

表 2-3　常用的气体干燥剂

气体	干燥剂	气体	干燥剂
H_2	$CaCl_2$、P_2O_5、浓 H_2SO_4	H_2S	$CaCl_2$
O_2	$CaCl_2$、P_2O_5、浓 H_2SO_4	NH_3	CaO 或 CaO-KOH
Cl_2	$CaCl_2$	NO	$Ca(NO_3)_2$
N_2	$CaCl_2$、P_2O_5、浓 H_2SO_4	HCl	$CaCl_2$
O_3	$CaCl_2$	HBr	$CaBr_2$
CO	$CaCl_2$、P_2O_5、浓 H_2SO_4	HI	CaI_2
CO_2	$CaCl_2$、P_2O_5、浓 H_2SO_4	SO_2	$CaCl_2$、P_2O_5、浓 H_2SO_4

除掉了杂质的气体，可根据气体的性质选择不同的干燥剂进行干燥。原则是：气体不能与干燥剂反应。如具有碱性的和还原性的气体（NH_3、H_2S 等），不能用浓 H_2SO_4 干燥。常用的气体干燥剂见表 2-3。

4.3　气体的收集

气体的收集方法主要有两种：排气（空气）集气法、排水法。

（1）排气（空气）集气法：凡不与空气发生反应，而密度又与空气相差较大的气体就可以用该法来收集。对于密度比空气小的气体，可用［图 2-29（a）］方式。这种方法因为集气瓶的瓶口是朝下的，称为向下排气集气法；将干净而干燥的集气瓶瓶口朝下，把导气管伸入集气瓶内，使管口接近瓶底，并在管口塞上少许脱脂棉，在收集过程中也应不断地检查所收集的气体是否已充满集气瓶。集满后用毛玻璃片盖住瓶口，将集气瓶倒立在桌台上备用。向下排气集气法通常适用于 H_2、NH_3 和 CH_4 等气体的收集。比空气重的气体，可采用［图 2-29（b）］方式来收集。同样，这个方法称为向上排气集气法。应将干净而干燥的集气瓶瓶口向上，把导气管插入集气瓶内，使管口接近瓶底，瓶口用穿过导气管的硬纸板遮住，不要堵严，或在集气瓶口塞上一团脱脂棉。在收集过程中应随时检查瓶内是否已充满了所收集的气体。集满后，用毛玻璃片盖住瓶口，将集

（a）　　　　　　（b）
图 2-29　排气集气法

气瓶正立于实验台上备用。此法通常适用于 Cl_2、HCl、CO_2、SO_2、H_2S 和 NO_2 等气体的收集。

（2）排水集气法

凡不溶于水而又不与水反应的气体，可用图 2-30 的装置来收集。由于这种方法所收集的气体将集气瓶中的水排除出去，因而称为排水集气法。此法通常适用于 O_2、H_2、N_2、NO、CO、CH_4 等气体的收集。先在水槽里盛半槽水（不要超过 2/3），把集气瓶灌满水（一个气泡也不能留），然后用毛玻璃片的磨砂面慢慢地沿瓶口水平方向移动，把瓶口盖住，倒立在水槽里，把导气管伸入瓶内。气体不断从导气管进入集气瓶，当集气瓶口有气泡冒出时，说明水被排尽，气体已收集满。把导气管从瓶内移出，并在水中用毛玻璃片把充满气体的集气瓶口盖严，将集气瓶口盖严从水槽中

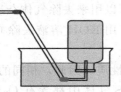

图 2-30　排水集气法

取出放在桌台上（应按气体的密度正立或倒立）备用。

① 气体发生器内的空气排尽后（对氢气还必须事先试纯），才能把导气管伸进集气瓶。不要在反应未开始前或反应器内的空气未排尽前就进行收集。

② 如果是对气体发生器加热的情况下用排水法收集气体时，气体收满后，必须先把导气管从水槽中取出，然后再撤去灯焰。

③ 气体收集完毕后，要在水下把玻璃片盖在集气瓶口上，否则收集到的气体不纯。

第 5 章　物质的分离和提纯

在化学实验中，为了使反应物混合均匀迅速进行反应，或提纯固体物质，常常将固体物质进行溶解。当液相反应生成难溶的新物质，或加入沉淀剂除去溶液中某种离子时，常常需要将所生成的沉淀物从液相中分离出来，并进行洗涤。因此，掌握固体的溶解、蒸发、结晶和固液分离方法是十分必要的。

5.1　溶解

将固体物质溶解于某一溶剂形成溶液称为溶解，它遵从相似相溶规律，即溶质在与它结构相似的溶剂中较易溶解。因此溶解固体时，要根据固体物质的性质选择适当的溶剂，考虑到温度对物质溶解度及溶解速度的影响，可采用加热及搅拌等方法加速溶解。

固体溶解操作的一般步骤如下。

（1）研细固体，若待溶解固体极细或极易溶解，则不必研磨。易潮解及易风化固体不可研磨。

（2）加入溶剂，所加溶剂量应能使固体粉末完全溶解而又不致过量太多，必要时应根据固体的量及其在该温度下的溶解度计算或估算所需溶剂的量，再按量加入。

（3）搅拌溶解（图 2-31），搅拌可以使溶解速度加快。用玻璃棒搅拌时，应手持玻璃棒并转动手腕，用微力使玻璃棒在液体中均匀地转圈，使溶质和溶剂充分接触而加速溶解。搅拌时不可使玻璃棒碰在器壁上（图 2-32），以免损坏容器。

图 2-31　搅拌溶解

沿壁划动　　　　乱搅溅出　　　　击破杯壁

图 2-32　错误操作

（4）必要时还应加热。加热一般可加速溶解过程，应根据物质对热的稳定性选用直接加热或水浴等间接加热方法。热解温度低于 100℃ 的物质不宜直接加热。

5.2　蒸发与浓缩

为使溶解在较大量溶剂中的溶质从溶液中分离出来，常采用蒸发浓缩和冷却结晶的方法。溶剂受热不断被蒸发，当蒸发至溶质在溶液中处于过饱和状态时，经冷却便有结晶析出，经固液分离处理后得到该溶质的晶体。

　　蒸发皿具有大的蒸发表面,有利于液体的蒸发,故常压蒸发浓缩通常在蒸发皿中进行。蒸发时蒸发皿中的盛液量不应超过其容量的 2/3,还应注意不要使瓷蒸发皿骤冷,以免炸裂。加热方式视被加热物质的热稳定性而定。对热稳定的无机物,可以直接加热,一般情况下采用水浴加热,水浴加热蒸发速度较慢,蒸发过程易控制。

　　蒸发时不宜把溶剂蒸干,少量溶剂的存在,可以使一些微量的杂质由于未达饱和而不至于析出,这样得到的结晶较为纯净。但不同物质其溶解度往往相差很大,所以控制好蒸发程度是非常重要的。对于溶解度随温度变化不大的物质,为了获得较多的晶体,应蒸发至有较多结晶析出,将溶液静置冷却至室温,便会得到大量的结晶和少量残液(母液)共存的混合物,经分离后得到所需的晶体;若物质在高温时溶解度很大而在低温时变小,一般蒸发至溶液表面出现晶膜(液面上有一层薄薄的晶体),冷却即可析出晶体。某些结晶水合物在不同温度下析出时所带结晶水数目不同,制备此类化合物时应注意要满足其结晶水条件。

5.3　结晶与重结晶

　　向过饱和溶液中加入一小粒晶体(称为"晶种")或者用玻棒摩擦器壁,可加速晶体析出。析出晶体的颗粒大小与结晶条件有关。如果溶液浓度高、快速冷却并加以搅拌,则会析出细小晶体。这是由于短时间内产生了大量的晶核,晶核形成速度大于晶体的生长速度。而浓度较低或静置溶液并缓慢冷却则有利于大晶体生成。从纯度上看,大晶体由于结晶完美,表面积小,夹带的母液少,并易于洗净,因此较细小晶体纯度高。

　　为了得到纯度更高的物质,可将第一次结晶得到的晶体加入适量的蒸馏水(水量为在加热温度下固体刚好完全溶解)加热溶解后,趁热将其中的不溶物滤除,然后再次进行蒸发、结晶。这种操作叫做重结晶。根据纯度要求可以进行多次结晶。在重结晶操作中,为避免所需溶质损失过多,结晶析出后残存的母液不宜过多,在少量的母液中,只有微量存在的杂质才不至于达到饱和状态而随同结晶析出。因此,杂质含量较高的样品,直接用重结晶的方法进行纯化,往往达不到预期的效果。一般认为,杂质含量高于 5% 的样品,必须采用其他方法进行初步提纯后,再进行重结晶。

5.4　固-液分离

　　溶液和沉淀的分离方法有三种:倾析法、过滤法、离心分离法。应根据沉淀的形状、性质及数量,选用合适的分离方法。

5.4.1　倾析法

　　此法适用于相对密度较大的沉淀或大颗粒晶体等静置后能较快沉降的固体的固液分离。

图 2-33　倾析法

　　倾析法分离的操作方法是:先将待分离的物料置于烧杯中,静置,待固体沉降完全后,将玻璃棒横放在烧杯嘴,小心沿玻璃棒将上层清液缓慢倾入另一烧杯内(图 2-33),残液要尽量倾出,使沉淀与溶液分离完全。留在杯底的固体还沾附着残液,要用洗涤液洗涤除去。洗涤时先洗玻璃棒,再洗烧杯壁,将上面沾附的固体冲至杯底,搅拌均匀后,再重复上述静置沉降再倾析的操作,反复几次(一般 2～3 次即可),直至洗涤干净符合要求为止。洗涤液一般用量不宜过多。

5.4.2 过滤法

过滤是最常用的固-液分离方法之一。过滤时，沉淀和溶液经过过滤器，沉淀留在过滤器上，溶液则通过过滤器而进入接收容器中，所得溶液称为滤液。常用的过滤方法有常压过滤（普通过滤）、减压过滤（抽滤）和热过滤 3 种。能将固体截留住只让溶液通过的材料除了滤纸之外，还可用其他一些纤维状物质以及特制的微孔玻璃漏斗等。下面仅介绍最常用的滤纸过滤法。

（1）常压过滤法

此法较为简单、常用，使用玻璃漏斗和滤纸进行。当沉淀物为胶体或细小晶体时，用此法过滤较好。缺点是过滤速度较慢。

① 漏斗的选择 多为玻璃制的，也有搪瓷的。通常分为长颈和短颈两种（图 2-34）。玻璃漏斗锥体的角度为 60°，颈直径通常为 3～5mm，若太粗，不易保留水柱。普通漏斗的规格按斗径（深）划分，常用有 30mm、40mm、60mm、100mm、120mm 等几种，选用的漏斗大小应以能容纳沉淀量为宜。若过滤后欲获取滤液，应按滤液的体积选择斗径大小适当的漏斗。在质量分析时，则必须用长颈漏斗。

滤纸的选择：滤纸有定性滤纸和定量滤纸两种，除了做沉淀的质量分析外，一般选用定性滤纸。滤纸按孔隙大小又分为快速、中速、慢速三种。按直径大小分为 7cm、9cm、12.5cm、15cm 等几种。应根据沉淀的性质选择滤纸的类型，细晶形沉淀，应选用慢速滤纸；粗晶形沉淀，宜选用中速滤纸；胶状沉淀，需选用快速滤纸过滤。根据沉淀量的多少选择滤纸的大小，一般要求沉淀的总体积不得超过滤纸锥体高度的 1/3。滤纸的大小还应与漏斗的大小相适应，一般滤纸上沿应低于漏斗上沿约 0.5～1cm。

② 滤纸的折叠 折叠滤纸前应先把手洗净擦干。选取一合适大小的圆形滤纸对折两次（方形滤纸需剪成扇形）（图 2-35），折痕不要压死，展开后成圆锥形，内角成 60°，恰好能与漏斗内壁密合。如果漏斗的角度大于或小于 60°，应适当改变滤纸折成的角度使之与漏斗壁密合。折叠好的滤纸还要在 3 层纸一侧将外面 2 层撕去 1 个小角（图 2-36），以保证滤纸上沿能与漏斗壁密合而无气泡。

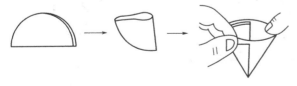

圆形滤纸折法　　　　　　　　　　　　　　方形滤纸折法

图 2-35　滤纸的折叠方法

安放时，用食指将滤纸按在漏斗内壁上（图 2-37），用少量蒸馏水润湿滤纸，用玻璃棒轻压滤纸四周，赶去滤纸与漏斗壁间的气泡，务必使滤纸紧贴在漏斗壁上。为加快过滤速度，应使漏斗颈部形成完整的水柱。为此，加蒸馏水至滤纸边缘，让水全部流下，漏斗颈部内应全部充满水。若未形成完整的水柱，可用手指堵住漏斗下口。稍掀起滤纸的一边用洗瓶向滤纸和漏斗空隙处加水，使漏斗和锥体被水充满，轻压滤纸边，放开堵住漏斗口的手指，即可形成水柱。

图 2-36　滤纸撕角

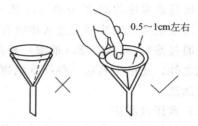

0.5～1cm左右

图 2-37　安放滤纸

③ 过滤操作（图 2-38）　将准备好的漏斗放在漏斗架或铁圈上，下面放一洁净容器承接滤液，调整漏斗架或铁圈高度，使漏斗管斜口尖端一边紧靠接收容器内壁。为避免滤纸孔隙过早被堵塞，过滤时先滤上部清液，后转移沉淀，这样可加快整个过滤的速度。过滤时，应使玻璃棒下端与 3 层滤纸处接触，将待分离的液体沿玻璃棒注入漏斗，漏斗中的液面高度应略低于滤纸边缘（0.5～1cm）。待溶液转移完毕后，再往盛有沉淀的容器中加入少量洗涤剂充分搅拌后，将上方清液倒入漏斗过滤，如此重复洗涤两三遍，最后将沉淀转移到滤纸上。图 2-39 为过滤时的错误操作，一定要避免。

④ 沉淀的洗涤　将沉淀全部转移到滤纸上，待漏斗中的溶液完全滤出后，为除去沉淀表面吸附的杂质和残留的母液，仍需在滤纸上洗涤沉淀。其方法是：用洗瓶吹出少量水流，从滤纸边沿稍下部位开始，按螺旋形向下移动（图 2-40），洗涤滤纸上的沉淀和滤纸几次，并借此将沉淀集中到滤纸锥体的下部。洗涤时应注意，切勿使洗涤液突然冲在沉淀上，以免沉淀溅失。为了提高洗涤效率，每次使用少量洗涤液，洗后尽量滤干，多洗几次，通常称为"少量多次"的原则。

图 2-38　常压过滤

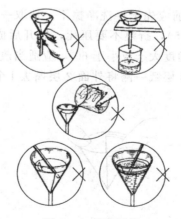

图 2-39　错误操作

图 2-40　沉淀的洗涤

（2）减压过滤法

减压过滤可以加快过滤速度，沉淀也可以被抽吸得较为干燥。但不宜用于过滤胶状沉淀和颗粒太小的沉淀。因为胶状沉淀在快速过滤时易穿透滤纸，颗粒太小的沉淀物易在滤纸上形成密实的薄层，使得溶液不易透过。

减压过滤需借助真空泵或水流抽气管完成，它们起着带走空气的作用，使抽滤瓶内减压，从而使布氏漏斗内的溶液因压力差而加快通过滤纸的速度。减压过滤装置（图 2-41）的主要部件包括抽滤瓶、布氏漏斗和抽气装置。

抽滤瓶用来承接滤液，其支管用耐压橡皮支管与抽气系统相连。布氏漏斗为瓷质漏斗，内有一多孔平板，漏斗颈插入单孔橡胶塞，与抽滤瓶相连。橡胶塞插入抽滤瓶内的部分不能超过塞子高度的 2/3，还应注意漏斗颈下端的斜口要对着抽滤瓶的支管口。抽气装置常用真空泵或水流抽气泵（图 2-42）。如要保留滤液，常在抽滤瓶和抽气泵之间安装一个安全瓶，以防止关闭抽气泵或水的流量突然变小时，由于抽滤瓶内压力低于外界大气压而使自来水反吸入抽滤瓶内，弄脏滤液。安装时要注意安全瓶上长管和短管的连接顺序，不要连反。

图 2-41　减压过滤装置

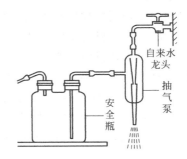

图 2-42　水流抽气泵

减压过滤操作步骤及注意事项如下。

① 按图装好仪器后，把滤纸平放入布氏漏斗内，滤纸以略小于漏斗的内径又能将全部小孔盖住为宜。用少量蒸馏水润湿滤纸后，打开真空泵，抽气使滤纸紧贴在漏斗瓷板上。

② 用倾析法先转移溶液，溶液量不得超过漏斗容量的 2/3。待溶液快流尽时再转移沉淀至滤纸的中间部分。抽滤时要注意观察抽滤瓶内液面高度，当液面快达到支管口位置时，应拔掉抽滤瓶上的橡皮管，从抽滤瓶上口倒出溶液，瓶的支管口只作连接调压装置用，不可从中倒出溶液，以免弄脏溶液。

③ 洗涤沉淀时，应拔掉抽滤瓶上的橡皮管，用少量洗涤剂润湿沉淀，再接上橡皮管，继续抽滤，如此重复几次。

④ 将沉淀尽量抽干，取下抽滤瓶，用手指或玻璃棒轻轻揭起滤纸边缘，取出滤纸和沉淀。滤液从抽滤瓶上口倒出。

⑤ 抽滤完毕或中间需停止抽滤时，应特别注意需先拔掉连接抽滤瓶和真空泵的橡胶管，然后关闭真空泵，以防倒吸。

⑥ 如过滤的溶液具有强酸性或强氧化性，为了避免溶液破坏滤纸，此时可用玻璃纤维或玻璃砂芯漏斗等代替滤纸。由于碱易与玻璃作用，所以玻璃砂芯漏斗不宜过滤强碱性溶液。

图 2-43　电动离心机

（3）离心分离

当被分离的沉淀量很少或沉淀很少时，应采用离心分离法。操作时，把溶液及沉淀放入离心试管中，在离心机（图 2-43）中进行分离。

① 分离　操作时，把盛有混合物的离心试管对称放入离心机的套管内，盖好离心机上盖，然后缓慢启动离心机，再逐渐加速，由慢到快，缓慢操作。离心完毕，等离心机自然停止后，打开上盖，取出离心试管。

② 洗涤沉淀　用滴管小心地取出上层清液，用滴管吹水，将沉淀全部吹起，搅拌，然后再进行离心分离。如此重复操作 3～4 次即可。

5.5　液-液分离

萃取和蒸馏是液-液分离的两种方法。

5.5.1　萃取

（1）萃取的原理

萃取和洗涤是利用物质在不同溶剂中的溶解度不同来进行分离的操作。萃取和洗涤在原理上是一样的，只是目的不同。从混合物中抽取的物质，如果是我们需要的，这种操作叫做萃取或提取；如果是我们不要的，这种操作叫做洗涤。

萃取是利用物质在两种不互溶（或微溶）溶剂中溶解度或分配比的不同来达到分离、提取或纯化目的的一种操作。其过程是某物质从其溶解或悬浮的相中转移到另外相中。将含有机化合物的水溶液用有机溶剂萃取时，有机化合物就在两液相间进行分配。在一定温度下，此有机化合物在有机相中和在水相中的浓度之比为一常数，此即所谓"分配定律"。

假如一物质在两液相 A 和 B 中的浓度分别为 $c(A)$ 和 $c(B)$，则在一定温度条件下，$c(A)$ 与 $c(B)$ 之比（K）为一常数，称为"分配系数"，它可以近似地看作此物质在两溶剂中溶解度之比。

设在体积 $V(mL)$ 的水中溶解 $W_0(g)$ 的有机物，每次用体积 $S(mL)$ 与水不互溶的有机溶剂（有机物在此溶剂中一般比在水中的溶解度大）重复萃取。

第一次萃取

设 V＝被萃取溶液的体积（mL），近似看作与 A 的体积相等（因溶质量不多，可忽略）；

W_0＝被萃取溶液中溶质的总含量，g；

S＝萃取时所用溶剂 B 的体积，mL；

W_1＝第一次萃取后溶质在溶剂 A 中的剩余量，g；

W_2＝第二次萃取后溶质在溶剂 A 中的剩余量，g；

W_n＝经过 n 次萃取后溶质在溶剂 A 中的剩余量，g；

故 W_0-W_1＝第一次萃取后溶质在溶剂 B 中的含量，g；

故 W_1-W_2＝第二次萃取后溶质在溶剂 B 中的含量，g。

则：

$$\frac{\dfrac{W_1}{V}}{\dfrac{(W_0-W_1)}{S}}=K \quad 经整理得：W_1=\frac{KV}{KV+S}W_0。$$

同理：

$$\frac{\dfrac{W_2}{V}}{\dfrac{(W_1-W_2)}{S}}=K \quad 经整理得：W_2=\frac{KV}{KV+S}W_1=\left(\frac{KV}{KV+S}\right)^n W_0。$$

经过 n 次后的剩余量：

$$W_n = \left(\frac{KV}{KV+S}\right)^n W_0$$

当用一定的溶剂萃取时，总是希望在水中的剩余量越少越好。因为上式中 $KV/(KV+S)$ 恒小于 1，所以 n 越大，W_n 就越小，也就是说把溶剂分成几份作多次萃取比用全部溶剂作一次萃取要好。

（2）分液漏斗

分液漏斗（图 2-44）是用于液-液萃取分离的仪器。

其使用方法：

① 根据液体的总体积选择大小不同的分液漏斗。以液体的总体积不得超过其容量的 3/4 为准。

② 检查玻璃塞和旋塞芯是否与分液漏斗配套。分液漏斗中装少量水，检查旋塞芯处是否漏水。将漏斗倒转过来，检查玻璃塞是否漏水，待确认不漏水后方可使用。

③ 在旋塞芯上薄薄地涂上一层凡士林，将塞芯塞进旋塞内。旋转数圈使凡士林均匀分布后将旋塞关闭好。

④ 盛有液体的分液漏斗应正确地放在支架上。如图 2-45 所示：

图 2-44　分液漏斗

图 2-45　分液漏斗的支架装置

1—小孔；2—玻璃塞上侧槽；3—持夹；4—铁圈；

5—缠扎物（布条或线绳）

（3）萃取操作方法

① 如上图安装好装置，在分液漏斗中加入溶液和一定量的萃取溶剂后，塞上玻璃塞。注意玻璃塞上的侧槽必须与分液漏斗上口上的小孔错开。

② 用左手握住漏斗上端颈部将其从支架上取下，用左手食指末节顶住玻璃塞，再用大拇指和中指夹住漏斗上端颈部，右手的大拇指、食指和中指固定住玻璃旋塞，以防止旋转（图 2-46）。

③ 将漏斗由外向里或由里向外旋转振摇 3 至 5 次。使两种不相混溶的液体.尽可能充分混合（也可将漏斗反复倒转进行缓和地振摇）。将漏斗倒置，使漏斗下颈导管向上，不要向着自己和别人的脸。慢慢开启塞.排放可能产生的气体使内外压力平衡（图 2-47）。待压力减小后，关闭旋塞。振摇和放气应重复几次。

④ 静置分层。待两相液体分层明显，界面清晰时，打开上口玻璃塞，开启活塞，放出下层液体，收集在适当的容器中。当界面层接近放完时要放慢速度，一旦放完即要迅速关闭旋塞。

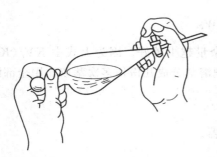
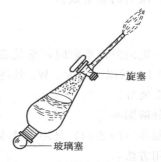

图 2-46　振荡萃取时持分液漏斗的操作手势　　　　图 2-47　解除漏斗内超压示意

⑤ 取下漏斗，打开玻璃塞，将上层液体由上口倒出。收集到指定容器中。

⑥ 假如一次萃取不能满足分离的要求，这时可采取多次萃取的方法（但最多不超过 5 次）。

将每次的萃取液都收集到一个容器中。

5.5.2　蒸馏

（1）蒸馏原理

蒸馏是液体物质最重要的分离和纯化方法。将液体加热至沸使其变成蒸汽，再使蒸汽通过冷却装置冷凝为液体而收集在另一容器中的过程叫蒸馏。蒸馏分离液体是根据液体的沸点不同，加热时低沸点物质先馏出，而高沸点液体不能馏出，从而实现液-液分离，或纯化的目的；也可以把易挥发物质和不易挥发物质分开，达到纯化的目的。

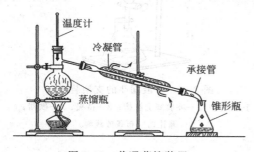

图 2-48　普通蒸馏装置

（2）蒸馏操作方法

① 蒸馏装置安装（图 2-48）　根据蒸馏物的量，选择大小合适的蒸馏瓶（蒸馏物液体的体积，一般不要超过蒸馏瓶容积的 2/3，也不要少于 1/3）。

仪器安装顺序一般为：热源（电炉、水浴、油浴或其他热源）→蒸馏瓶（固定方法、离热源的距离，其轴心保持垂直）→蒸馏头（其对称面与铁架平行）→冷凝管（若为直形冷凝管则应保证上端出水口向上，与橡皮管相连至水池；下端进水口向下，通过橡皮管与水龙头相连；才能保证套管内充满水）→接液管或称尾接管（根据需要安装不同用途的尾接管，例如，减压蒸馏需安装真空尾接管）→接收瓶（一般不用烧杯作接收器，常压蒸馏用锥形瓶，减压蒸馏用圆底烧瓶；正式接收馏液的接收瓶应事先称重并做记录）→借助温度计导管将温度计固定在蒸馏头的上口处（使温度计水银球的上限与蒸馏头侧管的下限同处一水平线上）。安装仪器顺序一般都是自下而上，从左到右。拆卸仪器与安装顺序相反。

② 加料　将待蒸馏液通过玻璃漏斗小心倒入蒸馏瓶中。不要使液体从支管流出，加入几粒沸石，安装好带温度计的套管。

③ 加热　用水冷凝管时，先打开冷凝水龙头缓缓通入冷水，然后开始加热。加热时可见蒸馏瓶中液体逐渐沸腾，蒸气逐渐上升，温度计读数也略有上升。当蒸气的顶端达到水银球部位时，温度计读数急剧上升。这时应适当调整热源温度，使升温速度略为减慢，蒸气顶

端停留在原处，使瓶颈上部和温度计受热，让水银球上液滴和蒸气温度达到平衡。然后再稍稍提高热源温度，进行蒸馏（控制加热温度以调整蒸馏速度，通常以每秒 1～2 滴为宜。在整个蒸馏过程中，应使温度计水银球上常有被冷凝的液滴）。此时的温度即为液体与蒸气平衡时的温度。温度计的读数就是液体（馏出液）的沸点。热源温度太高，使蒸气成为过热蒸气，造成温度计所显示的沸点偏高；若热源温度太低，馏出物蒸气不能充分浸润温度计水银球，造成温度计读得的沸点偏低或不规则。

④ 观察沸点及收集馏液　进行蒸馏前，至少要准备两个接收瓶，其中一个接收前馏分（或称馏头），另一个（需称重）用于接收预期所需馏分（并记下该馏分的沸程：即该馏分的第一滴和最后一滴时温度计的读数）。

一般液体中或多或少含有高沸点杂质，在所需馏分蒸出后，若继续升温，温度计读数会显著升高，若维持原来的温度，就不会再有馏液蒸出，温度计读数会突然下降。此时应停止蒸馏。即使杂质很少，也不要蒸干，以免蒸馏瓶破裂及发生其他意外事故。

⑤ 拆除蒸馏装置：蒸馏完毕，先应撤出热源（拔下电源插头，再移走热源），然后停止通水，最后拆除蒸馏装置（与安装顺序相反）。

注意事项如下。

① 仪器装配符合规范，温度计位置要正确。

② 热源温控适时调整得当。

③ 馏分收集范围严格无误。

第3篇 无机化学实验项目

第1章 基本操作技能实验

实验1 仪器的认领、洗涤和干燥

【实验目的】

1. 熟悉化学实验室规则和要求。
2. 领取化学实验常用仪器，熟悉其名称、规格，了解使用注意事项。
3. 学习并练习常用仪器的洗涤和干燥方法。

【实验内容】

1. 玻璃仪器的清洗

（1）振荡水洗（见图 3-1）

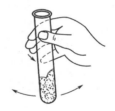

(a) 烧瓶的振荡　　　　　　　　　　　(b) 试管的振荡

图 3-1　振荡水洗

（2）内壁附有不易洗掉物质，可用毛刷刷洗（见图 3-2）。

（3）刷洗后，再用水连续振荡数次，必要时还应用蒸馏水淋洗三次。

注：玻璃仪器里如附有不溶于水的碱、碳酸盐、碱性氧化物等可先加 $6mol \cdot L^{-1}$ 盐酸溶解，再用水冲洗。附有油脂等污物可先用热的纯碱液洗，然后用毛刷刷洗，也可用毛刷蘸少量洗衣粉刷洗。对于口小、管细的仪器，不便用刷子刷洗，可用少量王水或重铬酸盐洗液涮洗。用以上方法清洗不掉的污物可用较多王水或洗液浸泡，然后用水涮洗。

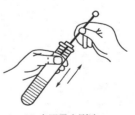

(a) 倒废液　　　　(b) 注入一半水　　　　(c) 选好毛刷,确定手拿部位　　　　(d) 来回柔力刷洗

图 3-2　毛刷刷洗

禁止如下图（图 3-3）所示的操作。

用水或洗衣粉（肥皂）将领取的仪器洗涤干净，抽取两件交教师检查。将洗净后的仪器合理存放于实验柜内。洗涤标准见图 3-4。

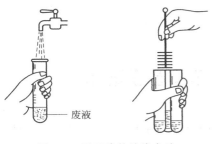

图 3-3　不正确的洗涤方法

(a) 洗净: 水均匀分布(不挂水珠)

(b) 未洗净: 器壁附着水珠(挂水珠)

图 3-4　洗涤标准

2. 仪器的干燥（见图 3-5）

(a) 晾干

(b) 烤干(仪器外壁擦干后, 用小火烤干,
同时要不断地摇动使受热均匀)

(c) 吹干

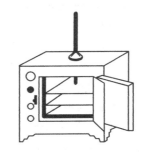

(d) 烘干(105℃左右控温)

(e) 气流烘干

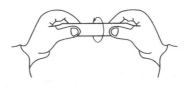

(f) 烘干(有机溶剂法)

(先用少量丙酮或酒精使内壁均匀润湿一遍后倒出, 再用少量乙醚使
内壁均匀润湿一遍后晾干或吹干。丙酮或酒精、乙醚等应回收)

图 3-5　仪器的干燥

烤干两支试管并交给教师检查。

【思考题】

1. 指出上图 3-3 操作中错误之处，为什么？
2. 烤干试管时为什么管口要略向下倾斜？

实验 2　灯的使用、玻璃工操作及塞子钻孔

【实验目的】

1. 了解实验室常用灯的构造和原理，掌握正确的使用方法。主要是酒精喷灯的构造、正确的使用方法。

2. 学会玻璃管的截断、弯曲、拉制、熔烧等基本操作。通过实验，要求学生能够掌握简单玻璃工操作的基本要领，会弯不同角度的玻璃弯管，会拉不同直径的毛细管和制电动搅拌器上的玻璃搅拌棒等。

3. 掌握塞子钻孔的基本操作。

【实验用品】

试剂：工业酒精。

仪器：酒精灯、酒精喷灯、三角锉刀、打孔器、石棉网等。

材料：玻璃管、玻璃棒、橡胶塞、胶头。

【实验内容】

1. 简单玻璃工操作

（1）玻璃管（棒）的清洗和干燥

玻璃管（棒）在加工前都要清洗和干燥，否则也可能导致实验事故。尤其制备熔点管的玻璃管必须先用洗液浸泡半小时以上，再用自来水冲洗和蒸馏水清洗，干燥后方能进行加工。

（2）玻璃管（棒）的切割

取直径为 0.5～1cm 的玻璃管（棒），用锉刀（三角锉或扁锉均可）的边棱或小砂轮在需要切割的位置上朝同一个方向锉一个锉痕，锉痕深度约为玻璃管（棒）直径的 1/6 左右。注意不可来回乱锉，否则不但锉痕多，使锉刀和小砂轮变钝，而且容易使断口不平整，造成割伤。然后两手握住玻璃管（棒），以大拇指顶住锉痕的背后（即锉痕向前），两大拇指离锉痕均 0.5cm 左右。然后两大拇指轻轻向前推，同时朝两边拉，玻璃管（棒）就可以平整断裂，如图 3-6 所示。为了安全起见，推拉时应离眼睛稍远一些，或在锉痕的两边包上布再折断。

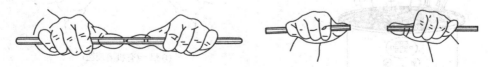

图 3-6　玻璃管（棒）的折断

对于比较粗的玻璃管（棒），采取上述方法处理较难断裂。但我们可以利用玻璃骤热或骤冷容易破裂的性质，采用以下方法来完成玻璃管（棒）的折断。即将一根末端拉细的玻璃

管（棒）在酒精喷灯的灯焰上加热至白炽，使成珠状，立即压触到用水滴湿的粗玻璃管（棒）的锉痕处，锉痕因骤然受强热而裂开。

裂开的玻璃管（棒）断口如果很锋利，容易割破皮肤、橡皮管或塞子，必须在灯焰上烧熔，使之光滑。方法是将玻璃管（棒）呈 45°左右，倾斜地放在酒精喷灯的灯焰边沿处灼烧，边烧边转动，直烧到平滑即可。不可烧得过久，以免管口缩小。刚烧好的玻璃管（棒）不能直接放在实验台上，而应该放在石棉网上。

（3）玻璃管（棒）的弯曲

① 酒精喷灯的使用　在玻璃管（棒）的弯曲过程中，常用到鱼尾灯、酒精喷灯等，酒精喷灯的使用参见 2.1.2。

② 玻璃管（棒）的弯曲　玻璃管（棒）受热变软变成玻璃态物质时，就可以进行弯曲操作，制成实验中所需要的配件。但在弯曲过程中，管的一面要收缩，另一面则要伸长。收缩的面易使管壁变厚，伸长处易使管壁变薄。操之过急或不得法，弯曲处会出现瘪陷或纠结现象，如图 3-7（c）所示。

进行弯管操作时，两手水平的拿着玻璃管，将其在酒精喷灯的火焰中加热，见图 3-7（a）。受热长度约 1cm，边加热边缓慢转动使玻璃管受热均匀。当玻璃管加热至黄红色并开始软化时，就要马上移出火焰（切不可在灯焰上弯玻璃管），两手水平持着轻轻用力，顺势弯曲至所需要的角度，见图 3-7（b），注意弯曲速度不要太快，否则在弯曲的位置易出现瘪陷或纠结；也不能太慢，否则玻璃管又会变硬。

(a) 酒精喷灯加热玻璃管

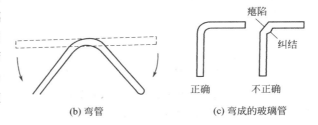

(b) 弯管　　　　(c) 弯成的玻璃管

图 3-7　制作玻璃弯管

大于 90°的弯导管应一次弯到位。小于 90°的则要先弯到 90°，再加热由 90°弯到所需角度。

质量较好的玻璃弯导管应在同一平面上，无瘪陷或纠结出现，见图 3-7（c）。

弯玻璃管的操作中应注意以下两点：①两手旋转玻璃管的速度必须均匀一致，否则弯成的玻璃管会出现歪扭，致使两臂不在一平面上。②玻璃管受热程度应掌握好，受热不够则不易弯曲，容易出现纠结和瘪陷，受热过度则在弯曲处的管壁出现厚薄不均匀和瘪陷。

对于管径不大（小于 7mm）的玻璃管，可采用重力的自然弯曲法进行弯管。其操作方法是：取一段适当长的玻璃管，一手拿着玻璃管的一端，使玻璃管要弯曲的部分放在酒精灯的最外层火焰上加热（火不宜太大！），不要转动玻璃管。开始时，玻璃管与灯焰互相垂直，随着玻璃管的慢慢自然弯曲，玻璃管手拿端与灯焰的夹角也要逐渐变小。这种自然弯法的特点是玻璃管不转动，比较容易掌握。但由于弯时与灯焰的夹角不可能很小，从而限制了可弯的最小角度，一般只能是 45°左右。用此法弯管要注意三点：a. 玻璃管受热段的长度要适当长一点；b. 火不宜太大，弯速不要太快；c. 玻璃管成角的两端与酒精灯火焰必须始终保持在同一平面。

（4）胶头滴管的拉制

实验室常用的胶头滴管（玻璃端）也可以自己拉制。其方法是：

两手拿着玻璃管，两肘部搁在实验台上，以保证玻璃管的水平。将玻璃管在酒精喷灯的火焰中加热，见图3-8(a)。受热长度约1cm，边加热边缓慢转动使玻璃管受热均匀。当玻璃管加热至黄红色并开始软化时，就要马上移出火焰（切不可在灯焰上拉制玻璃管），两手水平持着同时轻轻用力往外拉，拉至如图3-8(b)所示形状。注意拉的速度不要太快，否则中间部分会很细，也不能太慢。

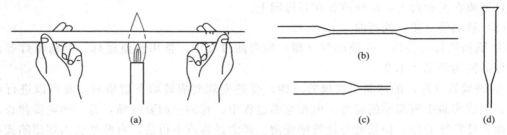

图3-8 制作玻璃弯管

冷却后用锉刀将其截断，即变成两个胶头滴管如图3-8(c)所示。将大的一端在火焰上烧熔，用圆锉将其熨大，如图3-8(d)所示，就可以套住胶头了。

加工后的玻璃管（棒）均应及时进行退火处理。退火方法是：趁热在弱火焰中加热一会，然后将其慢慢移出火焰，再放在石棉网上冷却到室温。如果不进行退火处理，玻璃管（棒）内部会因骤冷而产生很大的应力，使玻璃管（棒）断裂。即使不立即断裂，过后也可能断裂。

2. 塞子的钻孔

（1）塞子的选择

① 类型的选择 软木塞和橡皮塞是化学实验室最常用的两种塞子。通常根据两种塞子的特点和用塞子时的具体情况来选择合适的塞子。软木塞的优点是不易和有机化合物发生化学反应，缺点是容易漏气、容易被酸碱腐蚀；而橡皮塞的优点是不易漏气、不易被碱腐蚀，缺点是容易被有机化合物所侵蚀或溶胀。一般说来，无机实验室及级别较低的有机实验室多使用橡皮塞，主要考虑安全性和经济成本；级别较高的有机实验室多使用软木塞，主要考虑有机腐蚀和污染试剂、引入杂质等，因为在有机化学实验中接触的主要是有机化合物。

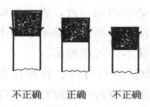

不正确 正确 不正确

图3-9 塞子规格的
选择标准

② 规格的选择 塞子的规格通常分为六种，即1号塞、2号塞、……6号塞。号数越大，塞子的直径就越大。塞子规格的选择要求是塞子的大小应与仪器的口径相适合，塞子进入瓶颈或管颈部分是塞子本身高度的1/3～2/3，否则就不合用，如图3-9所示。使用新的软木塞时只要能塞入1/3～1/2时就可以了，因为经过压塞机压软打孔后就有可能塞入2/3左右了。

（2）钻孔器的选择

当化学实验中用到导气管、温度计、滴液漏斗等仪器时，往往需要插在塞子内，通过塞子和其他容器相连，这就需要在塞子上钻孔。

钻孔通常使用不锈钢制成的钻孔器（或打孔器）。这种钻孔器是靠手力钻孔的。也有把钻孔器固定在简单的机械上，借助机械力来钻孔的，这种机器叫打孔机。一套钻孔器一般有六支直径不同的钻嘴和一支钻杆，以供选择。

钻嘴的选择根据塞子的类型不同而不同。例如要将温度计插入软木塞，钻孔时就应选用比温度计的外径稍小或接近的钻嘴。而如果是橡皮塞，则要选用比温度计的外径稍大的钻嘴，因为橡皮塞有弹性，钻成后会收缩，使孔径变小。

总之，在塞子上所钻出的孔径的大小应该能够使欲插入的玻璃管紧密的贴合、固定。

（3）钻孔的方法

软木塞在钻孔之前，需在压缩机上压紧，防止在钻孔时塞子破裂。

钻孔时，先在桌面放一块垫板，其作用是避免当塞子被钻穿后钻坏桌面。然后把塞子小的一端朝上，平放在垫板上。左手紧握塞子，右手持钻孔器的手柄，如图 3-10 所示。在选定的位置，使钻孔器垂直于塞子的平面，使劲将钻孔器按顺时针方向向下转动，不能左右摇摆，更不能倾斜。否则，钻得的孔径是偏斜的。等到钻

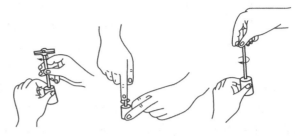

图 3-10　钻孔的方法

至约塞子的一半时，按逆时针旋转取出钻嘴，用钻杆捅出钻嘴中的塞芯。然后把塞子大的一端朝上，将钻嘴对准小头的孔位，以上述同样的操作钻至钻穿。拔出钻嘴捅出钻嘴中的塞芯。

为了减少钻孔时的摩擦，特别是对橡皮塞钻孔时，可以在钻嘴的刀口上擦一些甘油或者水。钻孔后，要检查孔道是否合用。如果不费力就能够把玻璃管插入，说明孔径偏大，玻璃管和塞子之间不够紧密贴合，会漏气，不合用。相反，如果很费力才能够插入，则说明孔径偏小，插入过程中容易导致玻璃管折断，造成割伤，也不合用。如孔径偏小或不光滑，可以用圆锉修整。

【思考题】

1. 截断玻璃管时要注意哪些问题？加热玻璃管时怎样防止玻璃管被拉歪？

2. 怎样弯曲和拉细玻璃管？

3. 选用塞子要注意什么？

4. 钻孔时，钻孔器不垂直于塞子的平面结果会怎样？

实验 3　天平和台秤的使用

【实验目的】

1. 熟悉和了解天平的原理、构造、各部件的位置与作用。

2. 学会差减法和固定质量法的称样方法及操作技术，具体称出实验给出试样（如 $K_2Cr_2O_7$、坩埚等）的质量。

3. 学会正确记录测量数据和处理数据。

【实验原理】

用电子天平称量物品时，可采用直接称量法、递减称量法和固定质量称量法。

（1）直接称量法称量原理　先调节天平的零点，将被称物（如坩埚）放在称量盘中央，关闭天平门等显示屏上数字稳定之后读数。

（2）递减称量法（差减法）称量原理　这种方法称出的样品质量不要求某一固定的数

图 3-11　取样操作

值，只需在要求的称量范围内即可（读数仍要求准确至万分之一克），适于称取多份易吸水、易氧化或易与 CO_2 反应的物质，方法如下。

　　从天平室的干燥器中，用纸条套住装有试样的称量瓶，将其置于天平盘称取质量。假设为 21.8947g，若要求称取试样 0.4～0.6g，用左手取出称量瓶，移到烧杯口上方，右手以小纸片捏取称量瓶盖，将称量瓶口向下倾斜，在烧杯口上方，用瓶盖轻轻敲击称量瓶口上缘，使试样慢慢地落入烧杯中（图 3-11），估计倒出的试样量已够 0.4g 时，在一面轻轻敲击的情况下，慢慢地竖起称量瓶，使瓶口不留一点试样，盖上盖子，再将称量瓶放回天平盘上，读数。若此时倒出试样少于 0.4g，再重复以上操作。直至倒出的试样在 0.4～0.6g 的范围内，符合要求，准确称取称量瓶的剩余质量假设为 21.3562g，那么烧杯中试样的质量是：21.8947g－21.3562g＝0.5385g。若需再称一份试样，则仍按上述方法进行称量，第 2 次质量与第 3 次质量之差，即为第 2 只烧杯中试样质量，烧杯应编号，以免混乱。记录如下：

第 1 次称量瓶＋样品质量	21.8947g	第 2 次称量瓶＋样品质量	21.3562g
一）第 2 次称量瓶＋样品质量	21.3562g	一）第 3 次称量瓶＋样品质量	20.8050g
①号烧杯中	0.5385g	②号烧杯中	0.5512g

　　（3）固定质量称量法称量原理　除了以上两种称量方法外，工业生产中还经常使用的另一种方法是"固定质量称量法"。这种方法是称取某一固定质量的试样，要求试样本身不吸水并在空气中性质稳定，如金属、矿石等，其方法如下。

　　先称取容器的质量，如指定要称取样品 0.4000g 时，用药匙往称盘的容器中加入略少于 0.4g 的试样，然后用牛角匙轻轻振动，使试样慢慢落入容器中，直至平衡点与称量容器时的平衡点刚好一致。这种方法的优点是称量操作简单，计算方便，因此在工业生产分析中广泛采用这种称量方法。

【实验用品】

　　试剂：工业纯 $K_2Cr_2O_7$（研细）。

　　仪器：台秤、电子天平、称量瓶、表面皿、坩埚、药勺。

【实验内容】

　　1. 固定质量称量法称量

　　为便于试样的定量转移，称样时常采用表面皿、小烧杯等器皿，特殊情况也可以置于油光纸上称量。固定质量称量法操作步骤如下：

　　（1）准备两只洁净、干燥的表面皿（或小烧杯），做好记号，在台秤上粗略称其质量。

　　（2）将一块表面皿置于分析天平的左盘上，准确称取其质量（准确至 0.1mg）。

　　（3）用药匙将试样加到表面皿中央，开始时加入少量试样，一直到接近所需的药品量时，用左手拇指和中指及手心拿稳药勺，伸向表面皿中心部分上方，食指慢慢轻敲药勺柄，让试样慢慢落入表面皿中，直至达到要求称取质量（0.5884g）时，立即停止加入试样（误差＜0.2mg），正确记录测量数据。

　　（4）同步骤（2）、（3），称取第 2 份试样于第 2 个表面皿中。

　　2. 递减称量法（差减法）称量

　　分析化学实验中常采用递减法称量试样，其操作步骤如下：

（1）准备两个干燥、洁净的瓷坩埚或小烧杯，做好记号。在台秤上粗称其质量，然后在分析天平上准确称量至 0.1mg，设称得空坩埚Ⅰ、Ⅱ的质量分别为 m_0、m_0'。

（2）用一折好的无毛边、宽 1～1.5cm、长约 15cm 的纸条套住一支装有 1～2g $K_2Cr_2O_7$ 试样的称量瓶，先在台称上粗称，然后在分析天平上准确称取其质量。设称量瓶加试样的质量为 m_1。

（3）从天平上取出称量瓶，拿在已称量的空坩埚Ⅰ上方，右手用另一折好的小纸条包住称量瓶盖的柄，将盖打开，慢慢倾斜称量瓶的同时，用瓶盖轻敲瓶口，使试样慢慢倾入坩埚Ⅰ中。转移约 0.4～0.5g 试样后，边将称量瓶慢慢扶正，边用瓶盖轻轻敲击称量瓶口，使瓶口附着的试样落入称量瓶或坩埚Ⅰ中，盖好瓶盖，置于天平左盘上，准确称量余下的称量瓶和试样质量。设倒出后称得的试样和称量瓶总质量为 m_2。

再依上述步骤，倾出第二份试样于坩埚Ⅱ中，称出称量瓶与试样的质量和为 m_3。

（4）分别称出两个坩埚加试样质量 m_4、m_5。

（5）检查（m_1-m_2）是否等于第 1 只坩埚增加的试样质量（m_4-m_0）；检查（m_2-m_3）是否等于第 2 只坩埚增加的试样质量（m_5-m_0'）。如不等，允许称量的绝对误差不大于 0.4mg。

3. 天平称量后的检查工作

每次做完实验后，都必须做好如下检查工作。

（1）天平是否关好。

（2）天平盘内的物品是否已取出。盘上和底座上如有脏物应用毛刷刷净。

（3）天平室内的电源是否已切断。

4. 实验记录及结果处理（参考）

称量数据记录和计算结果表

项目	Ⅰ	Ⅱ
称量瓶＋试样质量(倒出前)/g		
称量瓶＋试样质量(倒出前)/g		
称出试样质量/g		
坩埚＋倒入试样质量/g		
空坩埚质量/g		
倒入试样质量/g		
绝对误差		

注：初次使用分析天平者，操作不熟练且对物质质量估计缺乏经验，可在台秤上粗称，等称量较熟练时，可直接在分析天平上进行准确称量。

【思考题】

1. 如何调节天平的零点？

2. 开着天平门进行称量会有什么影响？

3. 为什么在做同一实验时，应使用同一台天平？

实验 4　溶液的配制

【实验目的】

1. 练习台秤的使用；学习移液管、吸管、容量瓶的使用方法。

2. 掌握溶液的质量分数、质量摩尔浓度、物质的量浓度的概念和计算方法。

3. 掌握一般溶液和特殊溶液的配制方法和基本操作。

【实验原理】

1. 用固体配制

（1）质量分数（w）

$$w = \frac{m_质}{m_液} \qquad m_质 = \frac{wV_剂}{1-w}$$

（2）质量摩尔浓度（m 或 b）

$$b = \frac{n_溶质(\text{mol})}{溶剂质量(\text{kg})}$$

如溶剂为水，则

$$b = \frac{1000m_质}{M_质 V_剂}$$

$$m_质 = \frac{M_质\, bV_剂}{1000}$$

（3）物质的量浓度（c）

$$c = \frac{n_质(\text{mol})}{V_液(\text{L})}$$

$$c = \frac{m_液}{M_质 V_液} \qquad m_质 = cV_液 M_质$$

2. 用液体或浓溶液配制

（1）质量分数（十字交叉法）

（2）物质的量浓度（c）

$$c_1V_1 = c_2V_2 \qquad c_2 = c_1\frac{V_1}{V_2} \qquad \begin{cases} c_1 = 浓溶液"物质的量"浓度 \\ c_1 = \dfrac{\rho w}{M_质} \times 1000^{[1]} \end{cases}$$

例如，浓 H_2SO_4，$\rho = 1.84$，$w = 98\%$。则

$$c\ 或\ c_2 = \frac{\rho \times w \times 1000 \times V_质}{M_质 \times V_液}$$

$$V_质 = \frac{cV_液 \times M_质}{\rho \times w \times 1000}$$

市售试剂浓度：

浓 H_2SO_4　　$c = 18.4\text{mol·L}^{-1}$　　浓 HCl　　$c = 12\text{mol·L}^{-1}$

浓 H_3PO_4　　$c = 14.7\text{mol·L}^{-1}$　　浓 HNO_3　　$c = 16\text{mol·L}^{-1}$

浓 HAc　　$c = 17.5\text{mol·L}^{-1}$　　浓氨水　　$c = 14.8\text{mol·L}^{-1}$

3. 配制方法

（1）粗略配制

配制方法：固体配制溶液：称固体→溶解→定容（冷后）。

　　　　　液体配制溶液：量浓溶液→混合→定容（冷后）。

（2）准确配制

配制方法：固体配制溶液：精确称量→溶解→转移→定容→装瓶。

　　　　　液体配制溶液：移取浓液→混合→定容→装瓶。

【实验用品】

试剂：$CuSO_4 \cdot 5H_2O$、NaOH、浓 H_2SO_4、浓 HAc。

仪器：台秤（称固体）、量筒（量取液体）、烧杯、搅棒、分析天平或电子天平（称固体）、吸量管（量取液体）、移液管、容量瓶。

【实验内容】

1. 用 $CuSO_4 \cdot 5H_2O$ 配制 $0.2mol \cdot L^{-1}$ $CuSO_4$ 溶液 50mL （$M_{CuSO_4 \cdot 5H_2O} = 249.68g \cdot mol^{-1}$）

计算：$m_{CuSO_4 \cdot 5H_2O} = 0.2 \times \dfrac{50}{1000} \times 249.68 = 2.5$ （g）

配制：研细→称量（用台秤）→溶解→定容（量筒、量杯、带刻度烧杯均可）→倒入指定容器中。

2. 配制 $2mol \cdot L^{-1}$ NaOH 溶液 100mL

计算：$m_{NaOH} = cVM = 2 \times \dfrac{100}{1000} \times 40 = 8$ （g）

配制：称量（20mL 小烧杯）→溶解→冷却→定容→回收

3. 用浓 H_2SO_4 配制 $3mol \cdot L^{-1}$ H_2SO_4 溶液 50mL

计算：$c_2 = c_1\dfrac{V_1}{V_2}$　$V_{H_2SO_4} = V_2\dfrac{c_2}{c_1} = 50 \times \dfrac{3}{18.4} = 8.3$ （mL）

配制：量取浓 H_2SO_4（用 10mL 量筒）→混合（入适量水中）→冷却→定容→回收

4. 由 $2mol \cdot L^{-1}$ HAc 溶液配制 50mL $0.200mol \cdot L^{-1}$ HAc 溶液

计算：$c_1V_1 = c_2V_2$　$V_1 = V_2\dfrac{c_2}{c_1} = 50 \times \dfrac{0.200}{2.000} = 5.00$ （mL）

配制：吸取浓 HAc 5.0mL（用 5.0mL 吸量管）→注入容量瓶→稀释→摇晃→定容→回收

【思考题】

1. 简要说明实验内容中的计算和溶液的配制过程。

2. 用容量瓶配制溶液时，容量瓶是否需要烘干？需用被稀释溶液润洗吗？为什么？

3. 怎样洗涤移液管？移液管在使用前为什么要用被吸取溶液润洗？

4. 某同学在配制溶液时，用分析天平称取了硫酸铜晶体的质量，用量筒取水配成溶液，此操作对否？为什么？

实验 5　酸碱中和滴定

【实验目的】

1. 通过氢氧化钠溶液和盐酸溶液浓度的测定练习滴定操作掌握酸碱滴定原理。

2. 学习规范地使用滴定管、移液管、洗瓶等。

【实验原理】

滴定是常用的测定溶液浓度的方法。利用酸碱滴定可以测定酸或碱的浓度。将标准溶液加到待测溶液中（或反加），使其反应完全（即达终点），若待测溶液的体积是精确量取的，则其浓度即可通过滴定精确求得。

例如，用已知浓度的标准草酸来测定氢氧化钠溶液浓度，其反应方程式为：

$$2NaOH + H_2C_2O_4 \longrightarrow Na_2C_2O_4 + 2H_2O$$

$$c(NaOH)V(NaOH) = 2c(H_2C_2O_4)V(H_2C_2O_4)$$

因为草酸的浓度是标准的，其体积可由移液管精确量取，而碱的体积 $V(NaOH)$ 可由滴定管精确读出，所以碱的浓度 $c(NaOH)$ 即可求出。

　　本实验以酚酞为指示剂，用草酸标准溶液标定氢氧化钠溶液的浓度，再用已知浓度的氢氧化钠溶液测定盐酸的浓度。当指示剂由无色变为淡粉红色，即表示已达到终点。由前面计算公式，求出酸或碱的浓度。

【实验用品】

　　试剂：NaOH（约 $0.1mol \cdot L^{-1}$）、HCl（约 $0.1mol \cdot L^{-1}$）、$H_2C_2O_4$ 标准溶液（$0.0500mol \cdot L^{-1}$）、$5g \cdot mL^{-1}$ 酚酞溶液。

　　仪器：碱式滴定管（50mL）、移液管（25mL）、锥形瓶、滴定管夹、洗耳球、洗瓶等。

【实验内容】

　　1. NaOH 溶液浓度的标定

　　（1）滴定前的准备

　　将已洗净的碱式滴定管用去离子水荡洗 2～3 次，再用待标定的 NaOH 溶液荡洗 2～3 次，每次 5～10mL 左右，荡洗液均从滴定管尖嘴流出弃去。注入 NaOH 溶液至滴定管的刻度"0"以上，赶出滴定管下端的气泡。调节滴定管内溶液的弯月面在"0"刻度或略以下。静置 1min，准确读数，并记录在报告本上。

　　将洗净的移液管用 $H_2C_2O_4$ 标准溶液荡洗 2～3 次（每次用 5～6mL 溶液）。准确移取 25.00mL 的 $H_2C_2O_4$ 标准溶液于洁净的 250mL 锥形瓶中，加酚酞指示剂 2 滴，摇匀。

　　（2）滴定

　　右手持锥形瓶，左手挤压橡皮管内的玻璃珠，使碱液滴入瓶内，同时右手不断摇动锥形瓶，使溶液混合均匀。滴定开始时可加得稍快些，但必须成滴而不是成线滴入锥形瓶中，接近终点时，应逐滴慢慢加入，当加入半滴时，用洗瓶吹洗锥形瓶内壁，摇匀后，若红色消失，再继续滴定。直至溶液在加入半滴 NaOH 后变为粉红色，并在 30s 内不褪，此时即为终点。准确读取滴定管中 NaOH 的体积。

　　再取两份 25.00mL 草酸，重复滴定两次，每次 NaOH 液面均应调至刻度"0.00"处或略低，若 3 次所用的 NaOH 溶液体积相差不超过 $\pm 0.05mL$ 时，即可取平均值。计算 NaOH 的浓度。

　　2. 盐酸浓度的测定

　　将洗净的移液管用待测的盐酸溶液荡洗 2～3 次（每次用 5～6mL 溶液）。准确移取 25.00mL 的盐酸溶液于洁净的 250mL 锥形瓶中，加酚酞指示剂 2 滴，摇匀。按以上的操作，用已标定的 NaOH 溶液滴定到终点，准确记下所用 NaOH 溶液的体积，重复滴定两次，然后取平均值，计算盐酸的浓度。

　　3. 数据记录和结果处理

NaOH 溶液浓度的标定

项　　目	数据		
	1	2	3
滴定后 NaOH 液面的读数/mL			
滴定前 NaOH 液面的读数/mL			
滴定中用去 NaOH 的体积/mL			
三次滴定中用去 NaOH 体积的平均值/mL			

续表

项　目	数据		
	1	2	3
标准草酸溶液的浓度/mol·L^{-1}			
滴定中用去标准草酸溶液的体积/mL			
经测定 NaOH 溶液的浓度/mol·L^{-1}			

盐酸溶液浓度的标定

项　目	数据		
	1	2	3
滴定后 NaOH 液面的读数/mL			
滴定前 NaOH 液面的读数/mL			
滴定中用去 NaOH 的体积/mL			
三次滴定中用去 NaOH 体积的平均值/mL			
NaOH 溶液的浓度/mol·L^{-1}			
滴定中用去盐酸的体积/mL			
经测定盐酸的浓度/mol·L^{-1}			

【思考题】

1. 分别用 NaOH 滴定 $H_2C_2O_4$ 和 HCl，当达化学计量点时，溶液 pH 值是否相同？

2. 滴定管和移液管均需用待装溶液荡洗 2～3 次的原因何在？滴定用的锥形瓶也要用待装溶液荡洗吗？

3. 以下情况对滴定结果有何影响

(1) 滴定管中留有气泡。

(2) 滴定近终点时，没有用蒸馏水冲洗锥形瓶的内壁。

(3) 滴定完后，有液滴悬挂在滴定管的尖端处。

(4) 滴定过程中，有一些滴定液自滴定管的活塞处渗漏出来。

4. 如果取 10.00mL HCl 溶液，用 NaOH 溶液滴定测定其浓度，所得的结果与取 25.00mL HCl 溶液相比，哪一个误差大？

实验 6　海盐的提纯

【实验目的】

1. 学会用化学方法提纯海盐。

2. 熟练台秤和酒精灯的使用。

3. 熟练常压过滤、减压过滤、蒸发浓缩、结晶和干燥等基本操作。

【实验原理】

海盐中常含有 K^+、Ca^{2+}、Mg^{2+}、Ba^{2+}、SO_4^{2-} 等可溶性杂质离子，还含有泥沙等不溶性杂质。

不溶性的杂质可用溶解、过滤方法除去。可溶性的 Ca^{2+}、Mg^{2+}、SO_4^{2-} 杂质离子，可加入适当的试剂生成沉淀而除去。

1. 在海盐溶液中加入稍过量的 $BaCl_2$ 溶液，生成 $BaSO_4$ 沉淀。

$$SO_4^{2-} + Ba^{2+} \xrightarrow{\quad\quad} BaSO_4 \downarrow$$

过滤除去 $BaSO_4$ 沉淀。

2. 在滤液中加入适量 NaOH 和 Na_2CO_3 溶液，Ca^{2+}、Mg^{2+} 和过量的 Ba^{2+} 转化为沉淀。

$$Ca^{2+} + CO_3^{2-} \xrightarrow{\quad\quad} CaCO_3 \downarrow$$
$$Mg^{2+} + 2OH^- \xrightarrow{\quad\quad} Mg(OH)_2 \downarrow$$
$$Ba^{2+} + CO_3^{2-} \xrightarrow{\quad\quad} BaCO_3 \downarrow$$

过滤除去沉淀。

3. 向所得滤液中加入盐酸除去过量的 NaOH 和 Na_2CO_3。pH 值调节至 5～6 之间。

4. 海盐中所含的 K^+ 与上述沉淀剂不起作用，仍留在滤液中。由于 KCl 的溶解度比 NaCl 的大，随温度的变化较大，且含量少，在蒸发浓缩食盐滤液时，NaCl 结晶析出，KCl 仍留在母液中而被除掉。

【实验用品】

试剂：海盐、Na_2CO_3（$1\,mol \cdot L^{-1}$）、NaOH（$2\,mol \cdot L^{-1}$）、HCl（$2\,mol \cdot L^{-1}$）、$BaCl_2$（$1\,mol \cdot L^{-1}$）、$(NH_4)_2C_2O_4$（$0.5\,mol \cdot L^{-1}$）、镁试剂、滤纸、pH 试纸。

仪器：托盘天平、烧杯、量筒、普通漏斗、漏斗架、吸滤瓶、布氏漏斗、三角架、石棉网、表面皿、蒸发皿、水泵、铁架台、试管。

【实验内容】

1. 海盐的提纯

（1）海盐的溶解

在台秤上称量 8.0g 海盐，放入 250mL 烧杯中，加 30mL 去离子水。加热、搅拌，使粗盐溶解。

（2）SO_4^{2-} 的除去

在煮沸的食盐溶液中，边搅拌边逐滴加入 $1.0\,mol \cdot L^{-1}$ $BaCl_2$ 溶液（约 2mL）。为了检验沉淀是否完全，可将酒精灯移开，待沉淀下降后，在上层清液中加入 1～2 滴 $BaCl_2$ 溶液，观察是否有浑浊现象，如无浑浊，说明 SO_4^{2-} 已沉淀完全，否则要继续加入 $BaCl_2$ 溶液，直到沉淀完全为止。然后小火加热 5 分钟，以使沉淀颗粒长大而便于过滤。常压过滤，保留溶液，弃去沉淀。

（3）Ca^{2+}、Mg^{2+}、Ba^{2+} 等离子的除去

滤液中加入 $2.0\,mol \cdot L^{-1}$ NaOH 溶液 1mL 和 $1.0\,mol \cdot L^{-1}$ Na_2CO_3 溶液 3mL，加热至沸。同上法，用 Na_2CO_3 溶液检查沉淀是否完全。继续煮沸 5 分钟。用普通漏斗过滤，保留滤液，弃去沉淀。

（4）调节溶液的 pH 值

在滤液中加入 $2.0\,mol \cdot L^{-1}$ HCl 溶液，充分搅拌，并用玻璃棒蘸取滤液在 pH 试纸上试验，直到溶液呈微酸性（pH＝5～6）为止。

（5）蒸发浓缩

将滤液转移到蒸发皿中，小火加热，蒸发浓缩至溶液呈稀粥状为止，但切不可将溶液蒸干。

（6）结晶、减压过滤、干燥

让浓缩液冷却至室温。用布氏漏斗减压过滤。再将晶体转移到蒸发皿中，在石棉网上用小火加热，以干燥之。冷却后，称其质量，计算产率。

2. 产品纯度的检验

将粗盐和提纯后的食盐各 1.0g，分别溶解于 5mL 去离子水中，然后各分成三份，盛于试管中。按下面的方法对照检验它们的纯度。

（1）SO_4^{2-} 的检验

加入 $1.0mol \cdot L^{-1}$ $BaCl_2$ 溶液 2 滴，观察有无白色的 $BaSO_4$ 沉淀生成。

（2）Ca^{2+} 的检验

加入 $0.5mol \cdot L^{-1}$ $(NH_4)_2C_2O_4$ 溶液 2 滴，观察有无白色的 CaC_2O_4 沉淀生成。

（3）Mg^{2+} 的检验

加入 $2.0mol \cdot L^{-1}$ NaOH 溶液 2～3 滴，使呈碱性，再加入几滴镁试剂（对硝基偶氮间苯二酚）。如有蓝色沉淀生成，表示 Mg^{2+} 存在。

【思考题】

1. 过量的 Ba^{2+} 如何除去？

2. 粗盐提纯过程中，为什么要加 HCl 溶液？

3. 怎样检验 Ca^{2+}、Mg^{2+}？

实验 7　转化法制备硝酸钾

【实验目的】

1. 学习用转化法制备硝酸钾晶体。

2. 学习溶解、过滤、间接热浴和重结晶操作。

【实验原理】

工业上常采用转化法制备硝酸钾晶体，其反应如下：

$$NaNO_3 + KCl \Longrightarrow NaCl + KNO_3$$

该反应是可逆的。从表 1 可以看出根据氯化钠的溶解度随温度变化不大，氯化钾、硝酸钠和硝酸钾在高温时具有较大或很大的溶解度而温度降低时溶解度明显减小（如氯化钾、硝酸钠）或急剧下降（如硝酸钾）的这种差别，将一定浓度的硝酸钠和氯化钾混合液加热浓缩，当温度达 118～120℃时，由于硝酸钾溶解度增加很多，达不到饱和，不析出；而氯化钠的溶解度增加甚少，随浓缩、溶剂的减少，氯化钠析出。通过热过滤滤除氯化钠，将此溶液冷却至室温，即有大量硝酸钾析出，氯化钠仅有少量析出，从而得到硝酸钾粗产品。再经过重结晶提纯，可得到纯品。

硝酸钾等四种盐在不同温度下的溶解度（单位：g/100g H_2O）

	0	10	20	30	40	60	80	100
KNO_3	13.3	20.9	31.6	45.8	63.9	110.0	169	246
KCl	27.6	31.0	34.0	37.0	40.0	45.5	51.1	56.7
$NaNO_3$	73	80	88	96	104	124	148	180
NaCl	35.7	35.8	36.0	36.3	36.6	37.3	38.4	39.8

【实验用品】

试剂：硝酸钠（工业级）、氯化钾（工业级）、$AgNO_3$（0.1mol·L^{-1}）、硝酸（5mol·L^{-1}）、氯化钠标准溶液、甘油。

仪器：量筒、烧杯、台秤、石棉网、三角架、铁架台、热滤漏斗、布氏漏斗、吸滤瓶、真空泵、瓷坩埚、坩埚钳、温度计（200℃）、比色管（25mL）、硬质试管、烧杯（500mL）。

【实验内容】

1. 溶解蒸发

称取 22g $NaNO_3$ 和 15g KCl，放入一只硬质试管中，加 35mL H_2O。将试管置于甘油浴中加热（试管用铁夹垂直地固定在铁架台上，用一只 500mL 烧杯盛甘油至大约烧杯容积的 3/4 作为甘油浴，试管中溶液的液面要在甘油浴的液面之下，并在烧杯外对准试管内液面高度处做一标记）。甘油浴温度可达 140～180℃，注意控制温度，不要使其热分解，产生刺激性的丙烯醛。

待盐全部溶解后，继续加热，使溶液蒸发至原有体积的 2/3。这时试管中有晶体析出（是什么？），趁热用热滤漏斗过滤。滤液盛于小烧杯中自然冷却。随着温度的下降，即有结晶析出（是什么？）。注意，不要骤冷，以防结晶过于细小。用减压法过滤，尽量抽干。KNO_3 晶体水浴烤干后称重。计算理论产量和产率。

2. 粗产品的重结晶

（1）除保留少量（0.1～0.2g）粗产品供纯度检验外，按粗产品∶水＝2∶1（质量比）的比例，将粗产品溶于蒸馏水中。

（2）加热、搅拌，待晶体全部溶解后停止加热。若溶液沸腾时，晶体还未全部溶解，可再加极少量蒸馏水使其溶解。

（3）待溶液冷却至室温后抽滤，水浴烘干，得到纯度较高的硝酸钾晶体，称量。

3. 纯度检验

（1）定性检验分别取 0.1g 粗产品和一次重结晶得到的产品放入两支小试管中，各加入 2mL 蒸馏水配成溶液。在溶液中分别滴入 1 滴 5mol·L^{-1} HNO_3 酸化，再各滴入 0.1mol·L^{-1} $AgNO_3$ 溶液 2 滴，观察现象，进行对比，重结晶后的产品溶液应为澄清。

（2）根据试剂级的标准检验试样中总氯量称取 1g 试样（称准至 0.01g），加热至 400℃ 使其分解，于 700℃ 灼烧 15min，冷却，溶于蒸馏水中（必要时过滤），稀释至 25mL，加 2mL 5mol·L^{-1} HNO_3 和 0.1mol·L^{-1} $AgNO_3$ 溶液，摇匀，放置 10min。所呈浊度不得大于标准。

标准是取下列质量的 Cl^-：优级纯 0.015mg；分析纯 0.030mg；化学纯 0.070mg，稀释至 25mL，与同体积样品溶液同时同样处理（氯化钠标准溶液依据 GB 602—77 配制）。

本实验要求重结晶后的硝酸钾晶体含氯量达化学纯为合格，否则应再次重结晶，直至合格。最后称量，计算产率，并与前几次的结果进行比较。

【思考题】

1. 何谓重结晶？本实验都涉及哪些基本操作，应注意什么？

2. 制备硝酸钾晶体时，为什么要把溶液进行加热和热过滤？

附注：

1. 根据中华人民共和国国家标准（GB 647—77）化学试剂硝酸钾中杂质最高含量

（指标以 $w/\%$ 计）。

名称	优级纯	分析纯	化学纯
澄清度试验	合格	合格	合格
水不溶物	0.002	0.004	0.006
干燥失重	0.2	0.2	0.5
总氯量（以 Cl 计）	0.0015	0.003	0.007
硫酸盐（SO_4^{2-}）	0.002	0.005	0.01
亚硝酸盐及碘酸盐（以 NO_2 计）	0.0005	0.001	0.002
磷酸盐（PO_4^{3-}）	0.0005	0.001	0.001
钠（Na）	0.02	0.02	0.05
镁（Mg）	0.001	0.002	0.004
钙（Ca）	0.002	0.004	0.006
铁（Fe）	0.0001	0.0002	0.0005
重金属（以 Pb 计）	0.0003	0.0005	0.001

2. 氯化物标准溶液的配制（1mL 含 0.1mg Cl^-）：称取 0.165g 于 $500\sim600℃$ 灼烧至恒重之氯化钠，溶于水，移入 1000mL 容量瓶中，稀释至刻度。

3. 检查产品含氯总量时，要求在 700℃ 灼烧. 这步操作需在马弗炉中进行。需要注意的是，当灼烧物质达到灼烧要求后，先关掉电源，待温度降至 200℃ 以下时，可打开马弗炉，用长柄坩埚钳取出装试样的坩埚，放在石棉网上，切忌用手拿。

实验 8　Fe^{3+}、Al^{3+} 的分离

【实验目的】

1. 学习萃取分离法的基本原理。

2. 初步了解铁、铝离子不同的萃取行为。

3. 学习萃取分离和蒸馏分离两种基本操作。

【实验原理】

在 $6mol\cdot L^{-1}$ 盐酸中，Fe^{3+} 与 Cl^- 生成了 $[FeCl_4]^-$ 配离子。在强酸-乙醚萃取体系中，乙醚与 H^+ 结合，生成了 $Et_2O\cdot H^+$。由于 $[FeCl_4]^-$ 与 $Et_2O\cdot H^+$ 都有较大的体积和较低的电荷。因此，容易形成缔合物 $Et_2O\cdot H^+\cdot[FeCl_4]^-$，在这种离子缔合物中，$Cl^-$ 离子和 Et_2O 分别取代了 Fe^{3+} 离子和 H^+ 离子的配位水分子，并且中和了电荷，具有疏水性，能够溶于乙醚中。因此，就从水相转移到有机相中了。

Al^{3+} 在 $6mol\cdot L^{-1}$ 盐酸中与 Cl^- 生成配离子的能力很弱，因此，仍然留在水相中。

将 Fe^{3+} 由有机相中再转移到水相中去的过程叫做反萃取。将含有 Fe^{3+} 的乙醚相与水相混合，这时体系中的 H^+ 浓度和 Cl^- 浓度明显降低。$Et_2O\cdot H^+$ 和 $[FeCl_4]^-$ 解离趋势增加，Fe^{3+} 又生成了水合铁离子，被反萃取到水相中。由于乙醚沸点（35.6℃）较低，因此，采用普通蒸馏的方法，就可以实现醚水的分离。这样 Fe^{3+} 又恢复了初始的状态，达到了 Fe^{3+}、Al^{3+} 分离的目的。

【实验用品】

试剂：$FeCl_3$（5%）、浓盐酸（化学纯）、乙醚（化学纯）、$K_4Fe(CN)_6$（5%）、NaOH（$2mol\cdot L^{-1}$、$6mol\cdot L^{-1}$）、茜素 S 酒精溶液、冰水、热水。

仪器：圆底烧瓶（250mL）、直管冷凝器、尾接管、抽滤瓶、烧杯、梨形分液漏斗（100mL）、量筒（100mL）、铁架台、铁环。

材料：乳胶管、橡皮管、玻璃弯管、滤纸、pH 试纸。

【实验内容】

1. 制备混合溶液

取 10mL 5% $FeCl_3$ 溶液和 10mL 5% $AlCl_3$ 溶液混入烧杯中。

2. 萃取

将 15mL 混合溶液和 15mL 浓盐酸先后倒入分液漏斗中，再加入 30mL 乙醚溶液，按照萃取分离的操作步骤进行萃取。

3. 检查

萃取分离后，水相若呈黄色，则表明 Fe^{3+}、Al^{3+} 没有分离完全。可再次用 30mL 乙醚重复萃取，直至水相无色为止。每次分离后的有机相都合并在一起。

4. 安装

先安装好蒸馏装置。向有机相中加入 30mL 水，并转移至圆底烧瓶中。整个装置的高度以热源高度为基准，首先固定蒸馏烧瓶的位置，以后再装配其他仪器时，不宜再调整烧瓶的位置。调整铁支台铁夹的位置，使冷凝器的中心线和烧瓶支管的中心线成一直线后，方可将烧瓶与冷凝管连接起来。最后再装上尾接管和接收器，接收器放在冰中或冷水中冷却。

5. 蒸馏

打开冷却水，把 80℃ 的热水倒入水槽中，按普通蒸馏操作步骤，用热水将乙醚蒸出。蒸出的乙醚要测量体积并且回收。

6. 分离鉴定

按照离子鉴定的方法，分别鉴定未分离的混合液和分离开的 Fe^{3+}、Al^{3+} 溶液，并加以比较。

【思考题】

1. 此实验采取了哪两种分离方法？这两种方法各自依据的基本原理是什么？

2. Fe^{3+}、Al^{3+} 鉴定条件是什么？鉴定 Al^{3+} 时如何排除 Fe^{3+} 的干扰？

3. 萃取操作中如何注意安全？

4. 实验室中为什么严禁明火？蒸馏乙醚时，为了防止中毒，应该采取什么措施？

第 2 章 化学原理及常数测定实验

实验 9 二氧化碳相对分子质量的测定

【实验目的】

1. 学习气体相对密度法测定相对分子质量的原理和方法；

2. 加深理解理想气体状态方程式和阿佛伽德罗定律；

3. 掌握实验室中制气装置的安装、操作方法，学会使用启普发生器。

【实验原理】

根据阿佛伽德罗定律，在同温同压下，同体积的任何气体含有相同数目的分子。

对于 p、V、T 相同的 A、B 两种气体。若以 m_A、m_B 分别代表 A、B 两种气体的质量，M_A、M_B 分别代表 A、B 两种气体的摩尔质量。其理想气体状态方程式分别为

气体 A：
$$pV = \frac{m_A}{M_A}RT \tag{1}$$

气体 B：
$$pV = \frac{m_B}{M_B}RT \tag{2}$$

（1）、（2）并整理得 $\dfrac{m_A}{m_B} = \dfrac{M_A}{M_B}$

结论：在同温同压下，同体积的两种气体的质量之比等于其摩尔质量之比。

应用上述结论，以同温同压下，同体积二氧化碳与空气相比较。因为已知空气的平均摩尔质量为 29.0，要测得二氧化碳与空气在相同条件下的质量，便可根据上式求出二氧化碳的摩尔质量。即

$$M_{CO_2} = \frac{m_{CO_2}}{m_{空气}} \times 29.0 \text{g·mol}^{-1}$$

式中，29.0g·mol^{-1} 为空气的平均摩尔质量；体积为 V 的二氧化碳质量 m_{CO_2} 可直接从分析天平上称出。同体积空气的质量可根据实验时测得的大气压（p）和温度（T），利用理想气体状态方程式计算得到。

【实验用品】

试剂：石灰石、无水氯化钙、HCl（6mol·L^{-1}）、NaHCO$_3$（1mol·L^{-1}）、CuSO$_4$（1mol·L^{-1}）。

材料：玻璃棉、玻璃管、橡皮管。

仪器：分析天平、启普气体发生器、台秤、洗气瓶、干燥管、磨口锥形瓶。

【实验内容】

1. 二氧化碳的制备

（1）装配启普发生器，检验其气密性。

（2）按图 3-12 安装制取二氧化碳的实验装置，安装时遵循"自下而上，从左到右"的

原则。装好后检验装置气密性，如气密性良好，即可加入药品。

注意：石子要敲碎到能装入启普发生器为准；石子用水或很稀的盐酸洗涤以除去石子表面粉末。因石灰石中含有硫，所以在气体发生过程中有硫化氢、酸雾、水汽产生。此时可通过硫酸铜溶液，碳酸氢钠溶液以及无水氯化钙除去硫化氢，酸雾和水汽。

（3）取一洁净而干燥的磨口锥形瓶，并在分析天平上称量（空气＋瓶＋瓶塞）的质量。在启普气体发生器中产生二氧化碳气体，经过净化、干燥后导入锥形瓶中。由于二氧化碳气体略重于空气，所以必须把导管插入瓶底。等 4～5min 后，轻轻取出导气管，用塞子塞住瓶口在分析天平上称量二氧化碳、瓶、塞的总质量。重复通二氧化碳气体和称量的操作，直到前后两次称量的质量相符为止（两次质量可相差 1～2mg）。最后在瓶内装满水、塞好塞子，在台秤上准确称量。

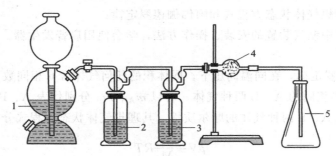

图 3-12　制取、净化和收集 CO_2 装置图

1—石灰石＋稀盐酸；2—$CuSO_4$ 溶液；3—$NaHCO_3$ 溶液体；

4—无水氯化钙；5—锥形瓶

2. 数据记录和结果处理

室温 $t/℃$ ＿＿＿＿＿　　大气压 p/Pa ＿＿＿＿＿

（空气＋瓶＋塞）的质量（m_A）＿＿＿＿＿g

（CO_2＋瓶＋塞）的质量（m_B）（1）＿＿＿＿g；（2）＿＿＿＿g；（3）＿＿＿＿g……

（水＋瓶＋塞）的质量（m_C）＿＿＿g　　瓶的容积 $V=\dfrac{m_C-m_A}{1.000\text{g}\cdot\text{mL}^{-1}}=$＿＿＿mL

$m_{空气}=\dfrac{p_{大气}V\times 29.00\text{g}\cdot\text{mol}^{-1}}{RT}=$＿＿＿g　　瓶和塞子的质量 $m_D=m_A-m_{空气}=$＿＿＿g

二氧化碳的质量 $m_{CO_2}=m_B-m_D$ ＿＿＿g　　二氧化碳的摩尔质量 M_{CO_2}＿＿＿$\text{g}\cdot\text{mol}^{-1}$

相对误差$=\dfrac{\text{测定值}-\text{理论值}}{\text{理论值}}\times 100\%$　　相对误差为 $\pm 5\%$ 即可

【注意事项】

1. 实验后废酸液倒入指定大烧杯内，石子倒入托盘内。

2. 实验最后一组要洗净启普发生器、洗气瓶及分液漏斗，将磨砂瓶口及旋塞处擦干并垫纸置于仪器橱内保存。

【思考题】

1. 为什么二氧化碳气体、瓶、塞的总质量要在分析天平上称量，而水＋瓶＋塞的质量可以在台秤上称量？两者的要求有何不同？

2. 指出实验装置图中各部分的作用并写出有关反应方程式。

实验 10　醋酸解离度和解离常数的测定

【实验目的】

1. 测定醋酸的解离度和解离常数。

2. 进一步掌握滴定原理、滴定操作及正确判定终点。

3. 学会酸式滴定管及 pHS-3C 型 pH 计的正确使用。

【实验原理】

醋酸（CH_3COOH 或 HAc）是弱电解质，在水溶液中存在以下解离平衡：

$$HAc \Longrightarrow H^+ + Ac^-$$

其解离平衡关系式是

$$K_a = \frac{[H^+][Ac^-]}{[HAc]}$$

设醋酸的起始浓度为 c，平衡时 H^+、Ac^-、HAc 的浓度分别为 $[H^+]$、$[Ac^-]$、$[HAc]$。解离度为 α，解离常数为 K_a，当电离平衡时，有

$$[H^+] = [Ac^-]$$

$$[HAc] = c - [H^+]$$

根据解离度定义得：

$$\alpha = \frac{[H^+]}{c} \times 100\%$$

则

$$K_a = \frac{[H^+]^2}{c - [H^+]}$$

当 $\alpha < 5\%$ 时，$c - [H^+] \approx c$

则：$K_a = \dfrac{[H^+]^2}{c}$

用 pH 计测定醋酸溶液的 pH 值，根据 pH $= -\lg[H^+]$，求得：

$$[H^+] = 10^{-pH}$$

将 $[H^+]$ 代入 α、K_a 就可以计算它的解离度和解离常数。

【实验用品】

试剂：HAc（$0.1000\,mol \cdot L^{-1}$）、滤纸、标准缓冲溶液。

仪器：pHS-3C 型 pH 计、容量瓶（50mL，5 个）、酸式滴定管（50mL，1 支）。

【实验内容】

1. 精确配制不同浓度的醋酸溶液

用移液管或酸式滴定管分别取 25.00mL、10.00mL、5.00mL、2.50mL 已知准确浓度的醋酸溶液，把它们分别加入 50mL 容量瓶中。再用蒸馏水稀释到刻度，摇匀，并计算出这几种醋酸溶液的准确浓度。

2. 测定醋酸溶液的 pH 值，并计算醋酸的解离度和解离常数

用 PH 计测定四种醋酸溶液的 pH 值。把以上四种不同浓度的醋酸溶液及原始醋酸溶液分别加入 5 只洁净干燥的 100mL 烧杯中，按照由稀到浓的次序在 pH 计上分别测定它们的 pH 值，记录数据和室温。

【实验数据处理】

计算出实验温度时，HAc 的解离度和解离常数，求算相对误差并分析产生的原因。

HAc 解离度和解离常数的测定

编号	V_{HAc}/mL	$c_{HAc}/mol \cdot L^{-1}$	pH	$[H^+]/mol \cdot L^{-1}$	α	K_a
1	2.50					
2	5.00					
3	10.00					
4	25.00					
5	50.00					

【注意事项】

1. 测定醋酸溶液 pH 值用的小烧杯，必须洁净、干燥，否则，会影响醋酸起始浓度，以及所测得的 pH 值。

2. 吸量管的使用与移液管类似，但如果所需液体的量小于吸量管体积时，溶液仍需吸至刻度线，然后放出所需量的液体。不可只吸取所需量的液体，然后完全放出。

3. pH 计使用时按浓度由低到高的顺序测定 pH 值，每次测定完毕，都必须用蒸馏水将电极头清洗干净，并用滤纸擦干。

【思考题】

1. 不同浓度的 HAc 溶液的解离度 α 是否相同，为什么？

2. 测定不同浓度 HAc 溶液的 pH 值时，为什么按由稀到浓的顺序？

3. 醋酸的解离度和解离平衡常数是否受醋酸浓度变化的影响？

4. 若所用醋酸溶液的浓度极稀，是否还可用公式 $K_a = \dfrac{[H^+]^2}{c}$ 计算解离常数？

实验 11　化学反应速率与活化能的测定

【实验目的】

1. 了解浓度、温度和催化剂对反应速率的影响；

2. 测定过二硫酸铵与碘化钾反应的反应速率，并计算反应级数、反应速率常数和反应的活化能。

【实验原理】

在水溶液中过二硫酸铵和碘化钾发生如下反应：

$$(NH_4)_2S_2O_8 + 3KI = (NH_4)_2SO_4 + K_2SO_4 + KI_3$$

$$S_2O_8^{2-} + 3I^- = 2SO_4^{2-} + I_3^- \tag{1}$$

其反应的微分速率方程可表示为

$$v = kc_{S_2O_8^{2-}}^m c_{I^-}^n$$

式中，v 是在此条件下反应的瞬时速率；若 $c_{S_2O_8^{2-}}$、c_{I^-} 是起始浓度，则 v 表示初速率（v_0）；k 是反应速率常数；m 与 n 之和是反应级数。

实验能测定的速率是在一段时间间隔（Δt）内反应的平均速率 $\bar{v}$。如果在 Δt 时间内 $S_2O_8^{2-}$ 浓度的改变为 $\Delta c_{S_2O_8^{2-}}$，则平均速率

$$\bar{v} = \frac{-\Delta c_{S_2O_8^{2-}}}{\Delta t}$$

近似地用平均速率代替初速率：

$$v_0 = kc_{S_2O_8^{2-}}^m \cdot c_{I^-}^n = \frac{-\Delta c_{S_2O_8^{2-}}}{\Delta t}$$

为了能够测出反应在 Δt 时间内 $S_2O_8^{2-}$ 浓度的改变值，需要在混合 $(NH_4)_2S_2O_8$ 和 KI 溶液的同时，加入一定体积已知浓度的 $Na_2S_2O_3$ 溶液和淀粉溶液，这样在反应(1) 进行同时还进行下面的反应：

$$2S_2O_3^{2-} + I_3^- \Longrightarrow S_4O_6^{2-} + 3I^- \tag{2}$$

这个反应进行得非常快，几乎瞬间即可完成，而反应(1) 比反应(2) 慢得多。因此，由反应(1) 生成的 I_3^- 立即与 $S_2O_3^{2-}$ 反应，生成无色的 $S_4O_6^{2-}$ 和 I^-。所以在反应的开始阶段看不到碘与淀粉反应而显示的特有蓝色。但是一当 $Na_2S_2O_3$ 耗尽，反应(1) 继续生成的 I_3^- 就与淀粉反应而呈现出特有的蓝色。

由于从反应开始到蓝色出现标志着 $S_2O_3^{2-}$ 全部耗尽，所以从反应开始到出现蓝色这段时间 Δt 里，$S_2O_3^{2-}$ 浓度的改变 $\Delta c_{S_2O_3^{2-}}$ 实际上就是 $Na_2S_2O_3$ 的起始浓度。

从反应式(1) 和(2) 看出，$S_2O_8^{2-}$ 减少的量为 $S_2O_3^{2-}$ 减少量的一半，所以 $S_2O_8^{2-}$ 在 Δt 时间内减少的量可以从下式求得：

$$\Delta c_{S_2O_8^{2-}} = \frac{c_{S_2O_3^{2-}}}{2}$$

实验中，通过改变反应物 $S_2O_8^{2-}$ 和 I^- 的初始浓度，测定消耗等量的 $S_2O_8^{2-}$ 的物质的量浓度 $\Delta c_{S_2O_8^{2-}}$ 所需要的不同的时间间隔（Δt），计算得到反应物不同初始浓度的初速率，进而确定该反应的微分速率方程和反应速率常数。

【实验用品】

试剂：$(NH_4)_2S_2O_8$（$0.20\,mol \cdot L^{-1}$）、KI（$0.20\,mol \cdot L^{-1}$）、$Na_2S_2O_3$（$0.010\,mol \cdot L^{-1}$）、KNO_3（$0.20\,mol \cdot L^{-1}$）、$(NH_4)_2SO_4$（$0.20\,mol \cdot L^{-1}$）、$Cu(NO_3)_2$（$0.02\,mol \cdot L^{-1}$）、淀粉溶液（0.4%）、冰。

仪器：烧杯、大试管、量筒、秒表、温度计。

【实验内容】

1. 浓度对化学反应速率的影响

在室温条件下进行下表中编号 Ⅰ 的实验。用量筒分别量取 20.0mL $0.20\,mol \cdot L^{-1}$ KI 溶液、8.0mL $0.010\,mol \cdot L^{-1}$ $Na_2S_2O_3$ 溶液和 2.0mL 0.4%淀粉溶液，全部加入烧杯中，混合均匀。然后用另一量筒取 20.0mL $0.20\,mol \cdot L^{-1}$ $(NH_4)_2S_2O_8$ 溶液，迅速倒入上述混合液中，同时启动秒表，并不断搅动，仔细观察。当溶液刚出现蓝色时，立即按停秒表，记录反应时间和室温。

	浓度对反应速率的影响			室温_____		
	实验编号	Ⅰ	Ⅱ	Ⅲ	Ⅳ	Ⅴ
试剂用量 /mL	$0.20\,mol \cdot L^{-1}(NH_4)_2S_2O_8$	20.0	10.0	5.0	20.0	20.0
	$0.20\,mol \cdot L^{-1}$ KI	20.0	20.0	20.0	10.0	5.0
	$0.10\,mol \cdot L^{-1}$ $Na_2S_2O_3$	8.0	8.0	8.0	8.0	8.0
	0.4%淀粉溶液	2.0	2.0	2.0	2.0	2.0

续表

实验编号		Ⅰ	Ⅱ	Ⅲ	Ⅳ	Ⅴ
试剂用量 /mL	$0.20mol\cdot L^{-1}$ KNO_3	0	0	0	10.0	15.0
	$0.20mol\cdot L^{-1}$ $(NH_4)_2SO_4$	0	10.0	15.0	0	0
混合液中 反应物 起始浓度 /mol·L^{-1}	$(NH_4)_2S_2O_8$					
	KI					
	$Na_2S_2O_3$					
反应时间 $\Delta t/s$						
$\Delta c_{S_2O_8^{2-}}$						
反应速率 v						

用同样方法按照表中的用量进行编Ⅱ、Ⅲ、Ⅳ、Ⅴ的实验。

2. 温度对化学反应速率的影响

按上表实验Ⅳ中的药品用量，将装有碘化钾、硫代硫酸钠、硝酸钾和淀粉混合溶液的烧杯和装有过二硫酸铵溶液的小烧杯，放入冰水浴中冷却，待它们温度冷却到低于室温10℃时，将过硫酸铵溶液迅速加到碘化钾等混合溶液中，同时计时并不断搅动，当溶液刚出现蓝色时，记录反应时间。此实验编号记为Ⅵ。

同样方法在热水浴中进行高于室温10℃的实验。此实验编号记为Ⅷ。

将此两次实验数据Ⅵ、Ⅷ和实验Ⅳ的数据记入下表中进行比较。

温度对化学反应速率的影响

实验编号	Ⅵ	Ⅳ	Ⅷ
反应温度 $T/℃$			
反应时间 $\Delta t/s$			
反应速率 v			

3. 催化剂对化学反应速率的影响

按实验步骤2中Ⅳ的用量，把碘化钾、硫代硫酸钠、硝酸钾和淀粉溶液加到150mL烧杯中，再加入2滴 $0.02mol\cdot L^{-1}$ $Cu(NO_3)_2$ 溶液，搅匀，然后迅速加入过二硫酸铵溶液，搅拌、计时。将此实验的反应速率与表1中实验Ⅳ的反应速率定性地进行比较可得到什么结论。

4. 数据处理。

（1）反应级数和反应速率常数的计算。

将反应速率表示式 $v=kC^m(S_2O_8^{2-})C^n(I^-)$ 两边取对数：

$$lgv=mlg\Delta c_{S_2O_8^{2-}}+nlgc_{I^-}+lgk$$

当I$^-$浓度 $c(I^-)$ 不变时（即实验Ⅰ、Ⅱ、Ⅲ），以 lgv 对 $lgc_{S_2O_8^{2-}}$ 作图，可得一直线，斜率即为 m。同理，当 $c_{S_2O_8^{2-}}$ 不变时（即实验Ⅰ、Ⅳ、Ⅴ），以 lgv 对 lgc_{I^-} 作图，可求得 n，此反应的级数则为 $m+n$。

将求得的 m 和 n 代入 $v=kc_{S_2O_8^{2-}}^m\cdot c_{I^-}^n$

即可求得反应速率常数 k，将数据填入下表。

反应速率常数的测定

实验编号	I	II	III	IV	V
$\lg v$					
$\lg c_{S_2O_8^{2-}}$					
$\lg c_{I^-}$					
m					
n					
反应速率常数 k					

（2）反应活化能的计算

反应速率常数 k 与反应温度 T 有以下关系：

$$\lg k = A - \frac{E_a}{2.30RT}$$

式中，E_a 为反应的活化能；R 为摩尔气体常数；T 为热力学温度。测出不同温度时的 k 值，以 $\lg k$ 对 $\frac{1}{T}$ 作图，可得一直线，由直线斜率（等于 $-E_a/2.30RT$）可求得反应的活化能 E_a，将数据填入下表。

活化能的测定

实验编号	VI	IV	VIII
反应速率常数 k			
$\lg k$			
$\frac{1}{T}/\text{K}^{-1}$			
反应活化有 E_a			

本实验活化能测定值的误差不超过 10%（文献值：51.8kJ·mol^{-1}）。

【思考题】

1. 下列操作对实验有何影响？

（1）取用试剂的量筒没有分开专用；

（2）先加 $(NH_4)_2S_2O_8$ 溶液，最后加 KI 溶液；

（3）$(NH_4)_2S_2O_8$ 溶液慢慢加入 KI 等混合溶液中。

2. 为什么在实验 II、III、IV、V 中，分别加入 KNO_3 或 $(NH_4)_2SO_4$ 溶液？

3. 若不用 $S_2O_8^{2-}$，而用 I^- 或 I_3^- 的浓度变化来表示反应速率，则反应速率常数 k 是否一样？

4. 化学反应的反应级数是怎样确定的？用本实验的结果加以说明。

附注：

1. 本实验对试剂有一定的要求。碘化钾溶液应为无色透明溶液，不宜使用有碘析出的浅黄色溶液。过二硫酸铵溶液要新配制的，因为时间长了过二硫酸铵易分解。如所配制过二硫酸铵溶液的 pH 小于 3，说明该试剂已有分解，不适合本实验使用。所用试剂中如混有少量 Cu^{2+}、Fe^{3+} 等杂质，对反应会有催化作用，必要时需滴入几滴 0.10mol·L^{-1}EDTA 溶液。

2. 在做温度对化学反应速率影响的实验时，如室温低于 10℃，可将温度条件改为室温、高于室温 10℃、高于室温 20℃ 三种情况进行。

实验 12　硫酸钡溶度积的测定

【实验目的】

　　1. 掌握电导测定的原理和电导仪的使用方法。

　　2. 通过实验验证电解质溶液电导与浓度的关系。

　　3. 掌握电导法测定 $BaSO_4$ 的溶度积的原理和方法。

【实验原理】

　　导体导电能力的大小常以电阻的倒数去表示，即有

$$G = \frac{1}{R}$$

式中，G 为电导，西门子（S）。

　　导体的电阻与其长度成正比与其截面积成反比即：

$$R = \rho \frac{l}{A}$$

ρ 是比例常数，称为电阻率或比电阻。根据电导与电阻的关系则有：

$$G = \kappa \left(\frac{A}{l} \right)$$

κ 称为电导率或比电导：

$$\kappa = \frac{1}{\rho}$$

　　对于电解质溶液，浓度不同则其电导亦不同。如取 1mol 电解质溶液来量度，即可在给定条件下就不同电解质溶液来进行比较。1mol 电解质溶液全部置于相距为 1m 的两个平行电极之间溶液的电导称为摩尔电导率，以 λ 表示之。如溶液的摩尔浓度以 c 表示，则摩尔电导可表示为：

$$\lambda = \frac{\kappa}{1000c}$$

　　式中 λ 的单位是 $S \cdot m^2 \cdot mol^{-1}$，$c$ 的单位是 $mol \cdot L^{-1}$。λ 的数值常通过溶液的电导率 κ 式计算得到。

$$\kappa = \frac{l}{A} G \quad \text{或} \quad \kappa = \frac{l}{A} \cdot \frac{1}{R}$$

　　对于确定的电导池来说，l/A 是常数，称为电导池常数。电导池常数可通过测定已知电导率的电解质溶液的电导（或电阻）来确定。

　　在测量电导率时，一般使用电导率仪。将电导电极置于被测体系中，体系的电导值通过电子线路处理后，通过表头或数字显示。每支电极的电导池常数一般出厂时已经标出，如果时间太长，对于精密的测量，也需进行电导池常数校正。仪器输出的值为电导率，有的电导仪有信号输出，一般为 0～10mV 的电压信号。

　　在测定难溶盐 $BaSO_4$ 的溶度积时，其电离过程为

$$BaSO_4 \Longrightarrow Ba^{2+} + SO_4^{2-}$$

根据摩尔电导率 λ_m 与电导率 κ 的关系：

$$\lambda_\mathrm{m}(\mathrm{BaSO_4})=\frac{\kappa(\mathrm{BaSO_4})}{c(\mathrm{BaSO_4})}$$

电离程度极小，认为溶液是无限稀释，则 λ_m 可用 $\lambda_\mathrm{m}^\infty$ 代替。

$$\lambda_\mathrm{m}\approx\lambda_\mathrm{m}^\infty=\lambda_\mathrm{m}^\infty(\mathrm{Ba^{2+}})+\lambda_\mathrm{m}^\infty(\mathrm{SO_4^{2-}})$$

$\lambda_\mathrm{m}^\infty(\mathrm{Ba^{2+}})$，$\lambda_\mathrm{m}^\infty(\mathrm{SO_4^{2-}})$ 可通过查表获得。

$$\lambda_\mathrm{m}(\mathrm{BaSO_4})=\frac{\kappa(\mathrm{BaSO_4})}{c}=\frac{\kappa(溶液)-\kappa(\mathrm{H_2O})}{c}$$

而 $c(\mathrm{BaSO_4})=c(\mathrm{SO_4^{2-}})=c(\mathrm{Ba^{2+}})$，故

$$K_\mathrm{sp}=c(\mathrm{Ba^{2+}})\cdot c(\mathrm{SO_4^{2-}})=c^2$$

这样，难溶盐的溶度积和溶解度是通过测定难溶盐的饱和溶液的电导率来确定的。很显然，测定的电导率是由难溶盐溶解的离子和水中的 $\mathrm{H^+}$ 和 $\mathrm{OH^-}$ 所决定的，故还必须要测定电导水的电导率。

【实验用品】

试剂：$\mathrm{BaSO_4}$（AR）。

仪器：DDS-11A 型电导仪、电子天平、电导电极（铂黑）、电热套、锥形瓶、烧杯。

【实验内容】

1. 蒸馏水的电导测定

取约 100mL 蒸馏水煮沸、冷却，倒入一干燥烧杯内，插入电极，读三次，取平均值。

2. 测定 $\mathrm{BaSO_4}$ 的溶度积：

（1）称取 1g $\mathrm{BaSO_4}$ 放入 250mL 锥形瓶内，加入 100mL 蒸馏水，摇动并加热至沸腾，倒掉上层清液，以除去可溶性杂质，重复 2 次。

（2）再加入 100mL 蒸馏水，加热至沸腾，使之充分溶解。冷却至室温，将上层清液倒入一干燥烧杯中，插入电极，测其电导值，读 3 次，取平均值。

3. 数据处理

$\mathrm{BaSO_4}$ 溶度积测定

饱和溶液				电导水		
次数	测定值 $\kappa_测$	平均值 $\kappa_平$		次数	测定值 κ	平均值 $\kappa_平$
1				1		
2				2		
3				3		

$$\lambda_\mathrm{m}\approx\lambda_\mathrm{m}^\infty=\lambda_\mathrm{m}^\infty(\mathrm{Ba^{2+}})+\lambda_\mathrm{m}^\infty(\mathrm{SO_4^{2-}})$$

$$\kappa=\kappa_饱-\kappa_平$$

$$c=\frac{\kappa}{1000\lambda_\mathrm{m}}$$

计算 $\mathrm{BaSO_4}$ 的溶度积，并与文献值比较。

【注意事项】

1. 实验用水必须是重蒸馏水，其电导率应 $\leqslant1\times10^{-4}\mathrm{S\cdot m^{-1}}$。

2. 实验过程中温度必须恒定，稀释的电导水也需要在同一温度下恒温后使用。

3. 测量 $\mathrm{BaSO_4}$ 溶液时，一定要沸水洗涤多次，以除去可溶性离子，减小实验误差。

【思考题】

1. 本实验为何需要测量水的电导率？

2. 实验中为何用镀铂黑的电极？使用时注意事项有哪些？

3. 在连续滴定法中，混合液体积的计算是近似的，为什么？如何控制实验条件，尽量减少误差？

实验 13 五水硫酸铜的热重-差热分析

【实验目的】

1. 了解差热分析法、热重分析法的基本原理。

2. 了解差热热重同步热分析仪的基本构造并掌握使用方法。

3. 正确控制实验条件，并学会对热分析谱图进行定性分析和定量处理。

4. 了解 $CuSO_4 \cdot 5H_2O$ 的脱水机理。

【实验原理】

热分析是一种非常重要的分析方法。它是在程序控制温度下，测量物质的物理性质与温度关系的一种技术。

热分析主要用于研究物理变化（晶型转变、熔融、升华和吸附等）和化学变化（脱水、分解、氧化和还原等）。热分析不仅提供热力学参数，而且还可给出有一定参考价值的动力学数据。热分析在固态科学的研究中被大量而广泛地采用，诸如研究固相反应，热分解和相变以及测定相图等。许多固体材料都有这样或那样的"热活性"，因此热分析是一种很重要的研究手段。

本实验用 TG-DTA 联用技术来研究 $CuSO_4 \cdot 5H_2O$ 的脱水过程。

1. 差热分析法（Differential Thermal Analysis，DTA）

差热分析是在程序控制温度下，测量试样与参比物（一种在测量温度范围内不发生任何热效应的物质）之间的温度差与温度关系的一种技术。许多物质在加热或冷却过程中会发生熔化、凝固、晶型转变、吸附、脱附等物理转变及分解、化合、氧化还原等化学反应。这些变化在微观上必将伴随体系焓的改变，从而产生热效应，在宏观上表现为该物质与外界环境之间有温度差。选择一种对热稳定的物质作为参比物，将其与试样一起置于可按设定速率升温的热分析仪中，分别记录参比物的温度以及试样与参比物间的温度差。以温差对温度作图就可以得到差热分析曲线，简称 DTA 曲线。

2. 热重法（Thermogravimetry，TG）

热重法是在程序控制温度下，测量物质的质量变化与温度关系的一种技术，其基本原理是热天平。热天平分为零位法和变位法两种。变位法，就是根据天平梁的倾斜度与质量变化呈比例的关系，用差动变压器等检知倾斜度，并自动记录。零位法，是采用差动变压器法、光学法或电触点法测定天平梁的倾斜度，并用螺线管线圈对安装在天平系统中的永久磁铁施加力，使天平梁的倾斜复原。由于对永久磁铁所施加的力与质量变化呈比例，这个力又与流过螺线管的电流呈比例，因此只要测量并记录电流，便可得质量变化的曲线，以质量对温度作图就可以得到热重曲线，简称 TG 曲线。

【实验用品】

试剂：α-Al_2O_3（A. R.，原装进口）、$CuSO_4 \cdot 5H_2O$（A. R.）

仪器：日本（SHIMADZU　DTG-60）差热-热重同步热分析仪（TA-60 工作站）、镊子、坩埚、研钵。

【实验内容】

1. 熟悉差热-热重同步热分析仪的组成及相应旋钮的作用。

2. 开启主机电源，整机预热 30min。

根据试样测定条件选取两个铝坩埚，其中一个装上参比物 α-Al_2O_3，按下"Open"键，升起炉盖，并将装有参比物的坩埚放置在左边检测杆托盘上，另一只空坩埚放在右边检测杆托盘上，按下"Close"键，降下炉盖，停留数十秒，按下"Display"键至质量信号稳定后，再按下"Zero"键清零。

升起炉盖，取出空坩埚，装上已经研磨好的五水硫酸铜粉末，并放回右边检测杆托盘上，降下炉盖。硫酸铜的质量应尽量与 α-Al_2O_3 的质量相同，并且控制在 $1\sim10mg$ 之间。

打开应用程序，设置"Measure Parameters（测量参数）"及"File Information（文件信息）"，开启程序"Start"，开始样品测试。

当样品温度升到最高设定温度后，加热炉停止加热并开始自动降温。待炉温降到 $50℃$，升起炉盖，用镊子取出坩埚，处理样品残渣及坩埚，关闭各组件电源及总电源。

清理仪器表面及桌面，做好清洁卫生。

3. 数据记录及处理

（1）通过差热曲线，判断各反应是吸热反应还是放热反应，以及找出各峰的开始温度、峰温度及热量值。

（2）在热重曲线上找出各次失重率及起始温度。

（3）结合差热热重曲线分析所发生的反应过程及最终产物。

【注意事项】

1. 试样五水硫酸铜在实验前要研细，粒度在 200 目左右。装样时，样品尽量薄而均匀地平铺在坩埚底部，并在桌面轻敲坩埚以保证样品之间有良好的接触。

2. 在实验过程中，不能用手碰触或弯曲检测杆。

实验过程中，取坩埚及放置坩埚都要用镊子，动作要轻巧、平稳、准确，切勿将样品撒落在炉膛里面。

3. 设置好参数后，再启动程序。

4. 实验过程中，手不要直接接触炉体，否则会遭烫伤。

【思考题】

1. 影响热重曲线和差热曲线的因素分别有哪些？

2. 如何解释 $CuSO_4 \cdot 5H_2O$ 的热重曲线？讨论实验值与理论值误差的原因。

3. 根据 $CuSO_4 \cdot 5H_2O$ 的结构试讨论其脱水的机理。

实验 14　氧化还原平衡和电化学

【实验目的】

1. 了解电极电势与氧化还原反应的关系。

2. 试验并掌握浓度和酸度对电极电势的影响。

【实验原理】

原电池是将化学能转变为电能的装置。原电池的电动势可以表示为正极和负极电极电势之差：

$$\varepsilon = E(+) - E(-)$$

电动势可以用万用电表测量。

氧化剂和还原剂的强弱，可用电对电极电势的大小来衡量。一个电对的标准电极电势 $E^{\ominus}$ 值越大，其氧化型的氧化能力就越强，而还原型的还原能力就越弱；若 $E^{\ominus}$ 值越小，其氧化型氧化能力越弱，而还原型还原能力越强。根据标准电极电势值可以判断反应进行的方向。在标准状态下反应能够进行的条件是：

$$\varepsilon^{\ominus} = E^{\ominus}(+) - E^{\ominus}(-) > 0$$

例如，$E^{\ominus}(Fe^{3+}/Fe^{2+}) = 0.771V$，$E^{\ominus}(I_2/I^-) = 0.535V$，$E^{\ominus}(Br_2/Br^-) = 1.08V$

则在标准状态下，电对 Fe^{3+}/Fe^{2+} 的氧化型 Fe^{3+} 可以氧化电对 I_2/I^- 的还原型 I^-，反应式如下：

$$2Fe^{3+} + 2I^- \Longrightarrow 2Fe^{2+} + I_2$$

而反应电对 Fe^{3+}/Fe^{2+} 的氧化型 Fe^{3+} 可以氧化电对 Br_2/Br^- 的还原型 Br^-，相反的反应则可以进行：

$$Br_2 + 2Fe^{2+} \Longrightarrow 2Br^- + 2Fe^{3+}$$

当然，多数反应都是在非标准状态下进的，这时需要考虑浓度对电极电势的影响，这种影响可用能斯特（Nernst）方程来表示：

$$E = E^{\ominus} + \frac{0.059V}{n} \lg \frac{[氧化型]}{[还原型]}$$

从能斯特方程可以看出，改变电对氧化型、还原型的浓度，将使电极电势值发生相应程度的变化。由于酸碱平衡、沉淀溶解平衡和配位离解平衡能够改变氧化型或还原型浓度，从而影响电对电极电势的大小，它们对于氧化还原反应都有影响；有时影响显著，甚至可能改变反应进行的方向。

【实验用品】

试剂：KI（0.1mol·L^{-1}）、KBr（0.1mol·L^{-1}）、Na_2SO_3（0.1mol·L^{-1}）、$FeCl_3$（0.1mol·L^{-1}）、$Fe_2(SO_4)_3$（0.1mol·L^{-1}）、$FeSO_4$（0.1mol·L^{-1}）、$NaCl$（6mol·L^{-1}）、$KMnO_4$（0.01mol·L^{-1}、0.2mol·L^{-1}）、Na_2SO_4（1mol·L^{-1}）、$NaHSO_3$（1mol·L^{-1}）、$CuSO_4$（1mol·L^{-1}）、$ZnSO_4$（1mol·L^{-1}）、H_2SO_4（1mol·L^{-1}、3mol·L^{-1}、6mol·L^{-1}）、HCl（6mol·L^{-1}）、HAc（6mol·L^{-1}）、$NaOH$（6mol·L^{-1}）、$K_2Cr_2O_7$（0.4mol·L^{-1}）、浓 NH_3·H_2O（AR）、NH_4F（10%）、CCl_4、氯水、溴水、碘水、$MnSO_4$（0.2mol·L^{-1}）、$H_2C_2O_4$（0.2mol·L^{-1}）、浓 HNO_3（AR）、HNO_3（0.5mol·L^{-1}）、奈斯勒试剂、硫酸亚铁铵（AR）

材料：导线、Cu 片、Zn 片、铁电极、碳电极。

仪器：万用电表。

【实验内容】

1. 电极电势与氧化还原反应的方向

（1）向试管中加入几滴 0.1mol·L^{-1} KI 溶液和少量 CCl_4，边滴加 0.1mol·L^{-1} $FeCl_3$ 溶液边振摇试管，观察 CCl_4 层的颜色变化，写出反应方程式。

以 KBr 代替 KI 重复进行实验，结果如何？

（2）向试管中滴加几滴 Br_2 水和少量 CCl_4，摇动试管，观察 CCl_4 层的颜色。再加入约 0.5g 硫酸亚铁铵固体，充分反应后观察 CCl_4 层颜色有无变化？

以 I_2 水代替 Br_2 水重复进行实验。CCl_4 层颜色有无变化？写出反应方程式。

（3）在试管中加入几滴 KBr 溶液和少量 CCl_4，滴加氯水，充分振摇试管，观察 CCl_4 层的颜色变化。

用 KI 溶液代替 KBr 溶液进行试验，仔细观察 CCl_4 层颜色的变化。写出有关反应方程式。

由以上实验结果确定电对 Fe^{3+}/Fe^{2+}、I_2/I^-、Br_2/Br^-、Cl_2/Cl^- 电极电势的相对大小，并说明电极电势与氧化还原反应方向的关系。

2. 浓度和酸度对电极电势的影响

（1）浓度对电极电势的影响

① 在一 50mL 烧杯中加入 30mL $1mol \cdot L^{-1}$ $CuSO_4$ 溶液，插入铜片作为正极；另一 50mL 烧杯中加入 30mL $1mol \cdot L^{-1}$ $ZnSO_4$ 溶液，插入锌片作为负极。用 KCl 盐桥将两电极溶液连接构成原电池，用万用电表测量电池的电动势。

② 在搅拌下向 $CuSO_4$ 溶液中滴加浓 $NH_3 \cdot H_2O$，至生成的沉淀刚好完全溶解，测出电池的电动势。

③ 再在 $ZnSO_4$ 溶液中滴加浓 $NH_3 \cdot H_2O$ 至生成的沉淀刚好完全溶解，测出电池的电动势。

根据以上三个电池电动势的测定结果，用能斯特方程说明配合物的形成对电极电势的影响。

（2）酸度对电极电势的影响

在两只 50mL 烧杯中分别加入 30mL $1mol \cdot L^{-1}$ $FeSO_4$ 溶液和 30mL $0.4mol \cdot L^{-1}$ $K_2Cr_2O_7$ 溶液，再分别插入铁电极和碳电极，用 KCl 盐桥将两电极连接起来，测量电池电动势。

在 $K_2Cr_2O_7$ 溶液中慢慢加入 $1mol \cdot L^{-1}$ H_2SO_4 溶液，观察溶液颜色和电池电动势的变化；再在 $K_2Cr_2O_7$ 溶液中滴加 $6mol \cdot L^{-1}$ NaOH 溶液，观察溶液颜色和电池电动势的变化。解释实验现象。

3. 浓度和酸度对氧化还原反应产物的影响

（1）浓度对氧化还原反应产物的影响

在两支各有一粒锌粒的试管中，分别加入浓 HNO_3 和 $0.5mol \cdot L^{-1}$ HNO_3 溶液，观察实验现象。反应完毕后，检验稀 HNO_3 试管中是否存在 NH_4^+（气室法或者奈斯勒试剂法）。

（2）酸度对氧化还原反应产物的影响

在试管中加入少量 $0.1mol \cdot L^{-1}$ Na_2SO_3 溶液，然后加入 0.5mL $3mol \cdot L^{-1}$ H_2SO_4 溶液，再加 1～2 滴 $0.01mol \cdot L^{-1}$ $KMnO_4$ 溶液，观察实验现象，写出反应方程式。

分别以蒸馏水、$6mol \cdot L^{-1}$ NaOH 溶液代替 H_2SO_4 重复进行实验，观察现象，写出反应方程式。

由实验结果说明介质酸碱性对氧化还原反应产物的影响，并用电极电势加以解释。

4. 酸度对氧化还原反应速率的影响

在两支各加入几滴 $0.1mol \cdot L^{-1}$ KBr 溶液的试管中，分别加入几滴 $3mol \cdot L^{-1}$ H_2SO_4 和 $6mol \cdot L^{-1}$ HAc 溶液，然后各滴加 1 滴 $KMnO_4$ 溶液。比较紫色褪去速度，写出反应方程式。

5. 催化剂对氧化还原反应速度的影响

$H_2C_2O_4$ 溶液和 $KMnO_4$ 溶液在酸性介质中能够发生如下反应：

$$5H_2C_2O_4 + 2MnO_4^- + 6H^+ \Longrightarrow 2Mn^{2+} + 10CO_2 + 8H_2O$$

此反应的电动势虽然很大，但反应速度较慢。Mn^{2+} 对反应有催化作用，所以随反应自身产生 Mn^{2+}，形成自催化作用，反应速度变得越来越快。如果加入 F^- 把 Mn^{2+} 掩蔽起来，则反应仍然进行得很慢。

取 3 支试管，分别加入 1mL 2mol·L^{-1} $H_2C_2O_4$ 溶液、0.01mol·L^{-1} $KMnO_4$ 溶液，再加入数滴 1mol·L^{-1} H_2SO_4 溶液，然后在第一支试管中加入 2 滴 0.2mol·L^{-1} $MnSO_4$ 溶液，往第三支试管中加入数滴 10% 的 NH_4F 溶液，混合均匀，观察 3 支试管中红色的快慢情况，必要时可用小火加热进行比较。

【思考题】

1. 为什么 $KMnO_4$ 能氧化盐酸中的 Cl^-，而不能氧化氯化钠溶液中的 Cl^-？

2. 用实验事实说明浓度如何影响电极电势？在实验中应如何控制介质条件？

3. 浓度和溶液酸度对于氧化还原反应的产物和方向有什么影响？

实验 15　电离平衡与沉淀溶解平衡

【实验目的】

1. 加深对解离平衡、同离子效应及盐类水解原理的理解。

2. 了解难溶电解质的多相离子平衡及溶度积规则。

3. 学习快速测量溶液 pH 的方法和操作技术。

【实验原理】

1. 弱电解质在水溶液中发生部分解离，在一定温度下，弱电解质（例如 HAc）存在下列解离平衡：

$$HAc + H_2O \Longrightarrow H_3O^+ + Ac^-$$

如果在平衡体系中，加入与弱电解质含有相同离子的强电解质，解离平衡向生成弱电解质的方向移动，使弱电解质的解离度降低，这种现象称为同离子效应。

2. 缓冲溶液

弱酸及其盐（如 HAc 和 NaAc）或弱碱及其盐（如 $NH_3 \cdot H_2O$ 和 NH_4Cl）所组成的溶液，在一定程度上可以对外来少量酸或碱起缓冲作用。即当加入少量的酸、碱或对其稀释时，溶液的 pH 基本不变，这种溶液叫做缓冲溶液。

3. 盐类的水解

强酸强碱盐在水溶液中不水解。强碱弱酸盐、强酸弱碱盐和弱酸弱碱盐，在水溶液中都发生水解。因为组成盐的离子和水电离出来的 H^+ 或 OH^- 作用，生成弱酸或弱碱，往往使水溶液显酸性或碱性。根据同离子效应，往溶液中加入 H^+ 或 OH^- 可以抑制水解。水解反应是吸热反应，因此，升高温度有利于盐类的水解。

4. 难溶电解质的多相解离平衡及其移动

在一定温度下，难溶电解质与其饱和溶液中的相应离子处于平衡状态。根据溶度积规则可以判断沉淀的生成和溶解，利用溶度积规则，可以使沉淀溶解或转化。降低饱和溶液中某种离子的浓度，使两种离子浓度的乘积小于其溶度积，沉淀便溶解。对于相同类型的难溶电解质，可以根据其 K_{sp} 的相对大小判断沉淀生成的先后顺序。根据平衡移动原理，可以将一种难溶电解质转化为另一种难溶电解质，这种过程叫做沉淀的转化。沉淀的转化一般是溶度积较大的难溶电解质可以转化为溶度积较小的难溶电解质。

【实验用品】

　　试剂：HCl（0.1，2mol·L^{-1}）、HAc（0.1mol·L^{-1}，2mol·L^{-1}）、NaOH（0.1mol·L^{-1}）、NH$_3$·H$_2$O（0.1mol·L^{-1}　2mol·L^{-1}）、NH$_4$Ac（s）、Fe（NO$_3$）$_3$·9H$_2$O（s）、锌粒、NaCl（0.1mol·L^{-1}）、NH$_4$Cl（0.1mol·L^{-1}）、Na$_2$CO$_3$（0.1mol·L^{-1}）、NaAc（0.1mol·L^{-1}）、NaH$_2$PO$_4$（0.1mol·L^{-1}）、Na$_2$HPO$_4$（0.1mol·L^{-1}）、Na$_3$PO$_4$（0.1mol·L^{-1}）、NH$_4$Ac（0.1mol·L^{-1}）、HNO$_3$（6mol·L^{-1}）、Al$_2$（SO$_4$）$_3$（饱和）、AgNO$_3$（0.1mol·L^{-1}）、K$_2$CrO$_4$（0.1mol·L^{-1}）、（NH$_4$）$_2$C$_2$O$_4$（饱和）、CaCl$_2$（0.1mol·L^{-1}）、MgCl$_2$（0.1mol·L^{-1}）、NH$_4$Cl（饱和）、Na$_2$S（0.1mol·L^{-1}）、Pb（NO$_3$）$_2$（0.1mol·L^{-1}）、AgNO$_3$（0.1mol·L^{-1}）、KI（0.1mol·L^{-1}）、甲基橙、酚酞。

　　仪器：试管、量筒、离心试管。

【实验内容】

　　1. 强、弱电解质的比较

　　（1）用 pH 试纸测试浓度均为 0.1mol·L^{-1} 的 HCl、HAc、NaOH 和 NH$_3$·H$_2$O 溶液的 pH，并与计算值比较。

　　（2）取 2 支试管，分别加入 2mL 0.1mol·L^{-1} HCl 溶液和 2mL 0.1mol·L^{-1} HAc 溶液，再各加 1 小颗锌粒，比较反应的快慢。加热试管观察反应速率的差别。

　　2. 同离子效应

　　（1）取 1mL 0.1mol·L^{-1} HAc 溶液于试管中，加 1 滴甲基橙，观察溶液的颜色。然后加入少量 NH$_4$Ac 固体，观察溶液颜色有何变化。解释观察到的现象。

　　（2）取 1mL 0.1mol·L^{-1} NH$_3$·H$_2$O 于试管中，加 1 滴酚酞，观察溶液的颜色。然后加入少量 NH$_4$Ac 固体，观察溶液颜色的变化。解释观察到的现象。

　　3. 缓冲溶液

　　（1）在 2 支试管中各加入 2mL 蒸馏水，用 pH 试纸测其 pH，然后往 1 支中加 2 滴 0.1mol·L^{-1} HCl 溶液，另 1 支中加入 2 滴 0.1mol·L^{-1} NaOH 溶液，再测 pH，记下 pH 的改变，进行比较。

　　（2）在 1 支试管中加入 4mL 0.1mol·L^{-1} HAc 和 4mL 0.1mol·L^{-1}NaAc 溶液，摇匀后用 pH 试纸测其 pH。将溶液分成 2 份，1 份加入 2 滴 0.1mol·L^{-1} HCl 溶液摇匀。另 1 份加入 2 滴 0.1mol·L^{-1} NaOH 溶液摇匀，再用精密 pH 试纸（pH2.7～4.7）分别测定 pH，进行比较，可得出什么结论？

　　4. 盐类的水解

　　（1）用 pH 试纸测定浓度为 0.1mol·L^{-1} 的下列各溶液的 pH：NaCl、NH$_4$Cl、Na$_2$CO$_3$、NH$_4$Ac、NaAc、NaH$_2$PO$_4$、Na$_2$HPO$_4$、Na$_3$PO$_4$，并与计算值比较。

　　（2）取少量固体 NaAc，溶于少量蒸馏水中，加入 1 滴酚酞，观察溶液颜色。在小火上将溶液加热，观察酚酞颜色有何变化。

　　（3）取少量固体 Fe（NO$_3$）$_3$·9H$_2$O，用 6mL 蒸馏水溶解后，观察溶液的颜色。然后将溶液分成 3 份：1 份留作空白，1 份加几滴 6mol·L^{-1} HNO$_3$ 溶液，1 份在小火上加热煮沸，观察现象并比较。由于 Fe^{3+} 水解生成了碱式盐而使溶液显棕黄色。加入 HNO_3 和加热对水解平衡各有何影响？

（4）在 1 支装有饱和 $Al_2(SO_4)_3$ 溶液的试管中，加入饱和 Na_2CO_3 溶液，有何现象？设法证明产生的沉淀是 $Al(OH)_3$ 而不是 $Al_2(CO_3)_3$，并写出反应方程式。

5. 沉淀的生成和溶解

（1）取 2 支试管分别加入 3 滴 $0.1mol \cdot L^{-1}$ $AgNO_3$ 溶液，然后往 1 支中加入 3 滴 $0.1mol \cdot L^{-1}$ K_2CrO_4 溶液，另 1 支中加入 3 滴 $0.1mol \cdot L^{-1}$ $NaCl$ 溶液，观察沉淀的生成和颜色。根据溶度积规则说明沉淀产生的原因。

（2）在 2 支试管中分别加入 5 滴饱和 $(NH_4)_2C_2O_4$ 溶液和 5 滴 $0.1mol \cdot L^{-1}$ $CaCl_2$ 溶液，观察 CaC_2O_4 的生成。然后在 1 支试管中加入 $2mol \cdot L^{-1}$ HCl 溶液 $2mL$ 并搅拌，观察沉淀是否溶解；另 1 支试管加入 $2mol \cdot L^{-1}$ HAc 溶液 $2mL$，观察沉淀是否溶解？为什么？

（3）在 2 支试管中分别加入 5 滴 $0.1mol \cdot L^{-1}$ $MgCl_2$ 溶液，并分别滴加 $2mol \cdot L^{-1}$ $NH_3 \cdot H_2O$ 至有白色 $Mg(OH)_2$ 沉淀生成，然后在 1 支试管中加入 $2mol \cdot L^{-1}$ HCl 溶液，观察沉淀是否溶解？另 1 支试管中加入饱和 NH_4Cl 溶液，观察沉淀是否溶解？试说明加入 HCl 和 NH_4Cl 对其平衡移动的影响？

6. 分步沉淀和沉淀的转化

（1）在离心试管中加入 2 滴 $0.1mol \cdot L^{-1}$ Na_2S 溶液和 2 滴 $0.1mol \cdot L^{-1}$ K_2CrO_4 溶液，用蒸馏水稀释至 $3mL$，摇匀。然后加入 1 滴 $0.1mol \cdot L^{-1}$ $Pb(NO_3)_2$ 溶液，观察首先生成的沉淀的颜色。离心沉降后，继续向清液中滴加 $Pb(NO_3)_2$，又出现什么颜色的沉淀？根据溶度积计算加以说明。

（2）在离心试管中加入 $0.1mol \cdot L^{-1}$ $Pb(NO_3)_2$ 溶液和 $1.0mol \cdot L^{-1}$ $NaCl$ 溶液各 5 滴，观察沉淀的颜色。离心分离，弃去清液，往沉淀中滴加 $0.1mol \cdot L^{-1}$ KI 溶液，充分摇荡，观察沉淀颜色的变化。

（3）在离心试管中加入 3 滴 $0.1mol \cdot L^{-1}$ $AgNO_3$ 溶液和 3 滴 $0.1mol \cdot L^{-1}$ K_2CrO_4 溶液，观察沉淀颜色。离心分离，弃去清液，往沉淀中滴加 $0.1mol \cdot L^{-1}$ $NaCl$ 溶液，充分摇荡，观察颜色的变化。

写出（2）和（3）的有关反应方程式。

【注意事项】

1. 看清楚试剂瓶上的标签再取用试剂，取用后立即把胶头滴管放回原试剂瓶。

2. 加热试管中液体时要小心操作，不能将试管口朝向他人或自己。

3. 实验后的含金属离子的废液倒入指定废液桶内，统一处理。

【思考题】

1. 同离子效应对弱电解质的解离度及难溶电解质的溶解度有何影响？

2. 水解和解离的不同之处是什么？Na_2CO_3 和 $Al_2(SO_4)_3$ 溶液能反应的原因是什么？

实验 16　配合物的生成与性质

【实验目的】

1. 了解有关配合物的生成与性质。

2．熟悉不稳定常数和稳定常数的意义。

3．了解配位平衡及其影响因素。

4．了解螯合物的形成条件及稳定性。

【实验原理】

中心原子或离子与一定数目的中性分子或阴离子以配位键结合形成配位个体。配位个体处于配合物的内界。若带有电荷就称为配离子，带正电荷称为配阳离子，带负电荷称为配阴离子。配离子与带有相同数目的相反电荷的离子（外界）组成配位化合物，简称配合物。简单金属离子在形成配离子后，其颜色、酸碱性、溶解性及氧化还原性等往往和原物质有很大的差别。配离子之间也可转化，一种配离子转化为另一种稳定的配离子。

配位反应是分步进行的可逆反应，每一步反应都存在着配位平衡。

$$M + nR \rightleftharpoons MR_n \qquad K_s = \frac{[MR_n]}{[M][R]^n}$$

配合物的稳定性可由 K 稳（即 K_s）表示，数值越大配合物越稳定。增加配体（R）或金属离子（M）浓度有利于配合物（MRn）的形成，而降低配体和金属离子的浓度则有利于配合物的解离。如溶液酸碱性的改变，可能引起配体的酸效应或金属离子的水解等，就会导致配合物的解离；若有沉淀剂能与中心离子形成沉淀的反应发生，引起中心离子浓度的减少，也会使配位平衡朝解离的方向移动；若加入另一种配体，能与中心离子形成稳定性更好的配合物，则同样导致配合物的稳定性降低。若沉淀平衡中有配位反应发生，则有利于沉淀溶解。配位平衡与沉淀平衡的关系总是朝着生成更难解离或更难溶解物质的方向移动。

配位反应应用广泛，如利用金属离子生成配离子后的颜色、溶解度、氧化还原性等一系列性质的改变，进行离子鉴定、干扰离子的掩蔽反应等。

具有环状结构的配合物称为螯合物，螯合物的稳定性更大，且具有特征颜色。利用此类螯合物的形成作为某些金属离子的特征反应而定性、定量地检验金属离子的存在。

【实验用品】

试剂：H_2SO_4（2mol·L^{-1}）、HCl（1mol·L^{-1}）、$NH_3·H_2O$（2，6mol·L^{-1}）、NaOH（0.1，2mol·L^{-1}）、$CuSO_4$（0.1mol·L^{-1}，固体）、$HgCl_2$（0.1mol·L^{-1}）、KI（0.1mol·L^{-1}）、$BaCl_2$（0.1mol·L^{-1}）、$K_3Fe(CN)_6$（0.1mol·L^{-1}）、$NH_4Fe(SO_4)_2$（0.1mol·L^{-1}）、$FeCl_3$（0.1mol·L^{-1}）、KSCN（0·1mol·L^{-1}）、NH_4F（2mol·L^{-1}）、$(NH_4)_2C_2O_4$（饱和）、$AgNO_3$（0.1mol·L^{-1}）、NaCl（0.1mol·L^{-1}）、KBr（0.1mol·L^{-1}）、$Na_2S_2O_3$（0.1mol·L^{-1}，饱和）、Na_2S（0.1mol·L^{-1}）、$FeSO_4$（0.1mol·L^{-1}）、$NiSO_4$（0.1mol·L^{-1}）、$CoCl_2$（0.1mol·L^{-1}）、$CrCl_3$（0.1mol·L^{-1}）、EDTA（0.1mol·L^{-1}）、乙醇（95％）、CCl_4、邻菲罗啉（0.25％）、二乙酰二肟（1％）、乙醚、丙酮。

仪器：试管、离心试管、漏斗、离心机、酒精灯、白瓷点滴板。

【实验内容】

1．配合物的生成和组成

（1）配合物的生成

在试管中加入 0.5g $CuSO_4·5H_2O$（s），加少许蒸馏水搅拌溶解，再逐滴加入 2mol·L^{-1} 的氨水溶液，观察现象，继续滴加氨水至沉淀溶解而形成深蓝色溶液，然后加入 2mL 95％ 乙醇，振荡试管，有何现象？静置 2 分钟，过滤，分出晶体。在滤纸上逐滴加入 2mol·L^{-1} $NH_3·H_2O$ 溶液使晶体溶解，在漏斗下端放一支试管承接此溶液，保留备用。写出相应的离子方程式。

（2）配合物的组成

将上述溶液分成 2 份，在一支试管中滴入 2 滴 $0.1mol \cdot L^{-1}$ $BaCl_2$ 溶液，另一支试管滴入 2 滴 $0.1mol \cdot L^{-1}$ NaOH 溶液，观察现象，写出离子方程式。

另取两支试管，各加入 5 滴 $0.1mol \cdot L^{-1}$ $CuSO_4$ 溶液，然后分别向试管中滴入 2 滴 $0.1mol \cdot L^{-1}$ $BaCl_2$ 溶液和 2 滴 $0.1mol \cdot L^{-1}$ NaOH 溶液，观察现象，写出离子方程式。

比较二实验结果，分析该配合物的内界和外界组成，写出相应离子方程式。

2. 配合物与简单化合物、复盐的区别

（1）在一支试管中加入 10 滴 $0.1mol \cdot L^{-1}$ $FeCl_3$ 溶液，再滴加 2 滴 $0.1mol \cdot L^{-1}$ KSCN 溶液，观察溶液呈何颜色？

（2）用 $0.1mol \cdot L^{-1}$ $K_3Fe(CN)_6$ 溶液代替 $FeCl_3$ 溶液，同法进行实验，观察现象是否相同。

（3）如何用实验证明硫酸铁铵是复盐，请设计步骤并实验之。

提示：取 3 支试管，各加入 5 滴 $0.1mol \cdot L^{-1}$ $NH_4Fe(SO_4)_2$ 溶液，分别用相应方法鉴定 NH_4^+、Fe^{3+}、SO_4^{2-} 的存在。

3. 配位平衡及其移动

（1）配位平衡

在 3 支各加入少量自制的硫酸四氨合铜溶液的试管中，分别滴加 2 滴 $0.1mol \cdot L^{-1}$ $BaCl_2$ 溶液、2 滴 $0.1mol \cdot L^{-1}$ NaOH 溶液、2 滴 $0.1mol \cdot L^{-1}$ Na_2S 溶液，观察现象，说明原因。

（2）配合物的取代反应

在一支试管中，加入 10 滴 $0.1mol \cdot L^{-1}$ $FeCl_3$ 溶液和 1 滴 $0.1mol \cdot L^{-1}$ KSCN 溶液，观察溶液颜色。向其中滴加 $2mol \cdot L^{-1}$ NH_4F 溶液，溶液颜色又如何？再滴入饱和 $(NH_4)_2C_2O_4$ 溶液，溶颜色又怎样变化？简单解释上述现象，并写出离子方程式。

（3）配位平衡与酸碱平衡

① 取 2 支试管，各加入少量自制的硫酸四氨合铜溶液，一支逐滴加入 $1mol \cdot L^{-1}$ HCl 溶液，另一支滴加 $2mol \cdot L^{-1}$ NaOH 溶液，观察现象，说明配离子 $[Cu(NH_3)_4]^{2+}$ 在酸性和碱性溶液中的稳定性，写出有关的离子方程式。

② 在一支试管中，先加入 10 滴 $0.1mol \cdot L^{-1}$ $FeCl_3$ 溶液，再逐滴滴加 $2mol \cdot L^{-1}$ NH_4F 溶液至溶液颜色呈无色，将此溶液分成两份，分别逐滴加入 $1mol \cdot L^{-1}$ HCl 和 $2mol \cdot L^{-1}$ NaOH 溶液，观察现象，说明配合物离子 $[FeF_6]^{3-}$ 在酸性和碱性溶液中的稳定性，写出有关的离子方程式。

（4）配位平衡与沉淀平衡

在一支离心试管中加入 2 滴 $0.1mol \cdot L^{-1}$ $AgNO_3$ 溶液，按下列步骤进行实验：

① 逐滴加入 $0.1mol \cdot L^{-1}$ NaCl 溶液至沉淀刚生成；

② 逐滴加入 $6mol \cdot L^{-1}$ 氨水至沉淀恰好溶解；

③ 逐滴加入 $0.1mol \cdot L^{-1}$ KBr 溶液至刚有沉淀生成；

④ 逐滴加入 $0.1mol \cdot L^{-1}$ $Na_2S_2O_3$ 溶液，边滴边剧烈振摇至沉淀恰好溶解；

⑤ 逐滴加入 $0.1mol \cdot L^{-1}$ KI 溶液至沉淀刚生成；

⑥ 逐滴加入饱和 $Na_2S_2O_3$ 溶液，至沉淀恰好溶解；

⑦ 逐滴加入 $0.1mol \cdot L^{-1}$ Na_2S 溶液至沉淀刚生成。

写出每一步有关的离子方程式，比较几种沉淀的溶度积大小和几种配离子稳定常数大小，讨论配位平衡与沉淀平衡的关系。

（5）配位平衡与氧化还原反应

取两支试管各加 5 滴 $0.1mol \cdot L^{-1}$ 的 $FeCl_3$ 溶液及 10 滴 CCl_4，然后往一支试管滴入 $2mol \cdot L^{-1}$ NH_4F 溶液至溶液变为无色，另一支试管中滴入几滴蒸馏水，摇匀后在两支试管中分别再滴入 5 滴 $0.1mol \cdot L^{-1}$ KI 溶液，振荡后比较两试管中 CCl_4 层颜色，解释现象并写出离子方程式。

4. 配合物的活动性

取一支试管加入 10 滴 $0.1mol \cdot L^{-1}$ 的 $CrCl_3$ 和 2mL $0.1mol \cdot L^{-1}$ EDTA 溶液，摇匀，是否有配合物生成，将溶液加热，观察现象并解释。

5. 配合物的水合异构现象

（1）取一支试管加入 0.5mL $0.1mol \cdot L^{-1}$ 的 $CrCl_3$ 溶液，加热，观察溶液颜色变化，然后将溶液冷却，观察现象并解释。

反应方程式如下：$[Cr(H_2O)_6]^{3+} + 2Cl^- \Longrightarrow [Cr(H_2O)_4Cl_2]^+ + 2H_2O$

（2）取一支试管加入 0.5mL $0.1mol \cdot L^{-1}$ $CoCl_2$ 溶液，加热，观察溶液颜色变化，然后将溶液冷却，观察现象并解释。反应方程式为：

$$[Co(H_2O)_6]^{2+} + 4Cl^- \Longrightarrow [Co(H_2O)_2Cl_4]^{2-} + 4H_2O$$

6. 配合物的应用

（1）取两支试管各加 10 滴自制的 $[Fe(SCN)_6]^{3-}$、$[Cu(NH_3)_4]^{2+}$，然后分别滴加 $0.1mol \cdot L^{-1}$ EDTA 溶液，观察现象并解释。

（2）在小试管中（或白瓷点滴板上），滴加一滴 $0.1mol \cdot L^{-1}$ $FeSO_4$ 溶液及 3 滴 0.25% 邻菲罗啉溶液，观察现象，此反应可作为 Fe^{2+} 的鉴定反应。

（3）在试管中加入 2 滴 $0.1mol \cdot L^{-1}$ $NiSO_4$ 溶液及一滴 $2mol \cdot L^{-1}$ $NH_3 \cdot H_2O$ 和 2 滴二乙酰二肟溶液，观察现象，此反应可作为 Ni^{2+} 的鉴定反应。

（4）在鉴定和分离离子时，常常利用形成配合物的方法来掩蔽干扰离子。例如 Co^{2+} 和 Fe^{3+} 共存时，采用 NH_4F 来掩蔽 Fe^{3+}，不需分离即可用 KSCN 法鉴定 Co^{2+}。

在一支试管中加入 2 滴 $0.1mol \cdot L^{-1}$ $CoCl_2$ 溶液和几滴 $1mol \cdot L^{-1}$ KSCN，再加一些戊醇（或丙酮），观察现象。

在一支试管中加入 1 滴 $0.1mol \cdot L^{-1}$ 的 $FeCl_3$ 溶液和 5 滴 $0.1mol \cdot L^{-1}$ 的 $CoCl_2$ 溶液，加几滴 $1mol \cdot L^{-1}$ KSCN，有何现象？逐滴加入 $2mol \cdot L^{-1}$ 的 NH_4F 溶液，并振摇试管，观察现象；等溶液的血红色褪去后，加一些戊醇（或丙酮）振摇，静置，观察戊醇层颜色。

【注意事项】

1. 在性质实验中一般来说，生成沉淀的步骤，沉淀量要少，即刚观察到沉淀生成就可以；使沉淀溶解的步骤，加入试液越少越好，即使沉淀恰好溶解为宜。因此，溶液必须逐滴加入，且边滴边摇，若试管中溶液量太多，可在生成沉淀后，离心沉降弃去清液，再继续实验。

2. NH_4F 试剂对玻璃有腐蚀作用，储藏时最好放在塑料瓶中。

3. 注意配合物的活动性是指配合物在反应速度方面的性能。Cr-EDTA 配合物的稳定性相当高（$\lg K_s = 21$），但反应速度较慢。在室温下很少发生反应，必须在 EDTA 过量且加热煮沸下才能形成相应配合物。

【思考题】

1. 试总结影响配位平衡的主要因素。

2. 配合物与复盐的区别是什么？

3. 实验中所用 EDTA 是什么物质？它与单基配体相比有何特点？

4. 为什么 Na_2S 不能使 $K_4Fe(CN)_6$ 产生 FeS 沉淀，而饱和的 H_2S 溶液能使 $[Cu(NH_3)_4]^{2+}$ 溶液产生 CuS 沉淀？

第3章 元素化学实验

实验17 p区非金属元素Ⅰ（卤素、氧、硫）

【实验目的】

1. 掌握卤素单质及其离子氧化性、还原性的变化规律。
2. 掌握 H_2O_2 的不稳定性、氧化还原性。
3. 掌握不同价态的硫化合物的重要性质。
4. 掌握气体发生的方法和仪器安装。

【实验用品】

试剂：浓 HCl、HCl（$6mol \cdot L^{-1}$）、HCl（$2mol \cdot L^{-1}$）、浓硫酸、H_2SO_4（$3mol \cdot L^{-1}$）、H_2SO_4（$1mol \cdot L^{-1}$）、浓硝酸、NaOH（$2mol \cdot L^{-1}$）、KOH（30%）、KI（$0.2mol \cdot L^{-1}$）、KBr（$0.2mol \cdot L^{-1}$）、$KMnO_4$（$0.01mol \cdot L^{-1}$）、$K_2Cr_2O_7$（$0.5mol \cdot L^{-1}$）、Na_2S（$0.2mol \cdot L^{-1}$）、$Na_2S_2O_3$（$0.2mol \cdot L^{-1}$）、Na_2SO_3（$0.5mol \cdot L^{-1}$）、$CuSO_4$（$0.2mol \cdot L^{-1}$）、$MnSO_4$（$0.2mol \cdot L^{-1}$）、$MnSO_4$（$0.002mol \cdot L^{-1}$）、$Pb(NO_3)_2$（$0.2mol \cdot L^{-1}$）、$AgNO_3$（$0.2mol \cdot L^{-1}$）、硫代乙酰胺（$0.1mol \cdot L^{-1}$）、H_2O_2（3%）、溴水、碘水、CCl_4、乙醚、品红、$K_2S_2O_8$（s）、NaCl（s）、KBr（s）、KI（s）

仪器：大试管、滴管、烧杯、试管、表面皿、蒸馏烧瓶、分液漏斗、锥形瓶、酒精灯、温度计、铁架台、石棉网、离心机

【实验内容】

1. 卤素单质的氧化性及卤素离子的还原性

（1）卤素单质的氧化性。取两支试管，分别加入 10 滴 KI（$0.2mol \cdot L^{-1}$）和 KBr（$0.2mol \cdot L^{-1}$）溶液。再滴加 4～5 滴氯水，加 2～3 滴 CCl_4 溶液，振荡，观察现象；另取一支试管，加入 10 滴 KI（$0.2mol \cdot L^{-1}$）溶液，再滴加 4～5 滴溴水，加 2～3 滴 CCl_4 溶液，振荡，观察现象。根据实验现象写出反应方程式，并说明卤素单质的氧化性顺序。

（2）卤素离子的还原性。取 3 只干燥的试管，分别加入绿豆粒大小的①NaCl、②KBr、③KI 晶体，再各加入 0.5mL 浓硫酸，微热，观察试管中颜色的变化。分别用湿润的 pH 试纸检验试管①，用淀粉-KI 试纸检验试管②，用醋酸铅试纸检验试管③放出的气体。根据实验现象写出反应方程式，并说明卤素离子的还原性的顺序。

注意事项：溴蒸气对气管、肺部、眼、鼻、喉都有强烈的刺激作用，因此凡涉及溴的实验都应在通风橱中进行。

2. 卤素含氧酸盐的性质

（1）NaClO 的氧化性。取四只试管，分别加入 NaClO 溶液 0.5mL。分别向这四支试管中加入：①5 滴 KI（$0.2mol \cdot L^{-1}$）和 2 滴 H_2SO_4（$1mol \cdot L^{-1}$）；②5 滴 $MnSO_4$（$0.2mol \cdot L^{-1}$）溶液；③5 滴浓盐酸；④2 滴品红溶液。

观察以上实验现象，写出相关的反应方程式。

（2）$KClO_3$ 的氧化性。取 $KClO_3$ 晶体配成 $KClO_3$ 溶液。取 0.5mL KI（$0.2mol \cdot L^{-1}$），向其中滴入几滴 $KClO_3$ 溶液，观察有何现象。再用 H_2SO_4（$3mol \cdot L^{-1}$）酸化，观察溶液颜色的变化。继续向溶液中滴加 $KClO_3$ 溶液，又有何变化？解释实验现象，并写出相应的化学反应方程式。

根据以上实验，总结氯元素含氧酸盐的性质。

3. H_2O_2 的性质与检验

（1）检验　在试管中分别加入2mL H_2O_2（3%）溶液、0.5mL 乙醚、1mL H_2SO_4（$1mol \cdot L^{-1}$）和 3～4 滴 $K_2Cr_2O_7$（$0.5mol \cdot L^{-1}$）溶液，振荡试管，观察溶液和乙醚层有何变化。

（2）性质

① 催化分解。取两支试管分别加入2mL H_2O_2（3%）溶液，将其中一支试管用水浴加热，有何现象？把带火星的火柴放在试管口，有何现象？在另一支试管中加入少量的 MnO_2 固体，有何现象？用带火星的火柴检验生成的气体。MnO_2 在 H_2O_2 的分解反应中起了什么作用？

② 氧化性。a. 取 10 滴 $Pb(NO_3)_2$（$0.2mol \cdot L^{-1}$）溶液于试管中，加入 10 滴硫代乙酰胺溶液，观察沉淀的颜色。再加 H_2O_2（3%）溶液直至沉淀颜色转化为白色。写出相关化学反应方程式。b. 取0.5mL KI（$0.2mol \cdot L^{-1}$）溶液于试管中，滴入 2 滴 H_2SO_4（$3mol \cdot L^{-1}$）溶液，再加入 2 滴 H_2O_2（3%）溶液。观察实验现象。

③ 还原性。取 2 滴 $KMnO_4$（$0.01mol \cdot L^{-1}$），滴入 3 滴 H_2SO_4（$1mol \cdot L^{-1}$）溶液，再加入 2 滴 H_2O_2（3%）溶液。观察实验现象，写出反应方程式。

4. 硫的化合物的性质

（1）硫化合物的溶解性。

取 3 支试管，分别加入 $CuSO_4$（$0.2mol \cdot L^{-1}$）、$MnSO_4$（$0.2mol \cdot L^{-1}$）、$Pb(NO_3)_2$（$0.2mol \cdot L^{-1}$）溶液各 0.5mL，然后各滴加 Na_2S（$0.2mol \cdot L^{-1}$）溶液，观察沉淀颜色。离心分离，弃去溶液，洗涤沉淀。检测这些沉淀在浓 HCl、HCl（$2mol \cdot L^{-1}$）和浓硝酸中的溶解情况。写出相关的反应方程式。根据实验结果，对金属硫化物的溶解情况作出结论。

（2）亚硫酸盐的性质。

在试管中加入 2mL Na_2SO_3（$0.5mol \cdot L^{-1}$）溶液，然后滴入 5 滴 H_2SO_4（$1mol \cdot L^{-1}$）酸化，用湿润的 pH 试纸检测生成的气体。将上述溶液分为两份，一份加入硫代乙酰胺（$0.1mol \cdot L^{-1}$），另一份加入 $K_2Cr_2O_7$（$0.5mol \cdot L^{-1}$）溶液，观察实验现象。写出反应方程式。

（3）硫代硫酸盐的性质与鉴定。用氯水、碘水、$Na_2S_2O_3$（$0.2mol \cdot L^{-1}$）、H_2SO_4（$3mol \cdot L^{-1}$）和 $AgNO_3$（$0.2mol \cdot L^{-1}$）设计实验验证：①$Na_2S_2O_3$ 在酸中的不稳定性；②$Na_2S_2O_3$ 的还原性和氧化剂强弱对 $Na_2S_2O_3$ 还原产物的影响；③$Na_2S_2O_3$ 的配位性。

由以上实验总结硫代硫酸盐的性质，写出相关的反应方程式。

（4）过二硫酸盐的氧化性。在试管中加入3mL H_2SO_4（$1mol \cdot L^{-1}$）、3mL 蒸馏水和 3 滴 $MnSO_4$（$0.002mol \cdot L^{-1}$）溶液，混合均匀后分为两份。在第一份中加入少量 $K_2S_2O_8$ 固体，第二份中加入 1 滴 $AgNO_3$（$0.2mol \cdot L^{-1}$）溶液。将上述两支试管同时放入同一水浴中加热，溶液的颜色有何变化？写出反应方程式。

比较以上实验结果，并解释。

【思考题】

1. 长期放置的 H_2S、Na_2S 和 Na_2SO_3 溶液会发生什么变化，如何判断变化情况？

2. 根据实验结果比较：

① $S_2O_8^{2-}$ 和 MnO_4^- 的氧化性　　② $S_2O_3^{2-}$ 和 I^- 的还原性

3. 硫代硫酸钠溶液和硝酸银溶液反应时，为何有时为硫化银沉淀，有时又为 $[Ag(S_2O_3)_2]^{3-}$？

4. 区别以下物质：

① 次氯酸钠和氯酸钠　②氯化氢、二氧化硫和硫化氢　③硫酸钠、亚硫酸钠、硫化钠、硫代硫酸钠、过二硫酸钠

实验 18　p 区非金属元素Ⅱ（氮、磷、硅、硼）

【实验目的】

1. 掌握不同氧化态的氮的化合物的主要性质。
2. 验证磷酸盐的溶解度，掌握磷酸根离子的鉴定方法。
3. 掌握硅酸盐、硼酸以及硼砂的主要性质。
4. 练习硼砂珠的有关实验操作。
5. 掌握 NH_4^+、NO_2^-、NO_3^-、PO_4^{3-} 的鉴定方法。

【实验用品】

试剂：浓硫酸、H_2SO_4（3mol·L^{-1}）、HNO_3（0.5mol·L^{-1}）、HNO_3（6mol·L^{-1}）、浓 HCl、HCl（6mol·L^{-1}）、HCl（2mol·L^{-1}）、$NaNO_2$ 饱和溶液、$NaNO_2$（0.5mol·L^{-1}）、$KMnO_4$（0.1mol·L^{-1}）、KI（0.1mol·L^{-1}）、H_3PO_4（0.1mol·L^{-1}）、$Na_2P_4O_7$（0.1mol·L^{-1}）、Na_3PO_4（0.1mol·L^{-1}）、Na_2HPO_4（0.1mol·L^{-1}）、NaH_2PO_4（0.1mol·L^{-1}）、$AgNO_3$（0.1mol·L^{-1}）、$CaCl_2$（0.5mol·L^{-1}）、$NH_3\cdot H_2O$（2mol·L^{-1}）、Na_2SiO_3（20%）、HAc（2mol·L^{-1}）、$CuSO_4$（0.2mol·L^{-1}）、NaOH（40%）、$(NH_4)_2MoO_4$（0.1mol·L^{-1}）、硼砂饱和溶液、无水乙醇、甘油、氯化铵饱和溶液、蛋白水溶液、氯化铵(s)、硫酸铵(s)、重铬酸钾(s)、硝酸钠(s)、硝酸铜(s)、硝酸银(s)、氯化钙(s)、硝酸钴(s)、硫酸铜(s)、硫酸镍(s)、硫酸锌(s)、硫酸亚铁(s)、三氯化铁(s)、硼酸(s)、硼砂(s)、锌片、$FeSO_4\cdot 7H_2O$(s)

仪器：试管、烧杯、表面皿、酒精灯

【实验内容】

1. 铵盐的热分解

取 1g 的氯化铵固体放入一支干燥的试管中，并将试管垂直固定在铁架台上。加热，用湿润的 pH 试纸靠近管口，观察试纸颜色的改变。在试管壁上部有何现象发生？解释现象，写出反应方程式。分别用硫酸铵和重铬酸铵固体代替氯化铵重复上述实验，观察并比较它们的热分解产物，写出相应的反应方程式。

根据实验结果总结铵盐的热分解产物与阴离子的关系。

2. 亚硝酸和亚硝酸盐

（1）亚硝酸的生成和分解

取 1mL 饱和 $NaNO_2$ 溶液于试管中，置于冰水中冷却。滴入 1mL H_2SO_4（3mol·L^{-1}）溶液，观察反应情况和产物的颜色。将试管从冰水中取出，放置，观察有何现象发生，写出反应方程式。

（2）亚硝酸的氧化性和还原性。

① 在 2 滴 $NaNO_2$（0.5mol·L^{-1}）溶液中，滴入 2 滴 KI（0.1mol·L^{-1}）溶液，有否变

化？再滴入 H_2SO_4（3mol·L^{-1}）溶液，又有何变化？

② 在 2 滴 $NaNO_2$（0.5mol·L^{-1}）溶液中，滴入 1 滴 $KMnO_4$（0.1mol·L^{-1}）溶液，有否变化？再滴入 H_2SO_4（3mol·L^{-1}）溶液，又有何变化？

以上实验各说明亚硝酸盐的什么性质？写出反应方程式。

3. 硝酸和硝酸盐的性质及其鉴定

(1) 氧化性。向装有少量锌片的试管中加入 1mL HNO_3（0.5mol·L^{-1}）溶液，观察实验现象。取两滴反应液于表面皿上，同时将润湿的红色石蕊试纸贴于另一只表面皿凹处。向装有溶液的表面皿中加 1 滴 40％ NaOH 溶液，迅速将贴有试纸的表面皿倒扣其上并且放在热水上加热。观察红色石蕊试纸是否变为蓝色。此法称为气室法检验 NH_4^+。

(2) 硝酸盐的热分解。将硝酸钠(s)、硝酸铜(s)、硝酸银(s) 固体进行加热，观察反应情况和产物的颜色。检测反应生成的气体，写出反应方程式。总结硝酸盐的热分解产物与阳离子的关系。

(3) 鉴定-棕色环实验。向试管中加入绿豆粒大小的 $FeSO_4·7H_2O$ 晶体和 $NaNO_2$（0.5mol·L^{-1}）溶液，摇匀后斜持试管，沿管壁慢慢滴入 1 滴浓硫酸。由于浓硫酸的密度比上述溶液大，流入试管底部形成两层，注意不要振荡。此时，两层液体界面上有一棕色环产生。

4. 磷酸盐的性质

(1) 酸碱性。①用 pH 试纸检测 0.1mol·L^{-1} Na_3PO_4、Na_2HPO_4 和 NaH_2PO_4 溶液的pH。②分别往 3 支试管中加入 0.5mL 0.1mol·L^{-1} 的 Na_3PO_4、Na_2HPO_4 和 NaH_2PO_4 溶液，再各加入适量的 0.1mol·L^{-1} $AgNO_3$ 溶液，是否有沉淀产生？检测溶液的酸碱性有无变化？解释之。写出有关的反应方程式。

(2) 溶解性。分别取 0.5mL 的 0.1mol·L^{-1} 的 Na_3PO_4、Na_2HPO_4 和 NaH_2PO_4 于 3 支试管中，分别加入等量的 $CaCl_2$（0.5mol·L^{-1}）溶液，观察有何现象？用 pH 试纸测定它们的 pH 值。滴加 $NH_3·H_2O$（2mol·L^{-1}），各有何变化？再滴加 HCl（2mol·L^{-1}），又有何变化？比较磷酸钙、磷酸氢钙、磷酸二氢钙的溶解性，说明它们之间转化的条件，写出反应方程式。

(3) 鉴定-磷钼酸铵法。在一支试管中滴入 2 滴 NaH_2PO_4（0.1mol·L^{-1}）溶液、1 滴 HNO_3（6mol·L^{-1}）及 8～10 滴 $(NH_4)_2MoO_4$（0.1mol·L^{-1}）溶液。观察实验现象，记录沉淀颜色。

5. 硅酸盐的水解

(1) 先用石蕊试纸检验 Na_2SiO_3（20％）溶液的酸碱性。向装有 1mL 该溶液的试管中加入氯化铵饱和溶液，微热，检验放出气体为何物？

(2) 微溶性硅酸盐的生成——水中花园实验。在一支小烧杯中加入约 2/3 体积的 Na_2SiO_3（20％）水溶液，然后向其中加入一小粒硫酸铜(s)、硫酸镍(s)、硫酸锌(s)、硫酸亚铁(s)、三氯化铁(s)、氯化钙(s)、硝酸钴(s)，各固体之间保持一定的距离，记住它们各自的位置。放置一段时间后，观察现象。

6. 硼酸和硼砂的性质和鉴定

(1) 取 1mL 饱和硼酸溶液，用 pH 试纸测其酸碱性。在硼酸溶液中滴入 3～4 滴甘油，再测溶液的 pH 值。该实验说明硼酸具有什么性质？

(2) 在蒸发皿中放入少量硼酸晶体、1mL 乙醇和几滴浓硫酸。混合后点燃，观察火焰的颜色有何特征。

(3) 硼砂珠实验。用 6mol·L^{-1} 盐酸清洗铂丝，然后将其置于氧化焰中灼烧片刻，取出再浸入酸中，如此重复数次直至铂丝在氧化焰中灼烧不产生离子特征的颜色，表示铂丝已经洗干净了。将这样处理过的铂丝蘸上一些硼砂固体，在氧化焰中灼烧并熔融成圆珠，观察硼砂珠的颜色、状态。用烧热的硼砂珠分别沾上少量硝酸钴和三氯化铬固体，熔融之。冷却后观察硼砂珠的颜色，写出相应的反应方程式。

【注意事项】

1. 大多数氮的氧化物都有毒，因此凡涉及氮氧化物生成的反应均应在通风橱中进行。

2. 亚硝酸钠为致癌物质，因此实验结束后要注意洗手。

【思考题】

1. 设计三种区别硝酸钠和亚硝酸钠的方案。

2. 用酸溶解磷酸银沉淀，在盐酸、硫酸、硝酸中选用哪一种最适宜？为什么？

3. 通过实验可以用几种方法将无标签的试剂磷酸钠、磷酸氢钠、磷酸二氢钠一一鉴别出来？

4. 为什么硼砂的水溶液具有缓冲作用，怎样计算 pH？

5. 现有一瓶白色粉末状固体，它可能是碳酸钠、硝酸钠、硫酸钠、氯化钠、溴化钠、磷酸钠中的任意一种。试设计鉴别方案。

6. 为什么说硼酸是一元酸？在硼酸溶液中加入多羟基化合物后，溶液的酸度会怎样变化，为什么？

实验 19　常见非金属阴离子的分离与鉴定

【实验目的】

1. 掌握常见非金属阴离子的鉴定方法。

2. 掌握离子鉴定的基本操作。

【实验原理】

阴离子大多是由两种和两种以上元素构成的酸根或配离子，同一种元素的中心原子能形成多种阴离子。许多非金属元素可以形成简单的或复杂的阴离子，例如 S^{2-}、Cl^-、NO_3^- 和 SO_4^{2-} 等。常见的重要阴离子有 Cl^-、Br^-、I^-、S^{2-}、SO_3^{2-}、$S_2O_3^{2-}$、SO_4^{2-}、NO_3^-、NO_2^-、PO_4^{3-}、CO_3^{2-} 等十几种。这里主要介绍它们的分离与鉴定的一般方法。

在非金属阴离子中，有的与酸作用生成挥发性的物质，有的与试剂作用生成沉淀，也有的呈现氧化还原性质。利用这些特点，根据溶液中离子共存情况，应先通过初步试验或进行分组试验，以排除不可能存在的离子，然后鉴定可存在的离子。

初步物质试验一般包括试液的酸碱性试验、与酸反应产生气体的试验、各种阴离子的沉淀性质、氧化还原性质等。预先做初步试验，可以排除某些离子存在的可能性，从而简化分析步骤。

例如，许多阴离子只在碱性溶液中存在或共存，一旦溶液被酸化，它们就会分解或相互间发生反应。酸性条件下易分解的阴离子有 NO_2^-、SO_3^{2-}、$S_2O_3^{2-}$、S^{2-}、CO_3^{2-}。再如在酸化的试液中，加入 $KMnO_4$ 稀溶液，若紫色褪去，则可能存在 S^{2-}、SO_3^{2-}、$S_2O_3^{2-}$、Br^-、I^-、NO_2^- 等离子；若紫色不褪，则上述离子都不存在。试液经酸化后，加入 I_2-淀粉溶液，蓝色褪去，则表示存在 SO_3^{2-}、$S_2O_3^{2-}$、S^{2-} 等离子。

由于阴离子间的相互干扰较少，实际上许多离子共存的机会也较少，因此大多数阴离子分析一般都采用分别分析的方法，只有少数相互有干扰的离子才采用系统分析法，如 S^{2-}、SO_3^{2-}、$S_2O_3^{2-}$ 以及 Cl^-、Br^-、I^- 等。

根据阴离子某些共性选择某种试剂将共存的阴离子分组。目前，利用钡盐和银盐的溶解度不同将阴离子分为三组，如表所示。

组别	组试剂	组内离子	特性
钡盐组	$BaCl_2$ （中性或弱碱性溶液）	SO_4^{2-}、SO_3^{2-}、$S_2O_3^{2-}$、CO_3^{2-}、SiO_3^{2-}、PO_4^{3-}、F^-	钡盐难溶于水，除 $BaSO_4$ 外，其他钡盐溶于酸
银盐组	$AgNO_3$ （稀、冷硝酸溶液）	Cl^-、Br^-、I^-、S^{2-}	银盐难溶于水和稀硝酸，Ag_2S 溶于热硝酸
易溶组		NO_2^-、NO_3^-、Ac^-	钡盐、银盐都易溶于水

混合阴离子分离与鉴定举例：

【例】 SO_4^{2-}、NO_3^-、Cl^-、CO_3^{2-} 混合液的定性分析。由于这四个离子在鉴定时互相无干扰，均可采用分别分析法。

方案：

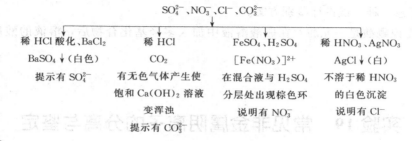

【实验用品】

试剂：H_2SO_4（3mol·L^{-1}）、$BaCl_2$（3mol·L^{-1}）、HCl（6mol·L^{-1}）、$AgNO_3$（0.1mol·L^{-1}）、HNO_3（6mol·L^{-1}）、KI（0.1mol·L^{-1}）、$KMnO_4$（0.01mol·L^{-1}）、CCl_4 以及浓度均为 0.1mol·L^{-1} 的阴离子混合液四组：① CO_3^{2-}、SO_4^{2-}、NO_3^-、PO_4^{3-}；② Cl^-、Br^-、I^-；③ S^{2-}，SO_3^{2-}，$S_2O_3^{2-}$，CO_3^{2-}；④未知阴离子混合液

仪器：试管、离心试管、点滴板、滴管、离心机、酒精灯

【实验内容】

1. 已知阴离子混合液的分离与鉴定。按例题格式，设计出合理的分离鉴定方案，分离鉴定下列三组阴离子。

① CO_3^{2-}、SO_4^{2-}、NO_3^-、PO_4^{3-}

② Cl^-、Br^-、I^-

③ S^{2-}、SO_3^{2-}、$S_2O_3^{2-}$、CO_3^{2-}

2. 未知阴离子混合液的分析。

某混合离子试液可能含有 CO_3^{2-}、NO_2^-、NO_3^-、PO_4^{3-}、S^{2-}、SO_3^{2-}、$S_2O_3^{2-}$、SO_4^{2-}、Cl^-、Br^-、I^-，按下列步骤进行分析，确定试液中含有哪些离子。

（1）用 pH 试纸测试未知试液的酸碱性。如果溶液呈酸性，哪些离子不可能存在？如果试液呈碱性或中性，可取试液数滴，用 3mol·L^{-1} H_2SO_4 酸化并水浴加热。若无气体产生，表示 CO_3^{2-}、NO_2^-、S^{2-}、SO_3^{2-}、$S_2O_3^{2-}$ 等离子不存在；如果有气体产生，则可根据气体的颜色、臭味和性质初步判断哪些阴离子可能存在。

（2）钡盐组阴离子的检验。在离心试管中加入几滴未知液，加入 1～2 滴 $1mol\cdot L^{-1}$ $BaCl_2$ 溶液，观察有无沉淀产生。如果有白色沉淀产生，可能有 SO_4^{2-}、SO_3^{2-}、PO_4^{3-}、CO_3^{2-} 等离子（$S_2O_3^{2-}$ 的浓度大时才会产生 BaS_2O_3 沉淀）。离心分离，在沉淀中加入数滴 $6mol\cdot L^{-1}$ HCl，根据沉淀是否溶解，进一步判断哪些离子可能存在。

（3）银盐组阴离子的检验。取几滴未知液，滴加 $0.1mol\cdot L^{-1}$ $AgNO_3$ 溶液。如果立即生成黑色沉淀，表示有 S^{2-} 存在；如果生成白色沉淀，迅速变黄变棕变黑，则有 $S_2O_3^{2-}$。但 $S_2O_3^{2-}$ 浓度大时，也可能生成 $Ag(S_2O_3)_2^{3-}$ 不析出沉淀。Cl^-、Br^-、I^-、CO_3^{2-}、PO_4^{3-} 都与 Ag^+ 形成浅色沉淀，如有黑色沉淀，则它们有可能被掩盖。离心分离，在沉淀中加入 $6mol\cdot L^{-1}$ HNO_3，必要时加热。若沉淀不溶或只发生部分溶解，则表示有可能 Cl^-、Br^-、I^- 存在。

（4）氧化性阴离子检验。取几滴未知液，用稀 H_2SO_4 酸化，加 CCl_4 5～6 滴，再加入几滴 $0.1mol\cdot L^{-1}$ KI 溶液。振荡后，CCl_4 层呈紫色，说明有 NO_2^- 存在（若溶液中有 SO_3^{2-} 等，酸化后 NO_2^- 先与它们反应而不一定氧化 I^-，CCl_4 层无紫色不能说明无 NO_2^-）。

（5）还原性阴离子检验。取几滴未知液，用稀 H_2SO_4 酸化，然后加入 1～2 滴 $0.01mol\cdot L^{-1}$ $KMnO_4$ 溶液。若 $KMnO_4$ 的紫红色褪去，表示可能存在 SO_3^{2-}、$S_2O_3^{2-}$ 等离子。

根据（1）～（5）实验结果，判断有哪些离子可能存在。

（6）根据初步试验结果，对可能存在的阴离子进行确证性试验。

【思考题】

1．取下列盐中之两种混合，加水溶解时有沉淀产生。将沉淀分成两份，一份溶于 HCl 溶液，另一份溶于 HNO_3 溶液。试指出下列哪两种盐混合时可能有此现象？
$$BaCl_2、AgNO_3、Na_2SO_4、(NH_4)_2CO_3、KCl$$

2．一个能溶于水的混合物，已检出含有 Ag^+ 和 Ba^{2+}。下列阴离子中哪几个可不必鉴定？SO_3^{2-}、Cl^-、NO_3^-、SO_4^{2-}、CO_3^{2-}、I^-。

3．某阴离子未知液初步试验结果如下：

① 试液呈酸性时无气体产生；

② 酸性溶液中加 $BaCl_2$ 溶液无沉淀产生；

③ 加入稀硝酸溶液和 $AgNO_3$ 溶液产生黄色沉淀；

④ 酸性溶液中加入 $KMnO_4$，紫色褪去，加 I_2-淀粉溶液，蓝色不褪去。

4．加稀 H_2SO_4 或稀 HCl 溶液于固体试样中，如观察到有气泡产生，则该固体中存在哪些阴离子？

5．有一阴离子未知液，用稀 HNO_3 调节其至酸性后，加入 $AgNO_3$ 试剂，发现并无沉淀生成，则可以确定哪几种阴离子不存在？

6．在酸性溶液中能使 I_2-淀粉溶液褪色的阴离子是哪些？

实验 20　s 区金属元素（碱金属、碱土金属）

【实验目的】

1．掌握碱金属、碱土金属单质的活泼性。

2. 掌握碱金属、碱土金属盐的溶解性。

3. 掌握利用焰色反应鉴定碱金属和碱土金属离子的方法。

4. 掌握从混合溶液中分离碱金属、碱土金属离子的方法。

【实验用品】

试剂：H_2SO_4（$2mol \cdot L^{-1}$）、$KMnO_4$（$0.01mol \cdot L^{-1}$）、酚酞试剂、镁条、NaCl（$1mol \cdot L^{-1}$）、饱和六羟基合锑（Ⅴ）酸钾、KCl（$1mol \cdot L^{-1}$）、饱和六硝基合钴（Ⅲ）酸钠、$MgCl_2$（$0.1mol \cdot L^{-1}$）、$CaCl_2$（$0.1mol \cdot L^{-1}$）、$BaCl_2$（$0.1mol \cdot L^{-1}$）、Na_2SO_4（$0.1mol \cdot L^{-1}$）、$K_2Cr_2O_7$（$0.1mol \cdot L^{-1}$）、HAc（$0.1mol \cdot L^{-1}$）、HCl（$2mol \cdot L^{-1}$）、浓硝酸、LiCl（$1mol \cdot L^{-1}$）、$MgCl_2$（$1mol \cdot L^{-1}$）、NaF（$1mol \cdot L^{-1}$）、$NaHCO_3$（$1mol \cdot L^{-1}$）、Na_3PO_4（$0.5mol \cdot L^{-1}$）、HCl（$6mol \cdot L^{-1}$）、$CaCl_2$（$1mol \cdot L^{-1}$）、$SrCl_2$（$1mol \cdot L^{-1}$）、$BaCl_2$（$1mol \cdot L^{-1}$）、金属钠、金属钾、镁条

仪器：试管、点滴板、烧杯、漏斗、玻璃棒、酒精灯、离心机

【实验内容】

1. 金属单质与氧气、水的反应

（1）钠与空气中氧气的作用。用镊子取绿豆粒大小的一块金属钠，用滤纸吸干其表面的煤油，放在坩埚中立即加热。当开始燃烧时，停止加热。观察反应情况和产物的颜色、状态。冷却后，往坩埚中加入2mL蒸馏水使产物溶解，然后把溶液转移到一支试管中，用pH试纸测定溶液的酸碱性。再用H_2SO_4（$2mol \cdot L^{-1}$）酸化，滴加1~2滴$KMnO_4$（$0.01mol \cdot L^{-1}$）溶液。观察紫色是否褪去。由此说明水溶液是否有H_2O_2，从而推知钠在空气中燃烧是否有Na_2O_2生成。写出以上有关反应方程式。

（2）钠、钾与水的作用。

分别取绿豆粒大小的金属钠和钾，用滤纸吸干其表面煤油，把它们分别投入盛有半杯水的烧杯中，观察反应情况。为了安全起见，当金属块投入水中时，立即用倒置漏斗覆盖在烧杯口上。反应完后，滴入1~2滴酚酞试剂，检验溶液的酸碱性。根据反应进行的剧烈程度，说明钠、钾的金属活泼性。

（3）镁条在空气中燃烧。取一小段金属镁条，用砂纸磨去表面的氧化膜后，点燃，观察现象。将燃烧产物放入试管中，加入2mL蒸馏水，用湿润的pH试纸检查溢出的气体，并检验产生溶液的酸碱性。

2. 碱金属和碱土金属离子的分离和鉴定

（1）微溶性钠盐的生成及鉴定。取1mL NaCl（$1mol \cdot L^{-1}$）溶液加入等量饱和的六羟基合锑（Ⅴ）酸钠溶液。用玻璃棒摩擦试管内壁，观察产物的颜色和状态。

（2）微溶性钾盐的生成及鉴定。在点滴板上加KCl（$1mol \cdot L^{-1}$）溶液数滴，并加入等量饱和的六硝基合钴（Ⅲ）酸钠溶液，观察现象。

（3）镁、钙、钡的硫酸盐的溶解度。分别取$0.1mol \cdot L^{-1}$的$MgCl_2$、$CaCl_2$、$BaCl_2$溶液3~5滴于三支试管中，加入等量的Na_2SO_4（$0.1mol \cdot L^{-1}$）溶液。观察产物的颜色和状态。分别检验沉淀与浓硝酸溶液的作用。写出反应方程式。比较$MgSO_4$、$BaSO_4$和$CaSO_4$的溶解度。

（4）钙、钡的铬酸盐的生成与性质。分别取$0.1mol \cdot L^{-1}$的$CaCl_2$、$BaCl_2$溶液3~5滴于两支离心试管中，加入等量的$K_2Cr_2O_7$（$0.1mol \cdot L^{-1}$）溶液，观察现象。向离心分离出的沉淀中分别加入HAc（$0.1mol \cdot L^{-1}$）和HCl（$2mol \cdot L^{-1}$），观察现象。

（5）锂盐和镁盐的相似性。分别向LiCl（$1mol \cdot L^{-1}$）和$MgCl_2$（$1mol \cdot L^{-1}$）溶液中滴加

$NaF(1mol \cdot L^{-1})$、$NaHCO_3(1mol \cdot L^{-1})$ 和 $Na_3PO_4(0.5mol \cdot L^{-1})$，观察现象。

（6）焰色反应。将铂丝（或镍铬丝）镶嵌在玻璃棒一端，将铂丝的尖端弯成小环状。浸铂丝于 HCl（$6mol \cdot L^{-1}$）溶液中，然后取出在氧化焰上灼烧片刻，再浸入酸中，再灼烧，如此重复 2~3 次，至火焰不再呈现任何离子的特征颜色。蘸取 $1mol \cdot L^{-1}$ 的 LiCl、NaCl、KCl、$CaCl_2$、$SrCl_2$、$BaCl_2$ 溶液，在氧化焰上灼烧。观察火焰的颜色。在观察钾盐的颜色反应时，需用一块钴玻璃片滤光后观察。

3. 设计实验。

现有一未知溶液，可能含有 K^+、Na^+、Mg^{2+}、Ca^{2+}、Ba^{2+}、NH_4^+，试分析确定未知液的组成。

【注意事项】

1. 金属钠的保存与取用

① 金属钠保存在煤油中，放在阴凉处。

② 切割金属钠时，要先用滤纸吸干煤油，然后用镊子夹住，切勿与皮肤接触。洗过煤油的滤纸不可乱丢，应及时烧掉。

③ 未用完的钠屑不能乱丢，可放在少量酒精中使其反应。

2. 自制饱和的六羟基合锑（V）酸钾：在配制好的氢氧化钾溶液中陆续加入五氯化锑，加热。当有少量白色沉淀不再溶解时，停止加入五氯化锑，冷却，静置，上层清液为饱和的六羟基合锑（V）酸钾溶液。

3. 当 K^+ 和 Na^+ 共存时，即使钠极微量，钾的紫色火焰可能被钠的黄色火焰所覆盖。所以观察钾的焰色反应时应用蓝色钴玻璃滤去黄色火焰后再观察。

【思考题】

1. 如何分离 Mg^{2+}、Ba^{2+} 和 Ca^{2+}？设计合理的实验方案。

2. 如何区别碳酸钠和碳酸氢钠？

3. 市售的氢氧化钠中为什么常含有碳酸钠？怎样用最简便的方法加以鉴别？如何除去它？

实验 21　p 区金属元素（铝、锡、铅、锑、铋）

【实验目的】

1. 掌握铝、锡、铅、锑、铋氢氧化物和盐的溶解性。

2. 掌握 Bi(Ⅲ) 的还原性和 Bi(Ⅴ) 的氧化性。

【实验用品】

试剂：$AlCl_3$（$0.5mol \cdot L^{-1}$）、$SnCl_2$（$0.5mol \cdot L^{-1}$）、$Pb(NO_3)_2$（$0.5mol \cdot L^{-1}$）、$SbCl_3$（$0.5mol \cdot L^{-1}$）、$Bi(NO_3)_3$（$0.5mol \cdot L^{-1}$）、$Bi(NO_3)_3$（$2mol \cdot L^{-1}$）、NaOH（$2mol \cdot L^{-1}$）、NaOH（$6mol \cdot L^{-1}$）、HCl（$6mol \cdot L^{-1}$）、HCl（$1mol \cdot L^{-1}$）、$(NH_4)_2S_x$（$1mol \cdot L^{-1}$）、$SnCl_4$（$0.5mol \cdot L^{-1}$）、饱和硫化氢水溶液、$(NH_4)_2S$（$0.5mol \cdot L^{-1}$）、浓盐酸、浓硝酸、KI（$1mol \cdot L^{-1}$）、K_2CrO_4（$0.5mol \cdot L^{-1}$）、HNO_3（$6mol \cdot L^{-1}$）、Na_2SO_4（$0.1mol \cdot L^{-1}$）、NaAc(s)、氯水

仪器：试管、烧杯、玻璃棒、酒精灯、离心机

【实验内容】

1. 铝、锡、铅、锑、铋氢氧化物的制备及其溶解性

在 5 支试管中，分别加入浓度均为 $0.5mol \cdot L^{-1}$ 的 $AlCl_3$、$SnCl_2$、$Pb(NO_3)_2$、$SbCl_3$、$Bi(NO_3)_3$ 溶液各 0.5mL，均加入等体积新配制的 NaOH（$2mol \cdot L^{-1}$）溶液，观察沉淀的生成并写反应方程式。

把以上沉淀分成两份，分别加入 NaOH（$6mol \cdot L^{-1}$）溶液和 HCl（$6mol \cdot L^{-1}$）溶液，观察沉淀是否溶解，写出反应方程式。

2. 锡、铅、锑和铋的硫化物

（1）硫化亚锡、硫化锡的生成和性质。在 2 支试管中分别加入 0.5mL $SnCl_2$（$0.5mol \cdot L^{-1}$）溶液和 $SnCl_4$（$0.5mol \cdot L^{-1}$）溶液，分别注入少许饱和硫化氢水溶液，观察沉淀的颜色有何不同。分别检验沉淀物在 HCl（$1mol \cdot L^{-1}$）、$(NH_4)_2S_x$（$1mol \cdot L^{-1}$）中的溶解性。通过硫化亚锡、硫化锡的实验得出什么结论？写出有关反应方程式。

（2）铅、锑、铋硫化物

在 3 支试管中分别加入 0.5mL $0.5mol \cdot L^{-1}$ 的 $Pb(NO_3)_2$、$SbCl_3$、$Bi(NO_3)_3$，然后各加入少许 $0.1mol \cdot L^{-1}$ 饱和硫化氢水溶液，观察沉淀的颜色有何不同。

分别检验沉淀物在浓盐酸、NaOH（$2mol \cdot L^{-1}$）、$(NH_4)_2S$（$0.5mol \cdot L^{-1}$）、$(NH_4)_2S_x$（$1mol \cdot L^{-1}$）和浓硝酸溶液中的溶解性。

3. 铅的难溶盐

（1）氯化铅。在 0.5mL 蒸馏水中滴入 5 滴 $Pb(NO_3)_2$（$0.5mol \cdot L^{-1}$）溶液，再滴入 3～5 滴 HCl（$1mol \cdot L^{-1}$），即有白色氯化铅沉淀生成。

将所得白色沉淀连同溶液一起加热，沉淀是否溶解？再把溶液冷却，又有什么变化？说明氯化铅的溶解度与温度的关系。取以上白色沉淀少许，加入浓盐酸，观察沉淀溶解情况。

（2）碘化铅。取 5 滴 $Pb(NO_3)_2$（$0.5mol \cdot L^{-1}$）溶液用水稀释至 1mL 后，滴加 KI（$1mol \cdot L^{-1}$）溶液，即生成橙黄色碘化铅沉淀，检验它在热水和冷水中的溶解情况。

（3）铬酸铅。取 5 滴 $Pb(NO_3)_2$（$0.5mol \cdot L^{-1}$），再滴加几滴 K_2CrO_4（$0.5mol \cdot L^{-1}$）溶液。观察 $PbCrO_4$ 沉淀的生成。检验它在 HNO_3（$6mol \cdot L^{-1}$）和 NaOH（$6mol \cdot L^{-1}$）溶液中的溶解情况。写出有关反应方程式。

（4）硫酸铅。在 1mL 蒸馏水中滴入 5 滴 $Pb(NO_3)_2$（$0.5mol \cdot L^{-1}$）溶液，再滴入几滴 Na_2SO_4（$0.1mol \cdot L^{-1}$）溶液。即得白色 $PbSO_4$ 沉淀。加入少许固体 NaAc，微热，并不断搅拌，沉淀是否溶解？解释上述现象。写出有关反应方程式。

根据实验现象并查阅手册，填写下表。

名称 \ 性质	颜　色	溶解性	溶度积（K_{sp}）
$PbCl_2$			
PbI_2			
$PbCrO_4$			
$PbSO_4$			
PbS			
SnS			
SnS_2			

4. Bi(Ⅲ) 的还原性和 Bi(Ⅴ) 的氧化性

在烧杯中加入少量的 $Bi(NO_3)_3$（$2mol \cdot L^{-1}$）溶液，加入 $NaOH$（$6mol \cdot L^{-1}$）溶液和氯水，混合后体系呈碱性。加热，观察实验现象。倾去溶液，洗涤沉淀，向其中加入浓盐酸，有何现象发生？如何鉴定生成的气体？

【注意事项】

1. $SnCl_2$（$0.1mol \cdot L^{-1}$）溶液的制备方法：称取 22.6g 的氯化亚锡（$SnCl_2 \cdot 2H_2O$）晶体，用 160mL 浓盐酸溶解，然后加入蒸馏水稀释到 1L。再加入数粒锡粒以防氧化。

2. 硫化钠溶液容易变质，可用硫化铵溶液代替。硫化铵的制备方法为：取一定量氨水，将其均分为两份，向其中一份通硫化氢至饱和，而后与另一份氨水混合。

【思考题】

1. 实验中如何配制氯化亚锡（Ⅱ）和氯化亚锡（Ⅳ）溶液？

2. 预测二氧化铅和浓盐酸反应的产物是什么？写出其反应方程式。

3. 今有未贴标签无色透明的氯化亚锡、四氯化锡溶液各一瓶，试设法鉴别。

实验 22　ds 区金属元素（铜、银、锌、镉、汞）

【实验目的】

1. 了解铜、银、锌、镉、汞氧化物或氢氧化物的酸碱性、硫化物的溶解性。

2. 掌握 Cu（Ⅰ）、Cu（Ⅱ）重要化合物的性质及相互转化条件。

3. 熟悉铜、银、锌、镉、汞的配位能力。

4. 掌握 Hg^{2+} 和 Hg_2^{2+} 的转化。

【实验用品】

试剂：$CuSO_4$（$0.2mol \cdot L^{-1}$）、$ZnSO_4$（$0.2mol \cdot L^{-1}$）、$CdSO_4$（$0.2mol \cdot L^{-1}$）、$NaOH$（$2mol \cdot L^{-1}$）、H_2SO_4（$2mol \cdot L^{-1}$）、$AgNO_3$（$0.1mol \cdot L^{-1}$）、HNO_3（$2mol \cdot L^{-1}$）、氨水（$2mol \cdot L^{-1}$）、$Hg(NO_3)_2$（$0.2mol \cdot L^{-1}$）、$NaOH$（40%）、Na_2S（$1mol \cdot L^{-1}$）、盐酸（$2mol \cdot L^{-1}$）、浓盐酸、王水、$AgNO_3$（$0.2mol \cdot L^{-1}$）、$Hg_2(NO_3)_2$（$0.2mol \cdot L^{-1}$）、葡萄糖（10%）、$NaOH$（$6mol \cdot L^{-1}$）、$CuCl_2$（$0.5mol \cdot L^{-1}$）、浓氨水、铜屑、KI（$0.2mol \cdot L^{-1}$）、$Na_2S_2O_3$（$0.5mol \cdot L^{-1}$）、$SnCl_2$（$0.2mol \cdot L^{-1}$）、$NaCl$（$0.2mol \cdot L^{-1}$）、汞

仪器：试管、烧杯、玻璃棒、酒精灯、离心机

【实验内容】

1. 铜、锌、镉氢氧化物的生成和性质

向 3 支分别盛有 0.5mL $CuSO_4$（$0.2mol \cdot L^{-1}$）、$ZnSO_4$（$0.2mol \cdot L^{-1}$）、$CdSO_4$（$0.2mol \cdot L^{-1}$）溶液的试管中滴加新配制的 $NaOH$（$2mol \cdot L^{-1}$）溶液，观察溶液颜色及状态。

将各试管中沉淀分成两份：一份加 H_2SO_4（$2mol \cdot L^{-1}$），另一份继续滴加 $NaOH$（$2mol \cdot L^{-1}$），观察现象，写出反应方程式。

2. 银、汞氧化物的生成和性质

（1）氧化银的生成和性质

取 0.5mL $AgNO_3$（$0.1mol \cdot L^{-1}$）溶液，滴加新配制的 $NaOH$（$2mol \cdot L^{-1}$）溶液，观察 Ag_2O（为什么不是 $AgOH$？）的颜色和状态。洗涤并离心分离沉淀，将沉淀分成两份：一份加入 HNO_3（$2mol \cdot L^{-1}$），另一份加入氨水（$2mol \cdot L^{-1}$）。观察现象，写出反应方程式。

（2）氧化汞的生成和性质

取 0.5mL Hg（NO₃）₂（0.2mol·L⁻¹）溶液，滴加新配制的 NaOH（2mol·L⁻¹）溶液，观察溶液颜色和状态。将沉淀分成两份：一份加入 HNO₃（2mol·L⁻¹），另一份加入 40% NaOH 溶液。观察现象，写出有关反应方程式。

3. 锌、镉、汞硫化物的生成和性质

往 3 支分别盛有 0.5mL ZnSO₄（0.2mol·L⁻¹）、CdSO₄（0.2mol·L⁻¹）、Hg（NO₃）₂（0.2mol·L⁻¹）溶液的离心试管中滴加 Na₂S（1mol·L⁻¹）溶液。观察沉淀的生成和颜色。将沉淀离心分离、洗涤，然后将每种沉淀分成三份：一份加入盐酸（2mol·L⁻¹），另一份中加入浓盐酸，再一份加入王水（自配），分别水浴加热。观察沉淀溶解情况。

根据实验现象并查阅有关数据，对铜、银、锌、镉、汞硫化物的溶解情况作出结论，并写出有关反应方程式。

硫化物	颜色	溶解性				K_{sp}
		盐酸（2mol·L⁻¹）	浓盐酸	浓硝酸	王水	
CuS						
Ag₂S						
ZnS						
CdS						
HgS						

4. 铜、银、锌、汞氨合物的生成

（1）往五支分别盛有 0.5mL CuSO₄（0.2mol·L⁻¹）、AgNO₃（0.2mol·L⁻¹）、ZnSO₄（0.2mol·L⁻¹）、Hg（NO₃）₂（0.2mol·L⁻¹）、Hg₂（NO₃）₂（0.2mol·L⁻¹）溶液的试管中滴加氨水（2mol·L⁻¹）。观察沉淀的生成，继续加入过量的氨水（2mol·L⁻¹），又有何现象发生？写出有关反应方程式。

比较 Cu^{2+}、Ag^+、Zn^{2+}、Hg^{2+}、Hg_2^{2+} 离子与氨水反应有什么不同。

（2）银镜反应。向上述 AgNO₃（0.2mol·L⁻¹）和氨水（2mol·L⁻¹）反应后溶液中加入 5 滴葡萄糖（10%）溶液，摇匀后静置于水浴中加热，观察试管壁银镜的生成。

5. 铜、银、汞的氧化还原性

（1）氧化亚铜的生成和性质

取 0.5mL CuSO₄（0.2mol·L⁻¹）溶液，滴加过量的 NaOH（6mol·L⁻¹）溶液，使起初生成的蓝色沉淀溶解成深蓝色溶液。然后在溶液中加入 1mL 10%葡萄糖溶液，混匀后微热，有黄色沉淀产生进而变成红色沉淀。写出有关反应方程式。

将沉淀离心分离、洗涤，然后沉淀分成两份：一份沉淀与 1mL H₂SO₄（2mol·L⁻¹）作用，静置一会，注意沉淀的变化。然后加热至沸，观察有何现象。另一份沉淀中加入 1mL浓氨水，振荡后，静置一段时间，观察溶液的颜色。放置一段时间后，溶液为什么会变成深蓝色？

（2）氯化亚铜的生成和性质

取 10mL CuCl₂（0.5mol·L⁻¹）溶液，加入 3mL 浓盐酸和少量铜屑，加热沸腾至其中液体呈深棕色（绿色完全消失）。取几滴上述溶液加入 10mL 蒸馏水中，如有白色沉淀产生，则迅速把全部溶液倾入 100mL 蒸馏水中，将白色沉淀洗涤至无蓝色为止。

取少许沉淀分成两份：一份与 3mL 浓氨水作用，观察有何变化。另一份与 3mL 浓盐酸作用，观察又有何变化。写出有关反应方程式。

（3）碘化亚铜的生成和性质

在盛有 0.5mL $CuSO_4$（$0.2mol \cdot L^{-1}$）溶液的试管中，边滴加 KI（$0.2mol \cdot L^{-1}$）溶液边振荡，溶液变为棕黄色（CuI 为白色沉淀、I_2 溶于 KI 呈黄色）。再滴加适量 $Na_2S_2O_3$（$0.5mol \cdot L^{-1}$）溶液，以除去反应中生成的碘。观察产物的颜色和状态，写出反应式。

6. 汞（Ⅱ）与汞（Ⅰ）的相互转化

（1）Hg^{2+} 的氧化性

在 5 滴 $Hg(NO_3)_2$（$0.2mol \cdot L^{-1}$）溶液中，逐滴加入 $SnCl_2$（$0.2mol \cdot L^{-1}$）溶液（由适量→过量）。观察现象，写出反应方程式。

（2）Hg^{2+} 转化为 Hg_2^{2+} 和 Hg_2^{2+} 的歧化分解

在 0.5mL $Hg(NO_3)_2$（$0.2mol \cdot L^{-1}$）溶液中，滴入 1 滴金属汞，充分振荡。用滴管把清液转入两支试管中（余下的汞要回收），在一支试管中加入 NaCl（$0.2mol \cdot L^{-1}$），另一支试管中滴入氨水（$2mol \cdot L^{-1}$），观察现象，写出反应式。

【思考题】

1. 在制备氯化亚铜时，能否用氯化铜和铜屑在用盐酸酸化呈微弱的酸性条件下反应？为什么？若用浓氯化钠溶液代替盐酸，此反应能否进行？为什么？

2. 根据钠、钾、钙、镁、铝、锡、铅、铜、银、锌、镉、汞的标准电极电势，推测这些金属的活动顺序。

3. 当二氧化硫通入硫酸铜饱和溶液和氯化钠饱和溶液的混合液时，将发生什么反应？能看到什么现象？试说明之。写出相应的反应方程式。

4. 选用什么试剂来溶解下列沉淀？

氢氧化铜，硫化铜，溴化铜，碘化银

5. 现有三瓶已失标签的硝酸汞、硝酸亚汞和硝酸银溶液。至少用两种方法鉴别之。

实验 23　常见阳离子的分离和鉴定Ⅰ

【实验目的】

1. 进一步掌握和巩固金属元素化合物的性质。

2. 了解常见阳离子混合液的分离和检出方法。

3. 巩固检出离子的基本操作。

【实验原理】

离子的基本性质是进行分离检出的基础。因而要想掌握分离检出的方法就要熟悉离子的基本性质。

离子的分离和鉴定是以各离子对试剂的不同反应为依据的。常见的阳离子有 20 多种，对它们进行个别检出时容易发生相互干扰。所以，对混合阳离子进行分析时，一般都是利用阳离子的某些共性先将它们分成几组，然后再根据其个性进行个别检出。同时，我们还需注意离子的分离和检出只有在一定的条件下才能进行。除了要熟悉离子的有关性质外，还要学会运用离子平衡（酸碱、沉淀、氧化还原、络合等平衡）的规律控制反应条件。

实验室常用的混合阳离子分组法有硫化氢系统法和两酸两碱系统法。本实验以两酸两碱系统为例（如图 3-13 所示），将常见的 20 多种阳离子分为六组，分别进行分离鉴定。采用两酸两碱法鉴定金属离子前，先分别鉴定出 NH_4^+、Fe^{2+} 和 Fe^{3+}。此法将阳离子分组后，然后再根据离子的特性，加以分离鉴定。

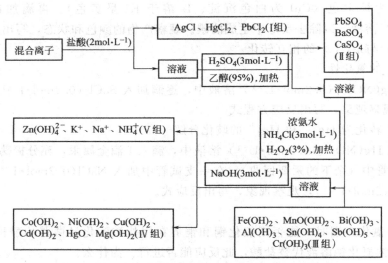

图 3-13　两酸两碱系统法分离混合金属阳离子示意图

根据 $PbCl_2$ 可溶于 NH_4Ac 和热水中，而 $AgCl$ 可溶于氨水中，可分离第一组金属离子并进行鉴定（图 3-14）。

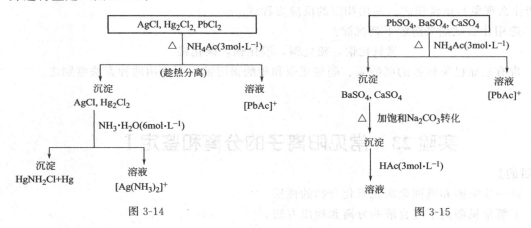

图 3-14　　　　　　　　　　　　　　　　　　　　图 3-15

第二组阳离子的分离见图 3-15 所示。第三组阳离子的分离见图 3-16 所示。第四组阳离子的分离见图 3-17 所示。将该组所得的沉淀溶于 $2.0\ mol \cdot L^{-1}$ 的 HNO_3 溶液中，得 Co^{2+}、Ni^{2+}、Cu^{2+}、Cd^{2+}、Hg^{2+}、Mg^{2+} 的混合溶液，将该溶液进行以下分离。

第五组阳离子为水溶性阳离子。易溶组阳离子虽然是在阳离子分组后最后一步获得的，但该组阳离子的鉴定 [除 $Zn(OH)_4^{2-}$ 外] 最好取原试液进行，以免阳离子分离中引入的大量 Na^+、NH_4^+ 对检验结果产生干扰。

【实验用品】

试剂：NaCl（$1\ mol \cdot L^{-1}$）、饱和六羟基锑（Ⅴ）酸钾溶液、KCl（$1\ mol \cdot L^{-1}$）、$NaHC_4H_4O_6$ 饱和溶液、$MgCl_2$（$0.5\ mol \cdot L^{-1}$）、NaOH（$6\ mol \cdot L^{-1}$）、镁试剂、$CaCl_2$（0.5 mol·

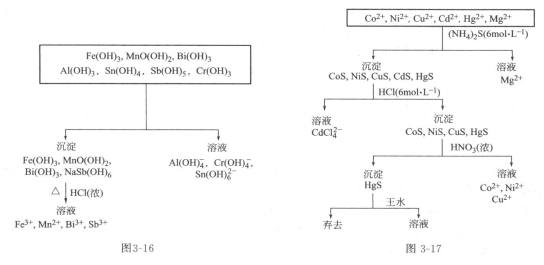

图 3-16　　　　　　　　　　　　　　　　图 3-17

L^{-1})、饱和草酸铵溶液、$HAc(6mol \cdot L^{-1})$、盐酸($2mol \cdot L^{-1}$)、$BaCl_2(0.5mol \cdot L^{-1})$、$HAc$($2mol \cdot L^{-1}$)、$NaAc(2mol \cdot L^{-1})$、$K_2CrO_4(1mol \cdot L^{-1})$、$SnCl_2(0.5mol \cdot L^{-1})$、$HgCl_2$($0.2mol \cdot L^{-1}$)、$Pb(NO_3)_2(0.5mol \cdot L^{-1})$、$K_2CrO_4(1mol \cdot L^{-1})$、$NaOH(2mol \cdot L^{-1})$、$SbCl_3(0.1mol \cdot L^{-1})$、浓盐酸、亚硝酸钠(s)、罗丹明 B 溶液、$Bi(NO_3)_3(0.5mol \cdot L^{-1})$、硫脲($2.5\%$)、$CuCl_2(0.5mol \cdot L^{-1})$、$K_4[Fe(CN)_6](0.5mol \cdot L^{-1})$、$AgNO_3(0.1mol \cdot L^{-1})$、氨水($6mol \cdot L^{-1}$)、$HNO_3$($6mol \cdot L^{-1}$)、$ZnSO_4$($0.2mol \cdot L^{-1}$)、硫氰酸汞铵溶液、$Cd$$(NO_3)_2(0.2mol \cdot L^{-1})$、$Na_2S(0.5mol \cdot L^{-1})$、$HgCl_2(0.2mol \cdot L^{-1})$

仪器：试管、烧杯、玻璃棒、酒精灯、离心机、离心试管

【实验内容】

1. 几种重要阳离子的鉴定

(1) Na^+ 鉴定：在盛有 $0.5mL$ $NaCl(1mol \cdot L^{-1})$ 溶液的试管中，加入 $0.5mL$ 饱和六羟基锑（Ⅴ）酸钾 $KSb(OH)_6$ 溶液，观察白色结晶状沉淀的产生。如无沉淀产生，可以用玻棒摩擦试管内壁，放置片刻，再观察。写出反应方程式。

(2) K^+ 的鉴定：在盛有 $0.5mL$ $KCl(1mol \cdot L^{-1})$ 溶液的试管中，加入 $0.5mL$ 饱和酒石酸氢钠 $NaHC_4H_4O_6$ 饱和溶液，如有白色结晶状沉淀产生，表示有 K^+ 存在。如无沉淀产生，可用玻棒摩擦试管壁，再观察。写出反应方程式。

(3) Mg^{2+} 的鉴定：在试管中加 2 滴 $MgCl_2$($0.5mol \cdot L^{-1}$) 溶液，再滴加 $NaOH$($6mol \cdot L^{-1}$) 溶液，直到生成絮状的 $Mg(OH)_2$ 沉淀为止。然后加入 1 滴镁试剂，搅拌之，生成蓝色沉淀，表示有 Mg^{2+} 存在。

(4) Ca^{2+} 的鉴定：取 $0.5mL$ $CaCl_2$($0.5mol \cdot L^{-1}$) 溶液于离心试管中，再加 10 滴饱和草酸铵溶液，有白色沉淀产生。离心分离，弃去清液。若白色沉淀不溶于 $HAc(6mol \cdot L^{-1})$ 溶液而溶于盐酸 ($2mol \cdot L^{-1}$)，表示有 Ca^{2+} 存在。写出反应式。

(5) Ba^{2+} 的鉴定：取 2 滴 $BaCl_2$($0.5mol \cdot L^{-1}$) 于试管中，加入 $HAc(2mol \cdot L^{-1})$ 和 $NaAc(2mol \cdot L^{-1})$ 各 2 滴，然后滴加 2 滴 $K_2CrO_4(1mol \cdot L^{-1})$，有黄色沉淀生成，表示有 Ba^{2+} 存在。写出反应式。

(6) Al^{3+} 的鉴定：取 2 滴 $AlCl_3$($0.5mol \cdot L^{-1}$) 溶液于小试管中，加 2～3 滴水，2 滴

HAc（2mol·L^{-1}）及 2 滴 0.1％铝试剂，搅拌后，置水浴上加热片刻，再加入 1～2 滴氨水（6mol·L^{-1}），有红色絮状沉淀产生，表示有 Al^{3+} 存在。

（7）Sn^{2+} 的鉴定：取 5 滴 SnCl$_2$（0.5mol·L^{-1}）试管中，逐滴加入 HgCl$_2$（0.2mol·L^{-1}）溶液，边加边振荡，若产生的沉淀由白色变为灰色，然后变为黑色，表示有 Sn^{2+} 存在。

（8）Pb^{2+} 的鉴定：取 5 滴 Pb（NO$_3$）$_2$（0.5mol·L^{-1}）试液于离心试管中，加 2 滴 K$_2$CrO$_4$（1mol·L^{-1}）溶液，如有黄色沉淀生成，在沉淀上滴加数滴 NaOH（2mol·L^{-1}）溶液，沉淀溶解，示有 Pb^{2+} 存在。

（9）Sb^{3+} 的鉴定：取 5 滴 SbCl$_3$（0.1mol·L^{-1}）试液于离心试管中，加 3 滴浓盐酸及数粒亚硝酸钠，将 Sb（Ⅲ）氧化为 Sb（Ⅴ），当无气体放出时，加数滴苯及 2 滴罗丹明 B 溶液，苯层显紫色，示有 Sb^{3+} 存在。

（10）Bi^{3+} 的鉴定：取 1 滴 Bi（NO$_3$）$_3$（0.5mol·L^{-1}）试液于试管中，加 1 滴 2.5％硫脲，生成鲜黄色配合物，示有 Bi^{3+} 存在。

（11）Cu^{2+} 的鉴定：取 1 滴 CuCl$_2$（0.5mol·L^{-1}）试液于试管中，加 1 滴 HAc（6mol·L^{-1}）溶液酸化，再加 1 滴亚铁氰化钾 K$_4$[Fe(CN)$_6$]（0.5mol·L^{-1}）溶液，生成红棕色 Cu$_2$[Fe(CN)$_6$] 沉淀，表示有 Cu^{2+} 存在。

（12）Ag$^+$ 的鉴定：取 5 滴 0.1mol·L^{-1} AgNO$_3$（0.1mol·L^{-1}）试液于试管中，加 5 滴盐酸（2mol·L^{-1}），产生白色沉淀。在沉淀中加入氨水（6mol·L^{-1}）至沉淀完全溶解。此溶液再用 HNO$_3$（6mol·L^{-1}）溶液酸化，生成白色沉淀，示有 Ag$^+$ 存在。

（13）Zn^{2+} 的鉴定：取 3 滴 ZnSO$_4$（0.2mol·L^{-1}）试液于试管中，加 2 滴 HAc（2mol·L^{-1}）溶液酸化，再加等体积硫氰酸汞铵（NH$_4$）$_2$[Hg(SCN)$_4$] 溶液，摩擦试管壁，生成白色沉淀，示有 Zn^{2+} 存在。

（14）Cd^{2+} 的鉴定：取 3 滴 Cd（NO$_3$）$_2$（0.2mol·L^{-1}）试液于小试管中，加入 2 滴 Na$_2$S（0.5mol·L^{-1}）溶液，生成亮黄色沉淀，示有 Cd^{2+} 存在。

（15）Hg^{2+} 鉴定：取 2 滴 HgCl$_2$（0.2mol·L^{-1}）试液于小试管中，逐滴加入 Na$_2$S（0.5mol·L^{-1}）溶液，边加边振荡，观察沉淀颜色变化过程，最后变为灰色，示有 Hg^{2+} 存在（该反应可作为 Hg^{2+} 或 Sn^{2+} 的定性鉴定）。

2. 未知阳离子混合液的分离和鉴定

有一混合溶液可能含有 Pb^{2+}、Ag$^+$、Cu^{2+}、Al^{3+}、Ba^{2+} 5 种阳离子。分析鉴定混合液中所含的阳离子。画出分离鉴定示意图，写出相关的化学反应方程式。

【思考题】

1. 溶解 CaCO$_3$、BaCO$_3$ 沉淀时，为什么用 HAc 而不用 HCl 溶液？

2. 用 K$_4$[Fe(CN)$_6$] 检出 Cu^{2+} 时，为什么要用 HAc 酸化溶液？

3. 在未知溶液分析中，当由碳酸盐制取铬酸盐沉淀时，为什么必须用醋酸溶液去溶解碳酸盐沉淀，而不用强酸如盐酸去溶解？

4. 在用硫代乙酰胺从离子混合试液中沉淀 Cd^{2+}、Hg^{2+}、Bi^{3+}、Pb^{2+} 等离子时，为什么要控制溶液的酸度为 0.3mol·L^{-1}？酸度太高或太低对分离有何影响？控制酸度为什么用盐酸而不用硝酸？在沉淀过程中，为什么还要加水稀释溶液？

5. 如何把 BaSO$_4$ 转化为 BaCO$_3$？与 Ag$_2$CrO$_4$ 转化为 AgCl 相比，哪一种转化比较容易？为什么？

实验 24　d 区金属元素 I（钛、钒、铬、锰）

【实验目的】

1. 掌握钛、钒、铬、锰主要氧化态化合物的重要性质。

2. 掌握铬、锰各氧化态之间相互转化的条件。

3. 练习沙浴加热操作。

【实验用品】

试剂：$TiO_2(s)$、浓 H_2SO_4、$H_2O_2(3\%)$、$NaOH(40\%)$、四氯化钛(1)、$(NH_4)_2SO_4$ $(1mol\cdot L^{-1})$、锌粒、$CuCl_2(0.2mol\cdot L^{-1})$、偏钒酸铵(s)、$NaOH(6mol\cdot L^{-1})$、浓盐酸、饱和偏钒酸铵溶液、$HCl(2mol\cdot L^{-1})$、$K_2Cr_2O_7(0.1mol\cdot L^{-1})$、$H_2SO_4(2mol\cdot L^{-1})$、$Na_2SO_3(0.1mol\cdot L^{-1})$、乙醚、$K_2CrO_4(0.1mol\cdot L^{-1})$、$BaCl_2(0.1mol\cdot L^{-1})$、$Pb(NO_3)_2$ $(0.1mol\cdot L^{-1})$、$AgNO_3(0.1mol\cdot L^{-1})$、$HNO_3(6mol\cdot L^{-1})$、$NaOH(0.2mol\cdot L^{-1})$、$MnSO_4(0.2mol\cdot L^{-1})$、$NH_4Cl(2mol\cdot L^{-1})$、$KMnO_4(0.01mol\cdot L^{-1})$、$NaBiO_3(s)$、$H_2SO_4$ $(1mol\cdot L^{-1})$

仪器：试管、烧杯、玻璃棒、酒精灯、离心机、蒸发皿、沙浴皿

【实验内容】

1. 钛的化合物的重要性质

(1) 二氧化钛的性质和过氧钛酸根的生成：在试管中加入米粒大小的二氧化钛粉末，然后加入 2mL 浓 H_2SO_4，再加入几粒沸石，摇动试管至近沸（注意防止浓硫酸溅出），观察试管的变化。冷却静置后，取 0.5mL 溶液，滴入 1 滴 3% 的 H_2O_2，观察现象。

另取少量二氧化钛固体，注入 2mL 40% NaOH 溶液，加热。静置后，取上层清液，小心滴入浓硫酸至溶液呈酸性，滴入几滴 3% H_2O_2，检验二氧化钛是否溶解。

(2) 钛(III) 化合物的生成和还原性

在盛有 0.5mL 硫酸氧钛的溶液（用液体四氯化钛和 $1mol\cdot L^{-1}$ $(NH_4)_2SO_4$ 按 1:1 的比例配成硫酸钛溶液）中，加入两个锌粒，观察颜色的变化，把溶液放置几分钟后，滴入几滴 $CuCl_2(0.2mol\cdot L^{-1})$ 溶液，观察现象。由上述现象说明钛(III) 的还原性。

2. 钒的化合物的重要性质

(1) 取 0.5 偏钒酸铵固体放入蒸发皿中，在沙浴上加热，并不断搅拌，观察并记录反应过程中固体颜色的变化，然后把产物分成四份。

在第一份固体中，加入 1mL 浓 H_2SO_4 振荡，放置。观察溶液颜色，固体是否溶解？在第二份固体中，加入 $NaOH(6mol\cdot L^{-1})$ 溶液加热。有何变化？在第三份固体中，加入少量蒸馏水，煮沸、静置，待其冷却后，用 pH 试纸测定溶液的 pH 值。在第四份固体中，加入浓盐酸，观察有何变化。微沸，检验气体产物，加入少量蒸馏水，观察溶液颜色。写出有关的反应方程式，总结五氧化二钒的特性。

(2) 过氧钒阳离子的生成：在盛有 0.5mL 饱和偏钒酸铵溶液的试管中，加入 0.5mL $HCl(2mol\cdot L^{-1})$ 溶液和 2 滴 3% H_2O_2 溶液，观察并记录产物的颜色和状态。

3. 铬的化合物的重要性质

(1) 铬(VI) 的氧化性：$Cr_2O_7^{2-}$ 转化为 Cr^{3+}

① 取 5 滴 $K_2Cr_2O_7(0.1mol\cdot L^{-1})$，加入 1 滴 $H_2SO_4(2mol\cdot L^{-1})$，再加入 5 滴 Na_2SO_3 $(0.1mol\cdot L^{-1})$ 溶液，观察现象；② 取 5 滴 $K_2Cr_2O_7(0.1mol\cdot L^{-1})$，加入 1 滴 H_2SO_4

（2mol·L^{-1}），再加入 10 滴乙醚和 2 滴 H$_2$O$_2$（3%）溶液，观察现象。写出相关的反应方程式。

（2）铬（Ⅵ）的缩合平衡：Cr$_2$O$_7^{2-}$ 与 CrO$_4^{2-}$ 的相互转化

①用 pH 试纸检测 K$_2$Cr$_2$O$_7$（0.1mol·L^{-1}）和 K$_2$CrO$_4$（0.1mol·L^{-1}）溶液的 pH 值。②取三份 K$_2$Cr$_2$O$_7$（0.1mol·L^{-1}）各 5 滴，分别加入 3 滴 0.1mol·L^{-1} 的 BaCl$_2$、Pb(NO$_3$)$_2$、AgNO$_3$ 溶液，观察沉淀的颜色，测定溶液的 pH 值。检测沉淀在 HNO$_3$（6mol·L^{-1}）中的溶解性。③取 2 滴 K$_2$Cr$_2$O$_7$（0.1mol·L^{-1}）溶液于试管中，逐渐滴加 NaOH（0.2mol·L^{-1}），观察现象，写出反应方程式。

4. 锰的化合物重要性质

（1）氢氧化锰（Ⅱ）的生成和性质

取 10mL MnSO$_4$（0.2mol·L^{-1}）溶液分成四份。

第一份：滴加 NaOH（0.2mol·L^{-1}）溶液，观察沉淀的颜色。振荡试管，有何变化？

第二份：滴加 NaOH（0.2mol·L^{-1}）溶液，产生沉淀后加入过量的 NaOH 溶液，沉淀是否溶解？

第三份：滴加 NaOH（0.2mol·L^{-1}）溶液，迅速加入盐酸（2mol·L^{-1}）溶液，有何现象发生？

第四份：滴加 NaOH（0.2mol·L^{-1}）溶液，迅速加入 NH$_4$Cl（2mol·L^{-1}）溶液，沉淀是否溶解？写出上述有关反应方程式。此实验说明 Mn(OH)$_2$ 具有哪些性质？

（2）Mn^{2+} 的还原性

①取 2 滴 MnSO$_4$（0.2mol·L^{-1}）溶液，加入 10 滴 KMnO$_4$（0.01mol·L^{-1}）溶液，观察现象，写出反应方程式。②取 5 滴 MnSO$_4$（0.2mol·L^{-1}）溶液，加入几滴 HNO$_3$（6mol·L^{-1}）酸化，再加入少量的 NaBiO$_3$ 固体，观察溶液的颜色变化，写出相应的反应方程式。

（3）高锰酸钾的性质

分别试验高锰酸钾溶液与亚硫酸钠溶液在酸性（1mol·L^{-1} H$_2$SO$_4$）、近中性（蒸馏水）、碱性（6mol·L^{-1} NaOH 溶液）介质中的反应，比较它们的产物因介质不同有何不同？写出反应式。

【思考题】

1. 在水溶液中能否有 Ti^{4+}、Ti^{2+} 或 TiO$_4^{4-}$ 等离子的存在？

2. 根据实验结果，总结钒的化合物的性质。

3. 根据实验结果，设计一张铬的各种氧化态转化关系图。

4. 在碱性介质中，氧能把锰（Ⅱ）氧化为锰（Ⅵ），在酸性介质中，锰（Ⅵ）又可将碘化钾氧化为碘。写出反应方程式，并解释以上现象。硫代硫酸钠标准可滴定析出碘的含量。

5. 黄色的 BaCrO$_4$ 沉淀溶解在浓盐酸溶液中时，为什么溶液变为绿色？

6. Mn(OH)$_2$ 是白色的，为什么在空气中逐渐变为棕色？写出反应方程式。

实验 25　d 区金属元素 Ⅱ（铁、钴、镍）

【实验目的】

1. 掌握二价铁、钴、镍的还原性和三价铁、钴、镍的氧化性。

2. 掌握铁、钴、镍配合物的生成及性质。

3. 掌握 Fe^{2+}、Fe^{3+}、Co^{2+} 和 Ni^{2+} 的鉴定方法。

【实验用品】

试剂：氯水、H_2SO_4（6mol·L^{-1}）、（NH_4）$_2Fe$（SO_4）$_2$（0.1mol·L^{-1}）、NaOH（6mol·L^{-1}）、$CoCl_2$（0.1mol·L^{-1}）、$NiSO_4$（0.1mol·L^{-1}）、NaOH（2mol·L^{-1}）、KI（0.5mol·L^{-1}）、CCl_4、$K_4[Fe(CN)_6]$（0.5mol·L^{-1}）、碘水、KSCN（0.5mol·L^{-1}）、H_2O_2（3%）、$FeCl_3$（0.2mol·L^{-1}）、浓氨水、氨水（6mol·L^{-1}）、H_2SO_4（1mol·L^{-1}）、戊醇、乙醚、KSCN（s）、（NH_4）$_2Fe$（SO_4）$_2$（s）、浓盐酸

仪器：试管、烧杯、玻璃棒、酒精灯、离心机、滴管

【实验内容】

1. 铁（Ⅱ）、铬（Ⅱ）、镍（Ⅱ）的化合物的还原性

（1）铁（Ⅱ）的还原性

① 酸性介质。往盛有 0.5mL 氯水的试管中加入 3 滴 H_2SO_4（6mol·L^{-1}）溶液，然后滴加（NH_4）$_2Fe$（SO_4）$_2$（0.1mol·L^{-1}）溶液，观察现象，写出反应式（如现象不明显，可滴加 1 滴 KSCN 溶液，出现红色，证明有 Fe^{3+} 生成）。

② 碱性介质。在一试管中放入 2mL 蒸馏水和 3 滴 H_2SO_4（6mol·L^{-1}）溶液煮沸，以赶尽溶于其中的空气，然后溶入少量硫酸亚铁铵晶体。在另一试管中加入 3mL NaOH（6mol·L^{-1}）溶液煮沸，冷却后，用一长滴管吸取 NaOH 溶液，插入（NH_4）$_2Fe$（SO_4）$_2$ 溶液（直至试管底部），慢慢挤出滴管中的 NaOH 溶液，观察产物颜色和状态。振荡后放置一段时间，观察又有何变化，写出反应方程式。产物留作下面实验用。

（2）钴（Ⅱ）和镍（Ⅱ）的还原性

① 往盛有 $CoCl_2$（0.1mol·L^{-1}）、$NiSO_4$（0.1mol·L^{-1}）溶液的试管中加入氯水，观察有何变化。

② 往盛有 1mL $CoCl_2$（0.1mol·L^{-1}）、$NiSO_4$（0.1mol·L^{-1}）溶液的试管中滴入稀 NaOH（2mol·L^{-1}）溶液，观察沉淀的生成。所得沉淀分成两份，一份置于空气中，一份加入新配制的氯水，观察有何变化，第二份留作下面实验用。

2. 铁（Ⅲ）、钴（Ⅲ）、镍（Ⅲ）的化合物的氧化性

（1）在前面实验中保留下来的氢氧化铁（Ⅲ）、氢氧化钴（Ⅲ）和氢氧化镍（Ⅲ）沉淀中均加入浓盐酸，振荡后各有何变化，并用碘化钾淀粉试纸检验所放出的气体。

（2）在上述制得的 $FeCl_3$ 溶液中加入 KI（0.5mol·L^{-1}）溶液，再加入 CCl_4。振荡后观察现象，写出反应方程式。

3. 配合物的生成

（1）铁的配合物

① 往盛有 1mL 亚铁氰化钾［六氰合铁（Ⅱ）酸钾］（0.5mol·L^{-1}）溶液的试管中，加入约 0.5mL 的碘水，摇动试管后，滴入数滴硫酸亚铁铵（0.1mol·L^{-1}）溶液，有何现象发生？此为 Fe^{2+} 的鉴定反应。

② 向盛有 1mL 新配制的（NH_4）$_2Fe$（SO_4）$_2$ 溶液的试管中加入碘水，摇动试管后，将溶液分成两份，各滴入数滴硫氰酸钾（0.5mol·L^{-1}）溶液，然后向其中一支试管中注入约 0.5mL 3% H_2O_2 溶液，观察现象。此为 Fe^{3+} 的鉴定反应。

③ 往 $FeCl_3$（0.2mol·L^{-1}）溶液中加入 $K_4[Fe(CN)_6]$（0.5mol·L^{-1}）溶液，写出反应方程式。这也是鉴定 Fe^{3+} 的一种常用方法。

④ 往盛有 0.5mL $FeCl_3$（$0.2mol \cdot L^{-1}$）的试管中滴入浓氨水直至过量，观察沉淀是否溶解。

（2）钴的配合物

① 往盛有 1mL $CoCl_2$（$0.1mol \cdot L^{-1}$）溶液的试管里加入少量硫氰酸钾固体，观察固体周围的颜色。再加入 0.5mL 戊醇和 0.5mL 乙醚，振荡后，观察水相和有机相的颜色，这个反应可用来鉴定 Co^{2+}。

② 往 0.5mL $CoCl_2$（$0.1mol \cdot L^{-1}$）溶液中滴加浓氨水，至生成的沉淀刚好溶解为止，静置一段时间后，观察溶液的颜色有何变化。

（3）镍的配合物：往盛有 2mL $NiSO_4$（$0.1mol \cdot L^{-1}$）的溶液中加入过量氨水（$6mol \cdot L^{-1}$），观察现象。静置片刻，再观察现象，写出离子反应方程式。把溶液分成四份：一份加入 NaOH（$2mol \cdot L^{-1}$）溶液，一份加入 H_2SO_4（$1mol \cdot L^{-1}$）溶液，一份加水稀释，一份煮沸，观察有何变化。

【思考题】

1. 制取 $Co(OH)_3$、$Ni(OH)_3$ 时，为什么要以 Co(Ⅱ)、Ni(Ⅱ) 为原料在碱性溶液中进行氧化，而不用 Co(Ⅲ)、Ni(Ⅲ) 直接制取？

2. 今有一瓶含有 Fe^{3+}、Cr^{3+} 和 Ni^{2+} 的混合液，如何将它们分离出来，请设计分离示意图。

3. 总结 Fe(Ⅱ、Ⅲ)、Co(Ⅱ、Ⅲ)、Ni(Ⅱ、Ⅲ) 所形成主要化合物的性质。

4. 向 $FeCl_3$ 溶液中加入 KSCN 溶液时出现血红色，但加入少量铁粉后，血红色消失，为什么？若是加入 NaF 溶液，会有何现象？为什么？

5. 有一浅绿色晶体 A，可溶于水得到溶液 B，于 B 中加入不含氧气的 NaOH（$6mol \cdot L^{-1}$）溶液，有白色沉淀 C 和气体 D 生成。C 在空气中逐渐变棕色，气体 D 使红色石蕊试纸变蓝。若将溶液 B 加以酸化再滴加一紫红色溶液 E，则得到浅黄色溶液 F，于 F 中加入黄血盐溶液，立即产生深蓝色的沉淀 G。若溶液 B 中加入 $BaCl_2$ 溶液，有白色沉淀 H 析出，此沉淀不溶于强酸。问 A、B、C、D、E、F、G、H 是什么物质，写出分子式和有关反应式。

实验 26　常见阳离子的分离和鉴定 Ⅱ

【实验目的】

1. 学会混合离子分离的方法，进一步巩固离子鉴定的条件和方法。
2. 熟练运用常见元素（Ag、Hg、Pb、Cu、Fe）的化学性质。

【实验原理】

离子混合溶液中诸组分若对鉴定不产生干扰，便可以利用特效反应直接鉴定某种离子。若共存的其他彼此干扰，就要选择适当的方法消除干扰。通常采用掩蔽剂消除干扰，这是一种比较简单、有效的方法。但在很多情况下，没有合适的掩蔽剂，就需要将彼此干扰组分分离。沉淀分离法是最经典的分离方法。

这种方法是向混合溶液中加入适当的沉淀剂，利用所形成的化合物溶解度的差异，使被鉴定组分与干扰组分分离。常用的沉淀剂有 HCl、H_2SO_4、NaOH、$NH_3 \cdot H_2O$、$(NH_4)_2CO_3$ 溶液等。由于元素在周期表中的位置使相邻元素在化学性质上表现出相似性，因此一种沉淀剂往往使具有相似性质的元素同时产生沉淀。这种沉淀剂称为产生沉淀的元素的组试剂。组试剂将元素划分为不同的组，逐渐达到分离的目的。

本次实验学习熟练运用 Ag^+、Hg^{2+}、Pb^{2+}、Cu^{2+} 和 Fe^{3+} 的化学性质，进行分离和鉴定。

【实验用品】

试剂：Ag^+、Hg^{2+}、Pb^{2+}、Cu^{2+}、Fe^{3+} 混合溶液（五种盐都是硝酸盐，其浓度均为 $10mg \cdot mL^{-1}$）、HAc（$6mol \cdot L^{-1}$）、锌粒、对氨基苯磺酸溶液 [0.5g 溶于 150mL HAc（$6mol \cdot L^{-1}$）中]、α-苯胺溶液、$K_4Fe(CN)_6$（$0.25mol \cdot L^{-1}$）、HCl（$2mol \cdot L^{-1}$）、K_2CrO_4（$2mol \cdot L^{-1}$）、HAc（$2mol \cdot L^{-1}$）、NaOH（$2mol \cdot L^{-1}$）、$NH_3 \cdot H_2O$（$6mol \cdot L^{-1}$）、HNO_3（$6mol \cdot L^{-1}$）、CH_3CSNH_2（15%）、H_2S 饱和溶液、饱和 NH_4Cl 溶液、Na_2S（$1mol \cdot L^{-1}$）、浓硝酸、NaAc（$1mol \cdot L^{-1}$）、H_2SO_4（$6mol \cdot L^{-1}$）、KI（$1mol \cdot L^{-1}$）、HCl（$6mol \cdot L^{-1}$）、$CuSO_4$（$0.2mol \cdot L^{-1}$）、碳酸钠(s)、亚硫酸钠(s)

仪器：试管、烧杯、玻璃棒、酒精灯、离心机、滴管、点滴板、电热炉

【实验内容】

1. NO_3^- 的鉴定

取 3 滴混合试液，加 HAc（$6mol \cdot L^{-1}$）溶液酸化后用玻棒取少量锌粒加入试液，搅拌均匀，使溶液中 NO_3^- 还原为 NO_2^{2-}。加对氨基苯磺酸与 α-苯胺溶液各一滴，有何现象？取混合溶液 20 滴，放入离心试管并按以下实验步骤进行分离和鉴定。

2. Fe^{3+} 的鉴定

取一滴试液加到白色点滴板凹穴，加 $K_4Fe(CN)_6$（$0.25mol \cdot L^{-1}$）一滴。观察沉淀的生成和颜色，该物质是何沉淀？

3. Ag^+、Pb^{2+} 和 Cu^{2+}、Hg^{2+}、Fe^{3+} 的分离及 Ag^+、Pb^{2+} 的分离和鉴定。

向余下试液中滴加 4 滴 HCl（$2mol \cdot L^{-1}$），充分振动，静置片刻，离心沉降，向上层清液中加 HCl（$2mol \cdot L^{-1}$）溶液以检查沉淀是否完全。吸出上层清液，编号溶液 1。用 HCl（$2mol \cdot L^{-1}$）溶液洗涤沉淀，编号沉淀 1。观察沉淀的生成和颜色，写出反应方程式。

(1) Pb^{2+} 和 Ag^+ 的分离及 Pb^{2+} 的鉴定　向沉淀 1 中加六滴水，在沸水浴中加热 3min 以上，并不时搅动。待沉淀沉降后，趁热取清液三滴于黑色点滴板上，加 K_2CrO_4（$2mol \cdot L^{-1}$）和 HAc（$2mol \cdot L^{-1}$）溶液各一滴，有什么生成？加 NaOH（$2mol \cdot L^{-1}$）溶液后又怎样？再加 HAc（$6mol \cdot L^{-1}$）溶液又如何？取清液后所余沉淀信为沉淀 2。

(2) Ag^+ 的鉴定　向沉淀 2 中加少量 $NH_3 \cdot H_2O$（$6mol \cdot L^{-1}$），沉淀是否溶解？再加入 HNO_3（$6mol \cdot L^{-1}$），沉淀重新生成。观察沉淀的颜色，并写出反应方程式。

4. Pb^{2+}、Hg^{2+}、Cu^{2+} 和 Fe^{3+} 的分离及 Pb^{2+}、Hg^{2+}、Cu^{2+} 的分离和鉴定

用氨水（$6mol \cdot L^{-1}$）将溶液 1 的酸度调至中性（加氨水约 3~4 滴），再加入体积约为此时溶液十分之一的 HCl（$2mol \cdot L^{-1}$）溶液（约 3~4 滴），将溶液的酸度调至 $0.2mol \cdot L^{-1}$。加 15 滴 5% CH_3CSNH_2，混匀后水浴加热 15min。然后稀释一倍再加热数分钟。静置冷却，离心沉降。向上层清液中加新制 H_2S 溶液检查沉淀是否完全。沉淀完全后离心分离，用饱和 NH_4Cl 溶液洗涤沉淀，所得溶液为溶液 2。通过实验判断溶液 2 中的离子。观察沉淀的生成和颜色。

(1) Hg^{2+} 和 Cu^{2+}、Pb^{2+} 的分离　在所得沉淀上加 5 滴 Na_2S（$1mol \cdot L^{-1}$）溶液，水浴加热 3min，并不时搅拌。再加 3~4 滴水，搅拌均匀后离心分离。沉淀用 Na_2S 溶液再处理

一次，合并清液，并编号溶液 3。沉淀用饱和 NH_4Cl 溶液洗涤，并编号沉淀 3。观察溶液 3 的颜色，讨论反应过程。

（2）Cu^{2+} 的鉴定　向沉淀 3 中加入浓硝酸（约 4～5 滴），加热搅拌，使之全部溶解，所得溶液编号为溶液 4。用玻璃棒将产物单质 S 弃去。取 1 滴溶液 4 于白色点滴板上，加 $NaAc(1mol \cdot L^{-1})$ 和 $K_4Fe(CN)_6(0.25mol \cdot L^{-1})$ 各 1 滴，有何现象？

（3）Pb^{2+} 的鉴定　取 3 滴溶液 4 于黑色点滴板上，加 1 滴 $NaAc(1mol \cdot L^{-1})$ 和 1 滴 $K_2CrO_4(1mol \cdot L^{-1})$，有什么变化？如果没有变化，请用玻棒摩擦。加入 $NaOH(2mol \cdot L^{-1})$ 后，再加 $HAc(6mol \cdot L^{-1})$，有什么变化？

（4）Hg^{2+} 的鉴定　向溶液 3 中逐滴加入 $H_2SO_4(6mol \cdot L^{-1})$，记下加入滴数。当加至 pH=3～5 时，再多加一半滴数的 H_2SO_4。水浴加热并充分搅拌。离心分离，用少量水洗涤沉淀。向沉淀中加 5 滴 $KI(1mol \cdot L^{-1})$ 和 2 滴 $HCl(6mol \cdot L^{-1})$ 溶液，充分搅拌，加热后离心分离。再用 KI 和 HCl 重复处理沉淀。合并两次离心液，往离心液中加 1 滴 $CuSO_4$ $(0.2mol \cdot L^{-1})$ 和少许 Na_2CO_3 固体，有什么生成？说明有哪种离子存在？

【思考题】

1. 每次洗涤沉淀所用洗涤剂都有所不同，例如洗涤 AgCl、$PbCl_2$ 沉淀用 HCl 溶液 $(2mol \cdot L^{-1})$，洗涤 PbS、HgS、CuS 沉淀用 NH_4Cl 溶液（饱和），洗涤 HgS 用蒸馏水，为什么？

2. 设计分离和鉴定下列混合离子的方案。

（1）Ag^+、Cu^{2+}、Al^{3+}、Fe^{3+}、Ba^{2+}、Na^+

（2）Pb^{2+}、Mn^{2+}、Zn^{2+}、Co^{2+}、Ba^{2+}、K^+

3. HgS 沉淀一步中，为什么选用 H_2SO_4 溶液酸化，而不选用 HCl 酸化？

第4章　无机制备实验

实验 27　硫酸亚铁铵的制备及纯度分析

【实验目的】

1. 学习硫酸亚铁铵的制备方法。
2. 练习水浴加热、减压过滤、结晶等基本操作。
3. 学习用目视比色法检验产品的质量等级。

【实验原理】

硫酸亚铁铵 $(NH_4)_2Fe(SO_4)_2 \cdot 6H_2O$，俗称莫尔盐，为浅绿色晶体，易溶于水，难溶于乙醇。由于硫酸亚铁铵晶体中的亚铁离子在空气中比其他一般的亚铁盐稳定，不易被氧化，所以在许多化学实验里，硫酸亚铁铵可以作为基准物质，用来直接配制标准溶液。在定量分析中常用于配制亚铁离子的标准溶液。

常用的制备方法是先用铁与稀硫酸作用制得硫酸亚铁，再用 $FeSO_4$ 与 $(NH_4)_2SO_4$ 在水溶液中等物质的量相互作用生成硫酸亚铁铵，由于复盐的溶解度比单盐要小，因此溶液经蒸发、浓缩、冷却后，复盐在水溶液中首先结晶，形成 $(NH_4)_2FeSO_4 \cdot 6H_2O$ 晶体。

1. 制备 $FeSO_4$

铁屑与稀硫酸作用，制得硫酸亚铁溶液：

$$Fe + H_2SO_4 \rule[0.5ex]{2em}{0.4pt} FeSO_4 + H_2 \uparrow$$

2. 制备 $(NH_4)_2SO_4 \cdot FeSO_4$

等物质的量的 $FeSO_4$ 与 $(NH_4)_2SO_4$ 生成溶解度较小的复盐硫酸亚铁铵晶体其分子式可写为 $(NH_4)_2Fe(SO_4)_2 \cdot 6H_2O$ 或 $(NH_4)_2SO_4 \cdot FeSO_4 \cdot 6H_2O$，在制备过程中，为了使 Fe^{2+} 不被氧化和水解，溶液需保持足够的酸度。

硫酸亚铁铵中杂质 Fe^{3+} 的含量，是影响其质量的重要指标之一。本实验利用 Fe^{3+} 能与 KSCN 生成血红色的配合物来检验 Fe^{3+} 的相对含量，以确定产品等级。

将样品配制成溶液，在一定条件下，与含一定量杂质离子的系列标准溶液进行比色或比浊，以确定杂质含量范围。如果样品溶液的颜色或浊度不深于标准溶液，则认为杂质含量低于某一规定限度，这种分析方法称为限量分析。

【实验用品】

试剂：铁粉、HCl（$2.0 mol \cdot L^{-1}$）、H_2SO_4（$3.0 mol \cdot L^{-1}$）、Na_2CO_3（$1.0 mol \cdot L^{-1}$）、NaOH（$1.0 mol \cdot L^{-1}$）、KSCN（$0.1 mol \cdot L^{-1}$）、乙醇（95%）。

仪器：锥形瓶、烧杯、量筒、台秤、抽滤装置、蒸发皿。

【实验内容】

1. 铁屑去油污：

称取 2g 铁屑，放于锥形瓶内，加入 20mL $1.0 mol \cdot L^{-1}$ Na_2CO_3 溶液，小火加热煮沸

10min，随时补充水量，以除去铁屑上的油污，用倾析法倒掉废碱液，并用水将铁屑洗净，把水倒掉。

2. FeSO₄ 的制备

往盛着铁屑的锥形瓶中加入 15mL 3.0mol·L⁻¹ H₂SO₄，放在水浴上加热（注意通风），在反应过程中，要适当补充蒸馏水，等铁屑与 H₂SO₄ 反应完毕，趁热普通过滤，分离溶液和残渣，滤液转移到蒸发皿内。

3. 硫酸亚铁铵的制备

（1）计算 FeSO₄ 产量

以铁屑的量为准，硫酸过量：

$$\frac{56}{152}=\frac{2}{m_{FeSO_4}} \qquad m_{FeSO_4}=5.43g$$

（2）计算（NH₄）₂SO₄ 的用量

$$\frac{152}{132}=\frac{5.43}{m_{(NH_4)_2SO_4}}$$

$$m_{(NH_4)_2SO_4}=4.72g\approx5g$$

按溶解度 73g/100g 计算，需要用水量

$$\frac{73}{100}=\frac{5}{m_{水}}$$

$$m_{水}=6.9g$$

硫酸铵在不同温度的溶解度数据　　　　　　（单位：g/100gH₂O）

温度/℃	10	20	30	40	50
溶解度	70.6	73.0	75.4	78.0	81.0

（3）水浴加热蒸发，浓缩到溶液表面有一层晶膜出现时，立即停止蒸发（蒸发过程中，不可搅拌）。取下蒸发皿，放置，让溶液自然冷却。

（4）减压过滤，用 5mL 95％乙醇洗涤晶体，以除去晶体表面水分，继续抽干。

（5）称重晶体。

（6）计算产率。

4. 质量检测：Fe³⁺ 的检验（限量分析）

（1）配制浓度为 0.0100mg·mL⁻¹ 的 Fe³⁺ 标准溶液

称取 0.0216g NH₄Fe(SO₄)₂·12H₂O 于烧杯中，先加入少量蒸馏水溶解，再加入 6mL 的 3mol·L⁻¹ H₂SO₄ 溶液酸化，用蒸馏水将溶液在 250mL 容量瓶中定容。此溶液中 Fe³⁺ 浓度即为 0.0100mg·mL⁻¹。

（2）配制标准色阶配制标准色阶

用移液管分别移取 Fe³⁺ 标准溶液 5.00、10.00、20.00mL 于比色管中，各加 1mL 3mol·L⁻¹ 的 H₂SO₄ 和 1mL 25％的 KSCN 溶液，再用新煮沸过放冷的蒸馏水将溶液稀释至 25mL，摇匀，即得到含 Fe³⁺ 量分别为 0.05mg（一级）、0.10mg（二级）和 0.20mg（三级）的三个等级的试剂标准液。

（3）产品等级的确定

称取 1g 硫酸亚铁铵晶体，加入 25mL 比色管中，用 15mL 不含氧的蒸馏水溶解，再加

1mL 3mol·L⁻¹ H₂SO₄ 和 1mL 25% KSCN 溶液，最后加入不含氧的蒸馏水将溶液稀释到 25mL，摇匀，与标准溶液进行目视比色，确定产品的等级。

【注意事项】

1. 在制备 $FeSO_4$ 时，水浴加热的温度不要超过 80℃，以免反应过于剧烈。

2. 在制备 $FeSO_4$ 时，保持溶液 pH≤1，以使铁屑与硫酸溶液的反应能不断进行。

3. 在检验产品中 Fe^{3+} 含量时，为防止 Fe^{2+} 被溶解在水中的氧气氧化，可将蒸馏水加热至沸腾，以赶出水中溶入的氧气。

4. 制备硫酸亚铁铵晶体时，溶液必须呈酸性，蒸发浓缩时不需要搅拌，不可浓缩至干。

【思考题】

1. 水浴加热时应注意什么问题？

2. 怎样确定所需要的硫酸铵用量？如何配制硫酸铵饱和溶液？

3. 为什么在制备硫酸亚铁时要使铁过量？

4. 为什么制备硫酸亚铁铵时要保持溶液有较强的酸性？

实验 28　碳酸钠的制备

【实验目的】

1. 通过实验了解联合制碱法的反应原理。

2. 学会利用各种盐类溶解度的差异并通过复分解反应来制取盐的方法。

【实验原理】

碳酸钠又名苏打，工业上叫纯碱。用途很广，工业上的联合制碱法是将二氧化碳和氨气通入氯化钠溶液中，先生成碳酸氢钠，再高温下灼烧，使它失去一部分二氧化碳，转化为碳酸钠。反应方程式：

$$NH_3 + CO_2 + H_2O + NaCl =\!=\!= NaHCO_3 \downarrow + NH_4Cl$$

$$NaHCO_3 \xrightarrow{\triangle} Na_2CO_3 + H_2O + CO_2 \uparrow$$

在第一个反应中，实质上是碳酸氢铵与氯化钠在水溶液中的复分解反应，因此本实验直接用碳酸氢铵与氯化钠作用来制取碳酸氢钠，反应方程式：

$$NH_4HCO_3 + NaCl =\!=\!= NH_4Cl + NaHCO_3 \downarrow$$

NH_4Cl、$NaCl$、NH_4HCO_3 和 $NaHCO_3$ 同时存在于水溶液中，是一个复杂的四元交互体系。它们在水溶液中的溶解度互相发生影响。不过，根据各纯净盐不同温度下在水中的溶解度的互相对比，也仍然可以粗略地判断出以上反应体系中分离几种盐的最佳条件和适宜的操作步骤。各种纯净盐在水中溶解度见下表：

各种纯净盐在水中溶解度

溶质 \ 溶解度/(g/100g 水) \ 温度℃	0	10	20	30	40	50	60
NaCl	35.1	35.8	36.0	36.3	36.6	37.0	37.3
NH₄HCO₃	11.9	15.8	21.0	27.0			
NaHCO₃	6.9	8.2	9.6	11.1	12.7	14.4	16.4
NH₄Cl	29.4	33.3	37.2	41.4	45.8	50.4	55.2

　　当温度超过 35℃，NH_4HCO_3 就开始分解，所以反应温度不能超过 35℃。但温度太低又影响了 NH_4HCO_3 的溶解度。故反应温度又不宜低于 30℃。另外从上表还可以看出 $NaHCO_3$ 在 30～35℃ 温度范围内的溶解度在四种盐中是最低的，所以将研细的固体 NH_4HCO_3 溶于浓的 NaCl 溶液中，在充分搅拌下，就析出 $NaHCO_3$ 晶体。

【实验用品】

　　试剂：碳酸氢铵、氯化钠、酚酞指示剂溶液（0.5%）、甲基橙指示剂（$0.1mol \cdot L^{-1}$）、HCl 标准溶液（$0.1mol \cdot L^{-1}$）。

　　仪器：恒温水浴锅、500mL 烧杯、布氏漏斗、抽滤瓶、真空泵、温度计。

【实验内容】

1. 化盐与精制

　　往 250mL 烧杯中加入 100mL 24%～25% 的粗盐水溶液。用 $3mol \cdot L^{-1}$ NaOH 和 $3mol \cdot L^{-1}$ Na_2CO_3 组成 1∶1（体积比）的混合溶液调至 pH＝11 左右，得到胶状沉淀 [$Mg_2(OH)_2CO_3$，$CaCO_3$]，加热至沸，抽滤，分离沉淀。将滤液用 $6mol \cdot L^{-1}$ HCl 调 pH 至 7。

2. 转化

　　将盛有滤液的烧杯放在水浴上加热，控制溶液温度在 30～35℃ 之间。在不断搅拌下，分多次把 6.3g 研细的碳酸氢铵加入滤液中。加完后继续保温搅拌半小时，使反应充分进行。静置，抽滤，得到 $NaHCO_3$ 晶体，用少量水洗涤二次（除去沾附的铵盐）。再抽干。称湿重。母液回收，留作制取 NH_4Cl 之用。

3. 制纯碱

　　将抽干的 $NaHCO_3$ 放入蒸发皿中，在煤气灯上灼烧 2 小时，即得到纯碱。冷却到室温，称重。

4. 碳酸钠含量的测定

　　在分析天平上准确称取二份纯碱（产品）m(g)（准确到 0.0001g，m 一般为 0.25g 左右），将其中一份放入锥形瓶中用 100mL 蒸馏水溶解，加酚酞指示剂 2 滴，用已知准确浓度为 $0.1mol \cdot L^{-1}$ 的盐酸溶液滴定至使溶液由红到近无色，记下所用盐酸的体积 V_1，再加 2 滴甲基橙指示剂，这时溶液为黄色，继续用上述盐酸溶液滴定，使溶液由黄至橙，加热煮沸 1～2min，冷却后，溶液又为黄色，再用盐酸滴至橙色，半分钟不退为止。记下所用盐酸的总体积 V_2（V_2 包括 V_1）。

　　按下式计算碳酸钠的百分含量。

$$w_{Na_2CO_3} = \frac{c_{HCl} \times V_1 \times 10^{-3} \times M_{Na_2CO_3}}{m} \times 100\%$$

　　式中，$M_{Na_2CO_3}$ 为 Na_2CO_3 的摩尔质量，$g \cdot mol^{-1}$。

　　提示：

　　第一步滴定以酚酞为指示剂，其滴定终点反应为：

$$CO_3^{2-} + H^+ \Longrightarrow HCO_3^-$$

所以中和样品中全部 Na_2CO_3 所消耗的盐酸体积应为 V_1 的二倍（$2V_1$）。而中和样品中 $NaHCO_3$ 所消耗的盐酸体积则为 $V_2 - 2V_1$。

　　碳酸氢钠的百分含量计算如下：

$$w_{NaHCO_3} = \frac{c_{HCl}(V_2 - 2V_1) \times \dfrac{M_{NaHCO_3}}{1000}}{m} \times 100\%$$

式中，M_{NaHCO_3} 为 $NaHCO_3$ 的摩尔质量，$g \cdot mol^{-1}$。

纯碱的产率计算：

理论产量：由粗盐（按 90%）计算。

实际产量：由产品质量 × Na_2CO_3 的百分含量。

$$产率 = \frac{实际产率}{理论产率} \times 100\%$$

另一份样品按上述实验步骤及计算方法重复一遍，将数据结果汇总于下表。

纯碱的分析数据及 Na_2CO_3 产率

实验次数	样品重 m/g	HCl 体积/mL		HCl 浓度 /mol·L^{-1}	$w_{Na_2CO_3}$	w_{NaHCO_3} 含量	Na_2CO_3 产率
		V_1	V_2				
1							
2							

【思考题】

1. 为什么计算 Na_2CO_3 产率时要根据 NaCl 用量？影响 Na_2CO_3 产率的因素有哪些？

2. 氯化钠不预先提纯将对产品有何影响？为什么氯化钠中的硫酸根离子不用预先除去？

实验 29　硫代硫酸钠的制备及含量测定

【实验目的】

1. 学习亚硫酸钠法制备硫代硫酸钠的原理和方法。

2. 学习硫代硫酸钠的检验方法。

【实验原理】

硫代硫酸钠是最重要的硫代硫酸盐，俗称"海波"，又名"大苏打"，是无色透明单斜晶体。易溶于水，不溶于乙醇，具有较强的还原性和配位能力，是冲洗照相底片的定影剂，棉织物漂白后的脱氯剂，定量分析中的还原剂。有关反应如下：

$$2AgBr + 2Na_2S_2O_3 \Longrightarrow [Ag(S_2O_3)_2]^{3-} + 2NaBr$$

$$2Ag^+ + S_2O_3^{2-} \Longrightarrow Ag_2S_2O_3$$

$$Ag_2S_2O_3 + H_2O \Longrightarrow Ag_2S \downarrow + H_2SO_4 \quad （此反应用作 S_2O_3^{2-} 的定性鉴定）$$

$$2S_2O_3^{2-} + I_2 \Longrightarrow S_4O_6^{2-} + 2I^-$$

$Na_2S_2O_3 \cdot 5H_2O$ 的制备方法有多种，其中亚硫酸钠法是工业和实验室中的主要方法：

$$Na_2SO_3 + S + 5H_2O \Longrightarrow Na_2S_2O_3 \cdot 5H_2O$$

反应液经脱色、过滤、浓缩结晶、过滤、干燥即得产品。

$Na_2S_2O_3 \cdot 5H_2O$ 于 40～45℃熔化，48℃分解，因此，在浓缩过程中要注意不能蒸发过度。

【实验用品】

试剂：Na_2SO_3、硫黄粉、乙醇、$AgNO_3$($0.1mol \cdot L^{-1}$)、KBr($0.1mol \cdot L^{-1}$)、碘水。

仪器：试管、烧杯、布氏漏斗、抽滤泵、泥三角、点滴板。

【实验内容】

1. 硫代硫酸钠制备

　　称取 5.0g Na_2SO_3（0.04mol）于 100mL 烧杯中，加 30mL 去离子水搅拌溶解。取 1.5g 硫磺粉于 100mL 烧杯中，加 1mL 乙醇充分搅拌均匀，再加入 Na_2SO_3 溶液，隔石棉网小火加热，在保持沸腾状态不少于 40min，至硫黄粉几乎全部反应（此时溶液体积不应少于 20mL，若太少可加水补充）。趁热过滤至蒸发皿中，于泥三角上小火水浴加热，蒸发浓缩至溶液呈微黄色浑浊。冷却室温，既有大量晶体析出（若冷却时间较长而无晶体析出，可搅拌或加入一粒 $Na_2S_2O_3$ 晶体促使晶体析出）。减压过滤，滤液回收。晶体用乙醇洗涤，用滤纸吸干后，称重，计算产率。

　　2. 产品检验

　　（1）取一粒硫代硫酸钠晶体于点滴板的一个孔穴中，加入几滴去离子水使之溶解，再加两滴 $0.1mol \cdot L^{-1}$ $AgNO_3$，观察现象，写出反应方程式。

　　（2）取一粒硫代硫酸钠晶体于试管中，加 1mL 去离子水使之溶解，再分成两份，滴加碘水，观察现象，写出反应方程式。

　　（3）取 10 滴 $0.1mol \cdot L^{-1}$ $AgNO_3$ 于试管中，加 10 滴 $0.1mol \cdot L^{-1}$ KBr，静置沉淀，弃去上清液。另取少量硫代硫酸钠晶体于试管中，加 1mL 去离子水使之溶解。将硫代硫酸钠溶液迅速倒入 AgBr 沉淀中，观察现象，写出反应方程式。

【注意事项】

　　1. 蒸发浓缩时，速度太快，产品易于结块；速度太慢，产品不易形成结晶。

　　2. 反应中的硫黄用量已经是过量的，不需再多加。

　　3. 实验过程中，浓缩液终点不易观察，有晶体出现即可。

【思考题】

　　1. 硫磺粉稍有过量，为什么？

　　2. 为什么加入乙醇？目的何在？

　　3. 蒸发浓缩时，为什么不可将溶液蒸干？

　　4. 减压过滤后晶体要用乙醇来洗涤，为什么？

实验 30　过氧化钙的制备及含量分析

【实验目的】

　　1. 掌握制备过氧化钙的原理和方法。

　　2. 掌握过氧化钙含量的分析方法。

　　3. 巩固无机制备及化学分析的基本操作。

【实验原理】

　　纯净的 CaO_2 是白色的结晶粉末，工业品因含有超氧化物而呈淡黄色；难溶于水，不溶于乙醇、乙醚；其活性氧含量为 22.2%；在室温下是稳定的，加热至 300℃ 时则分解为 CaO 和 O_2：

$$2CaO_2 \xrightarrow{300℃} 2CaO + O_2 \uparrow$$

在潮湿的空气中也能够分解：

$$CaO_2 + H_2O = Ca(OH)_2 + H_2O_2$$

与稀酸反应生成盐和 H_2O_2：

$$CaO_2 + 2H^+ === Ca^{2+} + H_2O_2$$

在 CO_2 作用下，会逐渐变成碳酸盐，并放出氧气：

$$2CaO_2 + 2CO_2 === 2CaCO_3 + O_2\uparrow$$

过氧化钙水合物 $CaO_2 \cdot 8H_2O$ 在 0℃ 时是稳定的，但是室温时经过几天就分解了，加热至 130℃，就逐渐变为无水过氧化物 CaO_2。

本实验先由钙盐法制取 $CaO_2 \cdot 8H_2O$，再经脱水制得 CaO_2。

钙盐法制 CaO_2：用可溶性钙盐（如氯化钙、硝酸钙等）与 H_2O_2、$NH_3 \cdot H_2O$ 反应。即

$$Ca^{2+} + H_2O_2 + 2NH_3 \cdot H_2O + 6H_2O === CaO_2 \cdot 8H_2O(s) + 2NH_4^+$$

该反应通常在 $-3 \sim 2$℃ 下进行。

【实验用品】

试剂：$CaCl_2$（或 $CaCl_2 \cdot 6H_2O$）、H_2O_2（30%）、$NH_3 \cdot H_2O$（2mol·L^{-1}）、无水乙醇、$KMnO_4$（0.0100mol·L^{-1}）、H_2SO_4（2mol·L^{-1}）、KI(s)、HAc(36%)、$Na_2S_2O_3$（0.01mol·L^{-1}）标准溶液、淀粉溶液（1%）、HCl(2mol·L^{-1})。

仪器：台秤、分析天平、烧杯、吸滤装置、点滴板、P_2O_5 干燥器、25mL 碘量瓶、微量滴定管、表面皿、温度计。

【实验内容】

1. 过氧化钙的制备

在小烧杯中加入 1.5mL 去离子水，边搅拌边加入 $CaCl_2$ 1.11g（或 $CaCl_2 \cdot 6H_2O$ 2.22g），使其溶解；用冰水将 $CaCl_2$ 溶液和 5mL 30% H_2O_2 溶液冷却至 0℃ 左右，然后混合，在边冷却边搅拌下逐渐滴加 6mol·L^{-1} $NH_3 \cdot H_2O$ 4mL，静置冷却结晶；在微型抽滤瓶上过滤，用冷却至 0℃ 的去离子水洗涤沉淀 2～3 次，再用无水乙醇洗涤 2 次，然后将晶体置于表面皿上移至烘箱中，在 130℃ 下烘烤 20min，再放在 P_2O_5 干燥器中干燥至恒重，称重，计算产率。

将滤液用 2mol·L^{-1} HCl 调至 pH 为 3～4，然后放在小烧杯（或蒸发皿）中，于石棉网（或泥三角）上小火加热浓缩，可得到副产品 NH_4Cl 晶体。

2. 产品检验

(1) CaO_2 的定性鉴定

在点滴板上滴一滴 0.0010mol·L^{-1} $KMnO_4$ 溶液，加一滴 2mol·L^{-1} H_2SO_4 酸化，然后加入少量的 CaO_2 粉末搅匀，若有气泡逸出，且 MnO_4^- 褪色，证明有 CaO_2 的存在。

(2) CaO_2 的含量测定

于干燥的 25mL 碘量瓶中称取 0.0300g CaO_2 晶体，加 3mL 去离子水和 0.4000g KI (s)，摇匀。在暗处放置 30min，加 4 滴 36% HAc，用 0.01mol·L^{-1} $Na_2S_2O_3$ 标准溶液滴定至近终点时，加 3 滴 1% 淀粉溶液，然后继续滴定至蓝色恰好消失。同时作空白试验。

CaO_2 含量的计算如下：

$$w(CaO_2) = \frac{c(V_1 - V_2) \times 0.0721\text{g} \cdot \text{mmol}^{-1}}{2m} \times 100\%$$

式中，V_1 为滴定样品时所消耗的 $Na_2S_2O_3$ 溶液的体积，mL；V_2 为空白实验时所消耗

的 $Na_2S_2O_3$ 溶液的体积，mL；c 为 $Na_2S_2O_3$ 标准溶液的浓度，$mol \cdot L^{-1}$；m 为样品的质量，g；0.0721 为每毫摩尔 CaO_2 的质量，g。

【注意事项】

1. 保证实验温度在 0℃ 左右。
2. 称量 $CaCl_2$ 时速度要快，以免潮解。
3. 在烧杯中先加入水，然后再加入 $CaCl_2$，以防结块。
4. CaO_2 含量的测定要及时进行，以免吸收 CO_2，转变为 $CaCO_3$。
5. 如果没有 25mL 的碘量瓶，可用 25mL 磨口带塞锥形瓶代替。

【思考题】

1. CaO_2 如何储存？为什么？
2. 写出在酸性条件下用 $KMnO_4$ 定性鉴定 CaO_2 的反应方程式。

实验 31　微波辐射合成磷酸锌

【实验目的】

1. 了解磷酸锌的微波合成原理和方法。
2. 掌握无机化合物制备与分离技术中浸取、洗涤、分离等基本操作。

【实验原理】

微波是一种不会导致电离的高频电磁波，可被封闭在炉箱的金属壁内，形成一个类似小型电台的电磁波发射系统。由磁控管发出的微波能量场不断转换方向，像磁铁一样在食物分子的周围形成交替的正、负电场，使其正、负极以及食物内所含的正、负离子随之换向，即引起剧烈快速的振动或振荡。当微波作用时，这种振荡可达每秒 25 亿次，从而使食物内部产生大量的摩擦热。最高可达 200℃，4～5min 内可使水沸腾。特点是微波从各表面、顶端及四周同时作用，所以均匀性好。

磷酸锌 $[Zn_3(PO_4)_2 \cdot 2H_2O]$ 是一种新型防锈颜料，利用它可配制各种防锈涂料，后者可代替氧化铅作为底漆。它的合成通常是用硫酸锌、磷酸和尿素在水浴加热下反应，反应过程中尿素分解放出氨气并生成铵盐，过去反应需要 4h 才完成。本实验采用微波加热条件下进行反应，反应时间缩短为 15min。反应式为：

$$3ZnSO_4 + 2H_3PO_4 + 3(NH_2)_2CO + 7H_2O \Longrightarrow Zn_3(PO_4)_2 \cdot 4H_2O + 3(NH_4)_2SO_4 + 3CO_2 \uparrow$$

所得的四水合晶体在 110℃ 烘箱中脱水即得二水合晶体。

【实验用品】

试剂：$ZnSO_4 \cdot 7H_2O$、尿素、磷酸、无水乙醇。

仪器：微波炉、台秤、吸滤装置、烧杯、表面皿。

【实验内容】

称取 2.0g 硫酸锌于 100mL 烧杯中，加 1.0g 尿素和 1.0mL H_3PO_4，再加 20mL 水搅拌溶解，把烧杯置于 250mL 烧杯水浴（含 150mL 水）中，盖上表面皿，放进微波炉里，以大火档（约 700W）辐射 19min，烧杯内隆起白色沫状物，停止辐射加热后，取出烧杯，用蒸馏水浸取，洗涤数次，抽滤。晶体用水洗涤至滤液无 SO_4^{2-}。产品在 110℃ 烘箱中脱水得 $Zn_3(PO_4)_2 \cdot 2H_2O$，称量计算产率。

【注意事项】

1. 合成反应完成时，溶液的 pH＝5～6 左右；加尿素的目的是调节反应体系的酸碱性。

2. 晶体最好洗涤至近中性再抽滤。

3. 微波辐射对人体会造成损害。市售微波炉在防止微波泄漏上有严格的措施，使用时要遵照有关操作程序与要求进行，以免造成伤害。

【思考题】

1. 制备磷酸锌的方法还有哪些？

2. 为什么微波辐射加热能显著缩短反应时间，使用微波炉要注意哪些事项？

附注

介电常数又称为"电容率"或"相对电容率"。在同一电容器中用某一物质作为电介质时的电容与其中为真空时电容的比值称为该物质的"介电常数"。介电常数通常随温度和介质中传播的电磁波的频率而变。电容器用的电介质要求具有较大的介电常数，以便减小电容器的体积和重量。

实验 32　十二磷钨酸的制备

【实验目的】

1. 掌握十二磷钨酸的制备方法。

2. 加深对杂多酸的了解。

【实验原理】

杂多酸作为一种新型催化剂，近年来已广泛应用于石油化工、冶金、医药等许多领域。在碱性溶液中 W(Ⅵ) 以正钨酸根 WO_4^{2-} 存在，随着溶液 pH 减小，逐渐聚合为多酸根离子。在上述聚合过程中，加入一定量的磷酸盐或硅酸盐，则可生成有确定组成的钨杂多酸根离子，如 $[PW_{12}O_{40}]^{3-}$ 等。这类钨杂多酸在水溶液中结晶时，得到高水合状态的杂多酸（盐）结晶 $H_m[XW_{12}O_{40}] \cdot nH_2O$，后者易溶于水及有机溶剂（乙醚、丙酮等），遇碱分解，在酸性水溶液中较稳定。本实验利用钨杂多酸在强酸溶液中易与乙醚生成加合物而被乙醚萃取的性质来制备十二磷钨酸。

【实验用品】

仪器：烧杯、分液漏斗、蒸发皿、量筒、玻璃搅拌棒、布氏漏斗、抽滤瓶、石棉网、酒精灯、水浴锅等。

试剂：$Na_2WO_4 \cdot 2H_2O$、NaH_2PO_4、浓盐酸、乙醚、HCl（6mol·L^{-1}）。

【实验内容】

称取 10.0g $Na_2WO_4 \cdot 2H_2O$ 和 0.7g NaH_2PO_4 溶于 20mL 蒸馏水中，加热搅拌使其溶解，在微沸下缓慢滴加 4mL 浓 HCl，同时搅拌，调 pH＝2。开始滴入 HCl 有黄钨酸沉淀出现，要继续滴加 HCl，至不再有黄色沉淀时，便可停加 HCl（此过程约需 10min）。

减压过滤，滤液冷却至室温，转移到分液漏斗中，加入 8mL 乙醚，再加入 2mL 6mol·L^{-1} HCl，充分振荡萃取后，静置。分出下层油状物到另一个分液漏斗中，再加入 2mL 浓 HCl、8mL 水和 4mL 乙醚，剧烈振荡后，静置（此时油状物应澄清无色，如颜色偏黄可继续萃取 1～2 次），分出澄清的第三相（在哪一层？）于蒸发皿中，加入少量蒸馏水（15～20

滴），搅拌几下，在 60℃ 水浴上蒸发浓缩，直至液体表面有晶膜出现为止。冷却，待乙醚完全挥发后，得无色透明的十二磷钨酸晶体。

【思考题】

1. 萃取分离时，静置后溶液分三层，请问每层各为何物？
2. 使用乙醚时，要注意哪些事项？

实验 33　次氯酸钠、氯酸钾的制备

【实验目的】

1. 掌握氯酸盐、氯气、次氯酸钠的制备方法。
2. 掌握气体发生的方法和仪器的安装。
3. 了解氯酸钾、氯气、次氯酸钠的安全操作。

【实验用品】

试剂：HCl(浓)、NaOH($2mol \cdot L^{-1}$)、KOH(30%)、$Na_2S_2O_3$($0.5mol \cdot L^{-1}$)、$MnSO_4$($0.2mol \cdot L^{-1}$)、品红溶液、KI($0.2mol \cdot L^{-1}$)、H_2SO_4($1mol \cdot L^{-1}$)、$KMnO_4$(s)、硫(s)、$KClO_3$(s)。

仪器：铁架台、石棉网、三角架、蒸馏烧瓶、烧杯、大试管、分液漏斗、滴管、研钵、表面皿、燃烧匙、煤气灯（或酒精灯）、T形管、自由夹。

材料：玻璃管、棉花、橡皮管、碘化钾淀粉试纸。

【实验内容】

1. 氯酸钾和次氯酸钠的制备

本实验先用二氧化锰与浓盐酸反应制取氯气，然后将氯气通入热的浓氢氧化钾溶液制备氯酸钾，再将氯气通入冷的稀氢氧化钠溶液制备次氯酸钠。

$$MnO_2 + 4HCl(浓) = MnCl_2 + Cl_2 \uparrow + H_2O$$
$$6KOH + 3Cl_2 = KClO_3 + 5KCl + 3H_2O$$
$$2NaOH + Cl_2 = NaCl + NaClO + H_2O$$

实验装置见图 3-18。蒸馏烧瓶中装有 15.0g 二氧化锰，分液漏斗中装有 30mL 浓盐酸。试管 A 中装有 15mL 30% 的氢氧化钾溶液，插入装有热水的烧杯中，温度保持在 70～80℃。试管 B 中装有 15mL $2mol \cdot L^{-1}$ 氢氧化钠溶液，插入装有冰水的烧杯中，烧杯 C 中装有 $2mol \cdot L^{-1}$ 氢氧化钠溶液，以吸收多余的氯气，烧杯上方覆盖浸过硫代硫酸钠溶液的纱布或棉花（起什么作用？为什么？）。

检查装置气密性（如何检查？）。在确保系统严密后，旋开分液漏斗活塞，点燃氯气发生器的酒精灯，让浓盐酸缓慢而均匀地滴入蒸馏瓶中，反应生成的氯气均匀地通过 A、B、C 管。当 A 管中碱液先呈黄色，进而出现大量小气泡，溶液由黄色转变为无色时，停止加热氯气发生器。待反应停止后，向蒸馏烧瓶中注入大量水，然后拆除装置，回收废液。冷却试管 A 中的溶液，析出氯酸钾晶体。过滤，用极少量冷水洗涤晶体一次，用倾析法倾去溶液。把晶体移至表面皿上，用滤纸吸干。所得氯酸钾、B 管中的次氯酸钠、C 管中的氯水溶液留作下面的实验用。

记录现象，写出蒸馏烧瓶、A 管、B 管中发生的化学反应方程式。

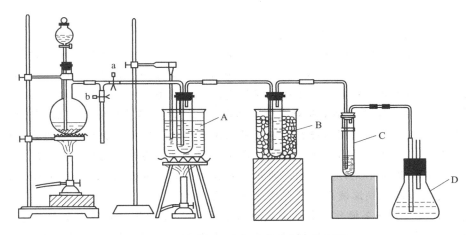

图 3-18　氯酸钾和次氯酸钠的制备装置图

注意：（1）制备实验应在通风橱中进行。

（2）A 管中第一次呈黄色，只是氯气溶解，由黄色转变为无色时，反应已趋完成，停止加热。

（3）加盐酸时，蒸馏烧瓶温度可能会下降，产生 KOH 溶液倒吸现象。

2. 卤素含氧酸盐的性质

（1）次氯酸钠的氧化性

取 4 支试管分别注入 0.5mL 前面制得的次氯酸钠溶液，

第一支试管中加入 4～5 滴 0.2mol·L^{-1} KI 溶液，2 滴 1mol·L^{-1} H$_2$SO$_4$ 溶液；

第二支试管中加入 4～5 滴 0.2mol·L^{-1} MnSO$_4$ 溶液；

第三支试管中加入 4～5 滴浓盐酸；

第四支试管中加入 2 滴品红溶液。

观察以上实验现象，写出有关的反应方程式。

（2）氯酸钾的氧化性

① 取少量前面制得的氯酸钾晶体加少量水配成溶液。向 0.5mL 0.2mol·L^{-1} KI 溶液中滴入几滴自制的 KClO$_3$ 溶液，观察有何现象？再加 3mol·L^{-1} H$_2$SO$_4$ 酸化，观察溶液颜色的变化，继续往该溶液中滴加 KClO$_3$ 溶液，又有何变化，解释实验现象，写出相应的反应方程式。

根据实验，总结氯元素含氧酸盐的性质。

② 爆炸　与硫黄反应，取一小勺干燥的硫黄粉与氯酸钾晶体小心地加以混合，用纸包好，拿到室外，用铁锤猛击。

注意：用量一定要少，氯酸钾、硫黄必须干燥。

要求：装配仪器时，应使仪器布置整齐、合理、美观。反应前一定要检验装置的气密性。

【思考题】

1. 如果实验室没有二氧化锰，可改用哪些药品代替二氧化锰？举出三种。

2. 用碘化钾淀粉试纸检验氯气时，试纸先呈蓝色，当在氯气中放置时间较长时，蓝色褪去。为什么？

附注

1. 有关氯气的安全操作。氯气是剧毒、有刺激性气味的黄绿色气体，少量吸入人体会刺激鼻、喉部，引起咳嗽和喘息，大量吸入甚至会导致死亡。空气里可以允许的氯气最高浓度是 $0.001mg \cdot L^{-1}$，超过这个浓度就会引起人体中毒。做氯气实验时，须在通风橱内进行，室内也要通风。不可直接对着管口或瓶口闻氯气，应当用手轻轻将氯气扇向自己的鼻孔。

2. 有关溴的安全操作。溴蒸气对气管、肺部、眼、鼻、喉等器官都有强烈的刺激作用。做有关溴的实验时应在通风橱内进行。不慎吸入溴蒸气时，可吸入少量稀薄的氨气和新鲜空气解毒。液体溴具有强烈的腐蚀性，能灼伤皮肤，倒液溴时要带上胶皮手套。溴水也有腐蚀性但比液溴弱，使用时不允许直接倒，要用滴管移取。如果不慎把溴水溅在皮肤上，应立即用水冲洗，再用碳酸氢钠溶液或稀硫代硫酸钠溶液冲洗。

3. 有关氯酸钾的安全操作。氯酸钾是强氧化剂，与可燃物质接触、加热、摩擦或撞击容易引起燃烧和爆炸，因此绝不可把它们混合起来保存。氯酸钾容易分解，不宜用火烘烤。实验时，撒落的氯酸钾应及时清除干净，不要倒入废液缸中。

实验 34　硫酸四氨合铜（Ⅱ）的制备

【实验目的】

1. 了解配合物的制备、结晶、提纯的方法，学习硫酸四氨合铜（Ⅱ）的制备原理及制备方法。

2. 进一步练习溶解、抽滤、洗涤、干燥等基本操作。

【实验原理】

一水合硫酸四氨合铜（Ⅱ）$[Cu(NH_3)_4]SO_4 \cdot H_2O$ 为蓝色正交晶体，在工业上用途广泛，常用作杀虫剂、媒染剂，在碱性镀铜中也常用作电镀液的主要成分，也用于制备某些含铜的化合物。本实验通过将过量氨水加入硫酸铜溶液中反应得到硫酸四氨合铜。反应式为：

$$CuSO_4 + 4NH_3 + H_2O === [Cu(NH_3)_4]SO_4 \cdot H_2O$$

由于硫酸四氨合铜在加热时易失氨，所以其晶体的制备不宜选用蒸发浓缩等常规的方法。硫酸四氨合铜溶于水但不溶于乙醇，因此在硫酸四氨合铜溶液中加入乙醇，即可析出深蓝色的 $[Cu(NH_3)_4]SO_4 \cdot H_2O$ 晶体。由于该配合物不稳定，常温下，一水合硫酸四氨合铜（Ⅱ）易于与空气中的二氧化碳、水反应生成铜的碱式盐，使晶体变成绿色粉末。在高温下分解成硫酸铵、氧化铜和水，故不宜高温干燥。

【实验用品】

试剂：五水硫酸铜（分析纯）、氨水（分析纯）、无水乙醇、乙醇：浓氨水（1:2）混合液、乙醇：乙醚（1:1）混合液、H_2SO_4（$2mol \cdot L^{-1}$）、NaOH（$2mol \cdot L^{-1}$）。

仪器：托盘天平、烧杯、量筒、玻璃棒、布氏漏斗、抽滤瓶、真空泵、表面皿。

【实验内容】

1. 制备

用托盘天平称取 5.0g 五水硫酸铜，放入洁净的 100mL 烧杯中，加入 10mL 去离子水，搅拌至完全溶解，加入 10mL 浓氨水，搅拌混合均匀（此时溶液呈深蓝色，较为不透光，若溶液中有沉淀，抽滤使溶液中不含不溶物。）。沿烧杯壁慢慢滴加 20mL 无水乙醇，然后盖上表面皿静置 15min。待晶体完全析出后，减压过滤，晶体用乙醇：浓氨水（1：2）的混合液洗涤，再用乙醇与乙醚的混合液淋洗，抽滤至干。然后将其在 60℃ 左右烘干，称量。

2. 铜氨络离子的性质

取产品 0.5g，加 5mL 蒸馏水溶解备用。

（1）取少许产品溶液，滴加 $2mol \cdot L^{-1}$ 硫酸溶液，观察现象；

（2）取少许产品溶液，滴加 $2mol \cdot L^{-1}$ 氢氧化钠溶液，观察现象；

（3）取少许产品溶液，加热至沸，观察现象；继续加热观察现象；

（4）取少许产品溶液，逐渐滴加无水乙醇，观察现象。

（5）在离心试管中逐渐滴加 $0.1mol \cdot L^{-1}$ Na_2S 溶液，观察现象。

【实验结果记录】

产品 _____ g，产品外观 _____；收率 $= \dfrac{m_{实}}{m_{理}} \times 100\% =$ _____

铜氨络离子的性质检验

实验内容	现象	结论及解释
产品溶液 + $2mol \cdot L^{-1}$ H_2SO_4		
产品溶液 + $2mol \cdot L^{-1}$ NaOH		
产品溶液加热至沸		
继续加热		
产品溶液 + 无水乙醇		
产品溶液 + Na_2S 溶液		

【注意事项】

硫酸铜溶解较为缓慢，为加快溶解速度，应研细固体硫酸铜，同时可微热促使硫酸铜溶解。

【思考题】

为什么使用乙醇：浓氨水（1：2）的混合液洗涤晶体而不是蒸馏水？

实验 35　重铬酸钾的制备

【实验目的】

1. 学习固体碱熔氧化法从铬铁矿粉制备重铬酸钾的基本原理和操作方法。

2. 学习熔融、浸取，巩固过滤、结晶和重结晶等基本操作。

3. 运用容量分析方法测定产品含量。

【实验原理】

经过精选后的铬铁矿的主要成分是亚铬酸铁 [$Fe(CrO_2)_2$ 或 $FeO \cdot Cr_2O_3$]，其中含 Cr_2O_3 为 35%～45%。除铁外，还含有硅、铝等杂质。由铬铁矿精粉制备重铬酸钾的第一步是将有效成分 Cr_2O_3 由矿石中提取出来。根据 Cr(Ⅲ) 氧化成 Cr(Ⅵ)，从而将难溶于水的 Cr_2O_3 氧化成易溶于水的铬酸盐。其具体反应过程是：将铬铁矿与碱混合，在空气中用氧气或与其他强氧化剂，例如氯酸钾加热熔融，能生成可溶性的六价铬酸盐。

$$4FeO \cdot Cr_2O_3 + 8Na_2CO_3 + 7H_2O \stackrel{\triangle}{=\!=\!=} 8Na_2CrO_4 + 2Fe_2O_3 + 8CO_2 \uparrow$$

在实验室中，为降低熔点，使上述反应能在较低的温度下进行，可加入固体氢氧化钠做

助熔剂，并以氯酸钾代替氧气加速氧化，其反应为

$$6FeO \cdot Cr_2O_3 + 12Na_2CO_3 + 7KClO_3 \xrightarrow{\triangle} 12Na_2CrO_4 + 3Fe_2O_3 + 7KCl + 12CO_2 \uparrow$$

$$6FeO \cdot Cr_2O_3 + 24NaOH + 7KClO_3 \xrightarrow{\triangle} 12Na_2CrO_4 + 3Fe_2O_3 + 7KCl + 12H_2O$$

同时，三氧化二铝、三氧化二铁和二氧化硅转变为相应的可溶性盐：

$$Al_2O_3 + Na_2CO_3 == 2NaAlO_2 + CO_2 \uparrow$$

$$Fe_2O_3 + Na_2CO_3 == 2NaFeO_2 + CO_2 \uparrow$$

$$SiO_2 + Na_2CO_3 == Na_2SiO_3 + CO_2 \uparrow$$

用水浸取熔体，铁(Ⅲ)酸钠强烈水解，氢氧化铁沉淀与其他不溶性杂质（如三氧化二铁、未反应的铬铁矿等）一起成为残渣；而铬酸钠、偏铝酸钠、硅酸钠则进入溶液。吸滤后，弃去残渣，把滤液的 pH 调到 7～8，促使偏铝酸钠、硅酸钠水解生成沉淀，与铬酸钠分开：

$$NaAlO_2 + 2H_2O == Al(OH)_3 \downarrow + NaOH$$

$$Na_2SiO_3 + 2H_2O == H_2SiO_3 \downarrow + 2NaOH$$

过滤后，将含有铬酸钠的滤液酸化，使其转变为重铬酸钠：

$$2CrO_4^{2-} + 2H^+ == Cr_2O_7^{2-} + H_2O$$

重铬酸钾则由重铬酸钠与氯化钾进行复分解反应制得：

$$Na_2Cr_2O_7 + 2KCl == K_2Cr_2O_7 + 2NaCl$$

【实验用品】

试剂：二氧化锰、氢氧化钾、氯酸钾、碳酸钙、亚硫酸钠、浓盐酸。

仪器：铁坩埚、启普发生器、坩埚钳、泥三角、布氏漏斗、烘箱、蒸发皿、烧杯、表面皿。

材料：8 号铁丝。

【实验内容】

1. 氧化焙烧

称取 6g 铬铁矿粉与 4g 氯酸钾在研钵中混合均匀，取碳酸钠和氢氧化钠各 4.5g 于铁坩埚中混匀后，先用小火熔融，再将矿粉分 3～4 次加入坩埚中并不断搅拌。加完矿粉后，用煤气灯加热，灼烧 30～35min，稍冷几分钟，将坩埚置于冷水中骤冷一下，以便浸取。

2. 熔块提取

用少量去离子水于坩埚中加热至沸，将溶液倾入 100mL 烧杯中，再往坩埚中加水，加热至沸，如此 3～4 次，即可取熔块，将全部熔块与溶液一起在烧杯中煮沸 15min，不断搅拌，稍冷后抽滤，残渣用 10mL 去离子水洗涤，控制溶液与洗涤液总体积为 40mL 左右，吸滤，弃去残渣。

3. 中和除铝、硅

将滤液用 3mol·L^{-1} 硫酸调节 pH 为 7～8，加热煮沸 3min 后，趁热过滤，残渣用少量去离子水洗涤后弃去。

4. 酸化和复分解结晶

将滤液转移至 100mL 蒸发皿中，用 6mol·L^{-1} 硫酸调 pH 至强酸性（注意溶液颜色的变化）。再加 1g 氯化钾，在水浴上浓缩至表面有晶膜为止。冷却结晶，抽滤，得重铬酸钾晶体（若需提纯，可按 $K_2Cr_2O_7 : H_2O = 1 : 1.5$ 质量比加水，加热使晶体溶解，浓缩，冷却结

晶，得纯重铬酸钾晶体），最后在 40～50℃下烘干、称量。

5. 产品含量的测定

准确称取试样 2.5g 溶于 250mL 容量瓶中，用移液管吸取 25.00mL 该溶液放入 250mL 碘量瓶中，加入 10mL 2mol·L^{-1} H$_2$SO$_4$ 和 2g 碘化钾，放于暗处 5min，然后加入 100mL 水，用 0.1mol·L^{-1} Na$_2$S$_2$O$_3$ 标准溶液滴定至溶液变成黄绿色，然后加入 3mL 淀粉指示剂，再继续滴定至蓝色褪去并呈亮绿色为止。由 Na$_2$S$_2$O$_3$ 标准溶液的浓度和用量计算出产品含量。

【思考题】

重铬酸钾和氯化钠均为可溶性盐，怎样利用不同温度下溶解度的差异使它们分离？

实验 36　葡萄糖酸锌的制备与质量分析

【实验目的】

1. 掌握葡萄糖酸锌的制备原理和方法。
2. 熟练掌握蒸发、浓缩、重结晶、滴定等操作。
3. 了解热过滤的方法，练习减压过滤操作。
4. 了解比浊法检测硫酸根含量的方法。

【实验原理】

锌存在于众多的酶系中，如碳酸酐酶、呼吸酶、乳酸脱氢酸、超氧化物歧化酶、碱性磷酸酶、DNA 和 RNA 聚合酶等，为核酸、蛋白质、碳水化合物的合成和维生素 A 的利用所必需。锌具有促进生长发育，改善味觉的作用。锌缺乏时出现味觉、嗅觉差、厌食、生长与智力发育低于正常。

葡萄糖酸锌为补锌药，具有见效快、吸收率高、副作用小等优点，主要用于儿童及老年，妊娠妇女因缺锌引起的生长发育迟缓、营养不良、厌食症、复发性口腔溃疡、皮肤痤疮等症。葡萄糖酸锌由葡萄糖酸直接与锌的氧化物或盐制得。本实验采用葡萄糖酸钙与硫酸锌直接反应：

$$[CH_2OH(CHOH)_4COO]_2Ca+ZnSO_4 \Longrightarrow [CH_2OH(CHOH)_4COO]_2Zn+CaSO_4\downarrow$$

过滤除去 CaSO$_4$ 沉淀，溶液经浓缩可得无色或白色葡萄糖酸锌结晶，无味，易溶于水，极难溶于乙醇。

葡萄糖酸锌在制作药物前，要经过多个项目的检测。本次实验只是对产品质量进行初步分析，用比浊法检测所制产物的硫酸根含量。《中华人民共和国药典》（2005 年版）规定葡萄糖酸锌含量应为 97.0%。

【实验用品】

试剂：葡萄糖酸钙（分析纯）、硫酸锌（分析纯）、活性炭、无水乙醇、盐酸（3mol·L^{-1}）、标准硫酸钾溶液（硫酸根含量 100mg·L^{-1}）、氯化钡溶液（25%）。

仪器：烧杯、蒸发皿、抽滤瓶、循环水泵、酸式滴定管（50mL）、锥形瓶（250mL）、移液管、比色管（25mL）、电子天平。

【实验内容】

1. 葡萄糖酸钙的制备

量取 40mL 蒸馏水置烧杯中，加热至 80～90℃，加入 6.7g ZnSO$_4$·7H$_2$O 使完全溶解，将烧杯放在 90℃的恒温水浴中，再逐渐加入葡萄糖酸钙 10g，并不断搅拌。在 90℃水浴上保温 20min 后趁热抽滤（滤渣为 $CaSO_4$，弃去），滤液移至蒸发皿中并在沸水浴上浓缩至黏稠状（体积约为 20mL，如浓缩液有沉淀，需过滤掉）。滤液冷至室温，加 95％乙醇 20mL 并不断搅拌，此时有大量的胶状葡萄糖酸锌析出。充分搅拌后，用倾析法去除乙醇液。再在沉淀上加 95％乙醇 20mL，充分搅拌后，沉淀慢慢转变成晶体状，抽滤至干，即得粗品（母液回收）。再将粗品加水 20mL，加热至溶解，趁热抽滤，滤液冷至室温，加 95％乙醇 20mL 充分搅拌，结晶析出后，抽滤至干，即得精品，在 50℃烘干，称重并计算产率。

2. 硫酸盐的检查

取本品 0.5g，加水溶解使溶液体积约为 20mL（溶液如显碱性，可滴加盐酸使成中性）；溶液如不澄清，应过滤；置 25mL 比色管中，加稀盐酸 2mL，摇匀，即得供试溶液。另取标准硫酸钾溶液 2.5mL，置 25mL 比色管中，加水至约 20mL，加稀盐酸 2mL，摇匀，即得对照溶液。于供试溶液与对照溶液中，分别加入 25％氯化钡溶液 2mL，用水稀释至 25mL，充分摇匀，放置 10 分钟，同置黑色背景上，从比色管上方向下观察、比较，如发生浑浊，与标准硫酸钾溶液制成的对照液比较。

【数据记录与处理】

硫酸盐检查

（1）现象描述＿＿＿＿＿＿＿＿＿＿＿＿＿＿＿＿＿＿＿＿＿＿＿＿

（2）检查结论＿＿＿＿＿＿＿＿＿＿＿＿＿＿＿＿＿＿＿＿＿＿＿＿

【注意事项】

1. 葡萄糖酸钙与硫酸锌反应时间不可过短，保证充分生成硫酸钙沉淀。

2. 抽滤除去硫酸钙后的滤液如果无色，可以不用脱色处理。如果脱色处理，一定要趁热过滤，防止产物过早冷却而析出。

3. 在硫酸根检查实验中，要注意比色管对照管和样品管的配对；两管的操作要平行进行，受光照的程度要一致，光线应从正面照入，置白色背景（黑色浑浊）或黑色背景（白色浑浊）上，自上而下地观察。

【思考题】

1. 在沉淀与结晶葡萄糖酸锌时，都加入 95％乙醇，其作用是什么？

2. 在葡萄糖酸锌的制备中，为什么必须在热水浴中进行？

附注

倾析法是尽量将沉淀保留于烧杯底部，待溶液澄清后，只将澄清液倒出。通常用于所得沉淀的结晶较大或密度较大，静置后易沉降的固、液间的分离。

实验 37　硫酸锰铵的制备及检验

【实验目的】

1. 掌握硫酸锰铵的制备及定性试验的方法。

2. 巩固称量、溶解、加热、热过滤、减压过滤等基本操作。

【实验原理】

1. 由二氧化锰与硫酸作用而制得

$$MnO_2 + H_2C_2O_4 + H_2SO_4 = MnSO_4 + 2CO_2 \uparrow + 2H_2O$$

$$MnSO_4 + (NH_4)_2SO_4 + 6H_2O \Longrightarrow (NH_4)_2SO_4 \cdot MnSO_4 \cdot 6H_2O \quad (M=391)$$

2. 生产对苯二酚副产废液含硫酸锰和硫酸铵，废液经石灰乳中和除去杂质，然后加热脱氨的硫酸锰溶液，再经浓缩、结晶、脱水分离、干燥、包装得硫酸锰成品。

【实验用品】

试剂：草酸、二氧化锰、硫酸铵、铋酸钠、H_2SO_4（1mol·L^{-1}，浓）、$BaCl_2$（5%）、HCl（2mol·L^{-1}）、HNO_3（4mol·L^{-1}）、乙醇。

仪器：试管、烧杯、酒精灯、石棉网、三角架、玻璃棒、表面皿、台秤、漏斗、吸滤瓶、布氏漏斗、循环水真空泵、剪刀等。

【实验内容】

1. 硫酸锰的制备

微热盛有 20.0mL 硫酸（1mol·L^{-1}）的烧杯，向其中溶解 2.5g 草酸，再慢慢分次加入 2.5g 二氧化锰，盖上表面皿，使其充分反应。此时发生下列反应：

$$MnO_2 + H_2C_2O_4 + H_2SO_4 \Longrightarrow MnSO_4 + 2CO_2 \uparrow + 2H_2O$$

反应缓慢后，煮沸溶液并趁热过滤，保留滤液。

2. 硫酸锰铵的制备

往上述热滤液中加入 3.0g 硫酸铵，待硫酸铵全部溶解后（可适当蒸发），在冰水浴中冷却，即有晶体慢慢析出，30 分钟后，抽滤，并用少量乙醇溶液洗涤两次，用滤纸吸干或放在表面皿上干燥，称量并计算理论产量和产率。

3. 硫酸锰铵的检验

（1）外观：应为白色略带粉红色粉末状结晶。

（2）取样品水溶液，加 5% $BaCl_2$ 溶液，即生成白色沉淀，此沉淀不溶于 2mol·L^{-1} 盐酸（证实有硫酸盐）。

$$SO_4^{2-} + Ba^{2+} \Longrightarrow BaSO_4 \downarrow$$

（3）取样品少许，溶于 4mol·L^{-1} 硝酸中，加入少量铋酸钠粉末，搅拌，将过量的试剂离心沉降后，溶液呈紫红色（证实有锰盐）。

$$2Mn^{2+} + 5NaBiO_3 + 14H^+ \Longrightarrow MnO_4^- + 5Bi^{3+} + 5Na^+ + 7H_2O$$

【思考题】

1. 如何计算产品产率？

2. 本实验中哪些操作步骤对提高产品的质量有直接的影响？

实验 38　二氧化钛纳米材料的制备与表征

【实验目的】

1. 了解 TiO_2 纳米材料制备的方法。

2. 掌握用溶胶-凝胶法制备 TiO_2 纳米材料的原理和过程。

3. 掌握纳米材料的检测手段和分析方法。

【实验原理】

胶体是一种分散相粒径很小的分散体系，分散相粒子的重力可以忽略，粒子之间的相互作用主要是短程作用力。溶胶（Sol）是具有液体特征的胶体体系，分散的粒子是固体或者大分子，分散的粒子大小在 1～100nm 之间。凝胶（Gel）是具有固体特征的胶体体系，被分散的物质形成连续的网状骨架，骨架空隙中充有液体或气体，凝胶中分散相的含量很低，一般在 1%～3% 之间。凝胶与溶胶的最大不同在于：溶胶具有良好的流动性，其中的胶体质点是独立的运动单位，可以自由行动；凝胶的胶体质点相互联结，在整个体系内形成网络结构，液体包在其中，凝胶流动性较差。

溶胶-凝胶法（sol-gel）是化学合成方法之一，是 20 世纪 60 年代中期发展起来的制备玻璃、陶瓷和许多固体材料的一种工艺。具体步骤见图 3-19，即将金属醇盐或无机盐经水解直接形成溶胶或经解凝形成溶胶，然后使溶质聚合凝胶化，再将凝胶干燥、焙烧去除有机成分，最后得到无机材料。主要用来制备薄膜和粉体材料。

图 3-19　Sol-Gel 法工艺流程图

溶胶-凝胶法制备 TiO_2 通常以钛醇盐 $Ti(OR)_4$ 为原料，合成工艺为：钛醇盐溶于溶剂中形成均相溶液，逐滴加入水后，钛醇盐发生水解反应，同时发生失水和失醇缩聚反应，生成 1nm 左右粒子并形成溶胶，经陈化，溶胶形成三维网络而成凝胶，凝胶在恒温箱中加热以去除残余水分和有机溶剂，得到干凝胶，经研磨后煅烧，除去吸附的羟基和烷基以及物理吸附的有机溶剂和水，得到纳米 TiO_2 粉体。

本实验采用钛酸正丁酯作为合成纳米二氧化钛的原料，由于钛酸正丁酯水解速率相当快，因此控制其水解成为钛酸酯溶胶凝胶过程中一个至关重要的环节。通常需要对钛酸酯进行化学修饰，引入对水解相对稳定的功能性基团，有效控制金属烷氧化合物的水解，本实验中采用乙酰丙酮。

【实验用品】

试剂：钛酸正丁酯 $Ti(OC_4H_9)_4$、无水乙醇、乙酰丙酮、硝酸。

仪器：常用常压化学合成仪器一套、电磁搅拌器、烘箱、马弗炉、粒度分布测定仪、比表面仪、高温综合热分析仪。

【实验内容】

1. 溶胶-凝胶法合成纳米 TiO_2 粉体

（1）水浴加热集热式恒温磁力搅拌器至 65℃ 左右，安装三颈烧瓶装置、温度计和滴液漏斗，量取 60mL 的无水乙醇置于三颈烧瓶中。

（2）将 30mL 的钛酸正丁酯装入滴液漏斗，自滴液漏斗缓慢滴加钛酸正丁酯至装有无水乙醇三颈烧瓶中，保持反应温度为 65℃ 左右，约 0.5h 滴加完毕。

（3）滴加完毕后，将 3mL 乙酰丙酮装入滴液漏斗，自滴液漏斗缓慢滴加乙酰丙酮至三颈烧瓶中，滴加完毕，再搅拌 0.5h。

（4）将 1.1mL 硝酸、9mL 去离子水、32mL 的无水乙醇预先混合，装入滴液漏斗，再缓慢加入到三颈烧瓶中，0.5h 滴加完毕，再搅拌 3h，得到二氧化钛溶胶，陈化 12h。

（5）制备的二氧化钛溶胶置于 60℃ 的真空干燥箱中干燥 24h，得到二氧化钛凝胶。

（6）将制备的凝胶置于坩埚中，按照一定的速度升温，600℃ 烧成保温 2h，得到二氧化钛粉末。

2. TiO_2 纳米粉体的表征

（1）二氧化钛溶胶化过程的红外光谱。

（2）前驱体二氧化钛凝胶的差热与热重分析，升温速率为 $10℃·min^{-1}$，气氛为空气。

【思考题】

1. 合成 TiO_2 纳米粉体的方法有哪些？
2. 分析二氧化钛溶胶化过程的红外光谱。
3. 对前驱体二氧化钛凝胶的差热与热重分析。

实验 39 三草酸合铁(Ⅲ)酸钾的制备与组成分析

【实验目的】

1. 了解三草酸合铁(Ⅲ) 酸钾的制备方法。
2. 掌握确定化合物化学式的基本原理和方法。
3. 巩固无机合成、滴定分析和重量分析的基本操作。

【实验原理】

三草酸合铁(Ⅲ) 酸钾是制备负载型活性铁催化剂的主要原料，也是一些有机反应很好的催化剂，因而具有工业生产价值。

三草酸合铁(Ⅲ) 酸钾 $K_3[Fe(C_2O_4)_3] \cdot 3H_2O$：亮绿色单斜晶体，易溶于水（0℃时，4.7g/100g 水；100℃，117.7g/100g 水），难溶于乙醇、丙酮等有机溶剂。110℃失去结晶水，230℃时分解。具有光敏性，光照下易分解，应避光保存：

$$2[Fe(C_2O_4)_3]^{3-} =\!=\!= 2FeC_2O_4 + 3C_2O_4^{2-} + 2CO_2 \uparrow$$

1. $K_3[Fe(C_2O_4)_3] \cdot 3H_2O$ 的制备

首先利用硫酸亚铁铵与草酸反应，制备草酸亚铁：

$$(NH_4)_2Fe(SO_4)_2 \cdot 6H_2O + H_2C_2O_4 =\!=\!= FeC_2O_4 \cdot 2H_2O(s) + (NH_4)_2SO_4 + H_2SO_4 + 4H_2O$$

然后在过量草酸钾存在下，用过氧化氢将草酸亚铁氧化为三草酸合铁(Ⅲ)酸钾配合物。同时有氢氧化铁生成，反应为：

$$6FeC_2O_4 + 3H_2O_2 + 6K_2C_2O_4 =\!=\!= 4K_3[Fe(C_2O_4)_3] + 2Fe(OH)_3$$

加入适量草酸可使 $Fe(OH)_3$ 转化为三草酸合铁(Ⅲ) 酸钾，反应为：

$$2Fe(OH)_3 + 3H_2C_2O_4 + 3K_2C_2O_4 =\!=\!= 2K_3[Fe(C_2O_4)_3] + 6H_2O$$

后两步总反应式为：

$$2FeC_2O_4 \cdot 2H_2O + H_2O_2 + 3K_2C_2O_4 + H_2C_2O_4 =\!=\!= 2K_3 [Fe(C_2O_4)_3] \cdot 3H_2O$$

加入乙醇放置，由于三草酸合铁(Ⅲ)酸钾低温时溶解度很小，便可析出绿色的晶体。

2. $K_3[Fe(C_2O_4)_3] \cdot 3H_2O$ 组成分析

（1）结晶水含量的测定

采用重量法：将一定量的产物在 110℃ 干燥 1h，根据失重情况即可计算结晶水的含量。

（2）$C_2O_4^{2-}$ 含量的测定

高锰酸钾氧化滴定法：用 $KMnO_4$ 标准滴定溶液滴定 $C_2O_4^{2-}$，测得样品中 $C_2O_4^{2-}$ 的含量：

$$5C_2O_4^{2-} + 2MnO_4^- + 16H^+ =\!=\!= 10CO_2 \uparrow + 2Mn^{2+} + 8H_2O$$

（3）铁含量的测定

采用磺基水杨酸比色法测定铁的含量：用 1cm 比色皿在 424nm 处测定不同浓度的铁标准溶液和样品溶液的吸光度。

外标法：配制系列标准溶液，以吸光度 A 为纵坐标，Fe^{3+} 含量为横坐标作图得一直线，

即为 Fe^{3+} 的标准曲线，计算回归方程，得到相关系数。以样品的吸光度 A 在标准曲线上找到相应的 Fe^{3+} 含量，并计算样品中 Fe^{3+} 的百分含量。

(4) 钾含量的确定

差减计算法：配合物减去结晶水、$C_2O_4^{2-}$、Fe^{3+} 的含量后即为 K^+ 的含量。

【实验用品】

试剂：$(NH_4)_2Fe(SO_4)_2 \cdot 6H_2O$ 固体、硫酸（3mol·L^{-1}）、草酸（1mol·L^{-1}）、饱和 $K_2C_2O_4$、H_2O_2（3%）、95%乙醇、$KMnO_4$（0.1000mol·L^{-1}）、锌粉。

仪器：烧杯、天平、烘箱、酒精灯、布氏漏斗、抽滤瓶、循环水真空泵。

【实验内容】

1. $K_3[Fe(C_2O_4)_3] \cdot 3H_2O$ 的制备

方法一：

称取 5g 的 $(NH_4)_2Fe(SO_4)_2 \cdot 6H_2O$ 固体，放入 200mL 烧杯中，加入 20mL 蒸馏水和 5 滴 3mol·L^{-1}硫酸，加热使之溶解。然后加入 25mL 1mol·L^{-1}草酸溶液，加热至沸，并不断搅拌、静置，便得到黄色 $FeC_2O_4 \cdot 2H_2O$ 沉淀。沉降后，用倾析法弃出上层清液，然后加入 20mL 蒸馏水，搅拌并温热、静置，再弃出清液（尽可能把清液倾干净些）。

在上面的沉淀中，加入 10mL 饱和 $K_2C_2O_4$ 溶液，在水浴上加热至约 40℃，用滴管慢慢加入 20mL 30% H_2O_2 溶液，不断搅拌并保持温度在 40℃左右，此时，有氢氧化铁沉淀产生。然后加热至沸，再加入 20mL 1mol·L^{-1}草酸溶液（首先一次性加入 10mL，然后再慢慢地加入 3mL）。在加热时，始终保持接近沸腾温度，这时体系应该变为亮绿色透明溶液。如浑浊，趁热将溶液抽滤倒入 100mL 烧杯中，加入 10mL 95%乙醇。若有晶体析出，以温热的方式使生成的晶体再溶解。冷却（冰水），即有晶体析出。用倾析法分离出晶体，用滤纸把水吸干、称重、计算产率。

方法二：

称取 6 克草酸钾置于 100mL 烧杯中，注入 10mL 蒸馏水，加热，使草酸钾全部溶解，继续加热至近沸腾时，边搅拌边加入 4mL 三氯化铁溶液（0.40g·mL^{-1}）。将此液置于冰水中冷却至 5℃以下，即有大量晶体析出，以布氏漏斗抽滤，得粗产品。

将粗产品溶于 10mL 热的蒸馏水中，趁热过滤，将滤液在冰水中冷却，待结晶完全后，抽滤，并用少量冰蒸馏水洗涤晶体。取下晶体，用滤纸吸干，并在空气中干燥片刻，称重，计算产率。

2. $K_3[Fe(C_2O_4)_3] \cdot 3H_2O$ 组成分析

(1) 结晶水含量的测定

称取 0.3～0.5g 产物放置在 110℃烘箱中干燥 1h，根据失重情况计算结晶水的含量。

(2) $K_3[Fe(C_2O_4)_3] \cdot 3H_2O$ 中 $C_2O_4^{2-}$ 含量测定

分析天平称取约 0.05g 产物，放置于 250mL 锥形瓶中，加入 50mL H_2O 和 4mL 3mol·L^{-1}的 H_2SO_4 调节溶液酸度约为 0.5～1mol·L^{-1}。从滴定管放出 5mL 已标定的 $KMnO_4$ 溶液到锥形瓶中，加热至 70～85℃，直至紫红色消失，再用 $KMnO_4$ 滴定热溶液，直至微红色在 30s 不退。记下消耗 $KMnO_4$ 的体积，计算配合物中所含草酸根的含量。

(3) 铁含量的测定

① 标准曲线

a. 分别量取 Fe^{3+} 标准溶液 0.00、0.30mL、0.60mL、0.90mL、1.20mL、1.50mL、1.80mL、2.10mL 于 25mL 比色管中，加入蒸馏水稀释至 10mL 左右；

b. 各加入 25％磺基水杨酸溶液 6mL，用滴管各加入 1∶1 氨水至稳定的黄色后，再加入 3～5 滴氨水，用水稀释至刻度线，摇匀后静置；

c. 以试剂空白为参比，在 424nm 下测定其吸光度；

d. 以吸光度 A 对 $c_{Fe^{3+}}$ 作图，得标准曲线。

② 样品测定

a. 取 0.9820g 样品用蒸馏水定容为 50mL，从中取 1mL 溶液放置于 100mL 容量瓶中用蒸馏水定容；

b. 取 5mL 稀释好的溶液放置于 50mL 的容量瓶中，加入 25％磺基水杨酸溶液 6mL，用滴管加入 1∶1 氨水至稳定的黄色后，再加入 3～5 滴氨水，用水稀释至刻度线，摇匀后静置，在 424nm 下测定其吸光度；

c. 以试剂空白为参比，在 424nm 下测定其吸光度。

（4）钾含量确定

差减计算法：配合物减去结晶水、$C_2O_4^{2-}$、Fe^{3+} 的含量后即为 K^+ 的含量，并由此确定配合物的化学式。

注意事项

此制备需避光，干燥，所得成品也要放在暗处。

【思考题】

1. 合成过程中，滴完 H_2O_2 后为什么还要煮沸溶液？

2. 合成产物的最后一步，加入质量分数为 95％的乙醇，其作用是什么？能否用蒸干溶液的方法来取得产物？为什么？

3. 产物为什么要经过多次洗涤？洗涤不充分对其组成测定会产生怎样的影响？

4. $K_3[Fe(C_2O_4)_3] \cdot 3H_2O$ 可用加热脱水法测定其结晶水含量，含结晶水的物质能否都可用这种方法进行测定？为什么？

实验 40　三氯化六氨合钴的制备及其组成的测定

【实验目的】

1. 掌握制备金属配合物最常用的方法——水溶液中的取代反应和氧化还原反应。

2. 了解其基本原理和方法。

3. 对配合物组成进行初步推断。

4. 学习使用电导率仪。

【实验原理】

运用水溶液中的取代反应来制取金属配合物是在水溶液中的一种金属盐和一种配体之间的反应，实际上是用适当的配体来取代水合配离子中的水分子。氧化还原反应是将不同氧化态的金属化合物，在配体存在下使其适当地氧化或还原以制得该金属配合物。

Co(Ⅱ) 的配合物能很快地进行取代反应(是活性的)，而 Co(Ⅲ) 配合物的取代反应则很慢(是惰性的)。Co(Ⅲ) 的配合物制备过程一般是通过 Co(Ⅱ)(实际上是它的水合配合物)和配体之间的一种快速反应生成 Co(Ⅱ) 的配合物，然后使它被氧化成为相应的 Co(Ⅲ) 配合物(配位数均为 6)。

常见的 Co(Ⅲ) 配合物有:

$[Co(NH_3)_6]^{3+}$（黄色）、$[Co(NH_3)_5H_2O]^{3+}$（粉红色）、$[Co(NH_3)_5Cl]^{2+}$（紫红色）、$[Co(NH_3)_4CO_3]^+$（紫红色）、$[Co(NH_3)_3(NO_2)_3]$（黄色）、$[Co(CN)_6]^{3-}$（紫色）、$[Co(NO_2)_6]^{3-}$（黄色)等。

用化学分析方法确定某配合物的组成，通常可用加热或改变溶液酸碱性来破坏它。本实验测定一定浓度配合物溶液的导电性，与已知电解质溶液的导电性进行对比，可确定配合物化学式中含有几个离子，进一步确定该化学式。

游离的 Co^{2+} 在酸性溶液中可与硫氰化钾作用生成蓝色配合物 $[Co(NCS)_4]^{2-}$。因其在水中离解度大，故常加入硫氰化钾浓溶液或固体，并加入戊醇和乙醚以提高稳定性。由此可用来鉴定 Co^{2+} 离子的存在。其反应如下：

$$Co^{2+} + 4SCN^- \rightleftharpoons [Co(NCS)_4]^{2-}（蓝色）$$

游离的 NH_4^+ 可由奈氏试剂来检定，其反应如下：

$$NH_4^+ + 2[HgI_4]^{2-} + 4OH^- \rightleftharpoons [NH_2Hg_2O]I\downarrow + 7I^- + 3H_2O$$

【实验用品】

试剂：氯化铵、氯化钴、硫氰化钾、浓氨水、硝酸（浓）、盐酸（$6mol \cdot L^{-1}$）、H_2O_2（30%）、$AgNO_3$（$2mol \cdot L^{-1}$）、$SnCl_2$（$0.5mol \cdot L^{-1}$、新配）、奈氏试剂、乙醚、戊醇等。

仪器：台秤、烧杯、锥形瓶、量筒、研钵、漏斗、铁架台、酒精灯、试管、滴管、试管夹、漏斗架、石棉网、普通温度计、电导率仪等。

【实验内容】

1. 制备 Co(Ⅲ) 配合物

在锥形瓶中将 1.0g 氯化铵溶于 6mL 浓氨水中，待完全溶解后手持锥形瓶颈不断振荡，使溶液均匀。分数次加入 2.0g 氯化钴粉末，边加边摇动，加完后继续摇动使溶液成棕色稀浆。再往其中滴加 $2\sim3mL$ 30% H_2O_2，边加边摇动，当固体完全溶解，溶液中停止起泡时，慢慢加入 6mL 浓盐酸，边加边摇动，并在水浴上微热，温度不要超过 85℃，边摇边加热 $10\sim15min$，然后在室温下冷却混合物并摇动，待完全冷却后过滤出沉淀。用 5mL 冷水分数次洗涤沉淀，接着用 5mL 冷的 $6mol \cdot L^{-1}$ 盐酸洗涤，产物在 105℃ 左右烘干并称量。

2. 组成的初步推断

(1) 取 0.3g 产物，加 35mL 水，混匀，检验其 pH 值。

(2) 取 15mL 配合物溶液，加 $2mol \cdot L^{-1}$ $AgNO_3$ 至上部清液无沉淀生成，过滤，滤液中加 $1\sim2mL$ 浓硝酸，再加 $2mol \cdot L^{-1}$ $AgNO_3$，比较。

(3) $2\sim3mL$ 配合物溶液加 3 滴 $0.5mol \cdot L^{-1}$ $SnCl_2$ 溶液，加 KSCN 加 1mL 戊醇、1mL 乙醚，观察上层溶液颜色。

(4) 取出 1mL 配合物溶液，加蒸馏水，得清亮溶液后，加 2 滴奈氏试剂。

(5) 加热配合物溶液，重复 (3) 和 (4)，观察现象。

(6) 测其 $0.01mol \cdot L^{-1}$、$0.001mol \cdot L^{-1}$ 配合物溶液电导率，确定类型（即离子数）。

【思考题】

1. 将氯化钴加入氯化铵与浓氨水的混合液中，可发生什么反应，生成何种配合物？

2. 上述实验中加过氧化氢起何作用，如不用过氧化氢还可以用哪些物质，用这些物质有什么不好？上述实验中加浓盐酸的作用是什么？

3. 要使本实验制备的产品的产率高，你认为哪些步骤是比较关键的？为什么？

第5章 综合与设计实验

实验41 海带中提取碘

【实验目的】

1. 了解从海带中提取碘的过程。

2. 掌握萃取、过滤的操作及有关原理。

3. 复习氧化还原反应的知识。

【实验原理】

海带中含有丰富的碘元素，碘元素在其中主要的存在形式为化合态，例如，KI 及 NaI。灼烧海带，是为了使碘离子能较完全地转移到水溶液中。由于碘离子具有较强的还原性，可被一些氧化剂氧化生成单质碘。海带中含有碘化物，利用 H_2O_2 可将 I^- 氧化成 I_2。本实验先将干海带灼烧去除有机物，剩余物用 H_2O_2—H_2SO_4 处理，使 I^- 被氧化成 I_2。生成的 I_2 又与碱反应：

$$2I^- + H_2O_2 + 2H^+ === I_2 + 2H_2O$$
$$3I_2 + 6NaOH === 5NaI + NaIO_3 + 3H_2O$$

生成的碘单质在四氯化碳中的溶解度大约是在水中溶解度的 85 倍，且四氯化碳与水互不相溶，因此可用四氯化碳把生成的碘单质从水溶液中萃取出来。

萃取的原理：利用某种物质在两种互不相溶的溶剂中溶解度的差异性，进行分离的过程。溶质一般是从溶解度小的溶剂中向溶解度大的溶剂中运动。

在实验室中用分液漏斗进行萃取分离。

【实验用品】

试剂：海带、氯水、1%淀粉溶液、四氯化碳、NaOH(40%)、$AgNO_3$（0.1mol·L^{-1}）、H_2SO_4（1mol·L^{-1}，45%）。

材料：滤纸、pH 试纸。

仪器：天平、镊子、剪刀、铁架台、酒精灯、坩埚、坩埚钳、泥三角、玻璃棒、分液漏斗。

【实验内容】

1. 称取 3g 干海带，用刷子把干海带表面的附着物刷净（不要用水洗）。将海带剪碎，酒精润湿（便于灼烧）后，放在坩埚中。用酒精灯灼烧盛有海带的坩埚，至海带完全成灰，停止加热，冷却。

2. 将海带灰转移到小烧杯中，再向烧杯中加入 20mL 蒸馏水，搅拌，煮沸 2～3min，使可溶物溶解，过滤。

3. 将滤液分成四份放入试管中，并标为 1、2、3、4 号。在 1 号试管中滴入 6 滴 1mol·L^{-1}稀硫酸后，再加入约 3mL H_2O_2 溶液，观察现象。滴入 1%淀粉液 1～2 滴，观察现象。

4. 在 2 号试管中加入 2mL 新制的饱和氯水，振荡溶液，观察现象。2 分钟后把加入氯水的溶液分成两份。其中甲中再滴入 1‰ 淀粉液 1~2 滴，观察现象。乙溶液中加入 2mL CCl₄，振荡萃取，静置 2 分钟后观察现象。

5. 向加有 CCl₄ 溶液的试管中加入 NaOH 溶液 10mL，充分振荡后，将混合溶液倒入指定的容器中。加入氢氧化钠的目的是吸收溶解在 CCl₄ 中的碘单质，把剩余溶液倒入指定容器防止污染环境。

6. 在 3 号试管中加入食用碘盐 3g，振荡使之充分溶解后滴入 6 滴稀硫酸。在滴入 1‰ 淀粉溶液 1~2 滴，观察现象。

7. 在 4 号试管中加入硝酸银溶液，振荡，再加入稀硝酸溶液。观察实验现象。

反萃取法从碘的四氯化碳溶液中提取碘单质的步骤。

(1) 在碘的四氯化碳溶液中逐滴加入适量 40% NaOH 溶液，边加边振荡，直至四氯化碳层不显红色为止。碘单质反应生成 I⁻ 和 IO₃ 进入水中。

$$3I_2 + 6OH^- \rightleftharpoons 5I^- + IO_3^- + 3H_2O$$

(2) 分液，将水层转移入小烧杯中，并滴加 45% 的硫酸酸化，可重新生成碘单质。由于碘单质在水中的溶解度很小，可沉淀析出。

$$5I^- + IO_3^- + 6H^+ \rightleftharpoons 3I_2 + 3H_2O$$

(3) 过滤，得到碘单质晶体。

注意事项

1. 萃取实验中，要使碘尽可能全部转移到 CCl₄ 中，应加入适量的萃取剂，同时采取多次萃取的方法。

2. 如果用其他氧化剂（如浓硫酸，氯水，溴水等），要做后处理，如溶液的酸碱度即 pH 的调节，中和酸性到基本中性。当选用浓硫酸氧化 I⁻ 离子时，先取浸出碘的少量滤液放入试管中，加入浓硫酸，再加入淀粉溶液，如观察到变蓝，可以判断碘离子氧化为碘。

3. 要将萃取后碘的 CCl₄ 溶液分离，可以采取减压蒸馏的方法，将 CCl₄ 萃取剂分离出去。

实验 42 柠檬酸的提取——柠檬酸钙的制备

【实验目的】

1. 熟悉通过钙盐沉淀法制备柠檬酸。

2. 进一步掌握物质的分离与提纯方法。

【实验原理】

在成熟的柠檬发酵液中大部分是柠檬酸，但还含有部分山芋粉渣、菌丝体以及其他的代谢产物的杂质。柠檬酸的提取是柠檬酸生产中极为重要的工序，柠檬酸的提取方法有钙盐沉淀法、离子交换法、电渗析法及萃取法等，目前广泛用于国内生产的是钙盐沉淀法，其原理是利用柠檬酸与碳酸钙反应形成不溶性的柠檬酸钙而将柠檬酸从发酵液中分离出来，并利用硫酸酸解从而获得柠檬酸粗液，经活性炭、离子交换树脂的脱色及脱盐，再经浓缩，结晶干燥等精制后获得柠檬酸成品，其中和及酸解反应式如下：

中和：$2C_6H_8O_7 \cdot H_2O + 3CaCO_3 \rightleftharpoons Ca_3(C_6H_5O_7)_2 \cdot 4H_2O\downarrow + 3CO_2\uparrow + H_2O$

酸解：$Ca_3(C_6H_5O_7)_2 \cdot 4H_2O + 3H_2SO_4 + 4H_2O \rightleftharpoons 2C_6H_8O_7 \cdot H_2O + 3CaSO_4 \cdot 2H_2O\downarrow$

本实验以提取柠檬酸钙盐为主。

【实验用品】

试剂：柠檬酸发酵液、轻质碳酸钙(200 目)、氢氧化钠(0.1429mol·L⁻¹) 溶液、1‰酚酞指示剂。

仪器：制备式离心分离机、滴定管、烘箱。

【实验内容】

1. 发酵液预处理。将成熟的柠檬酸发酵液加热至 80℃，保温 10～20 分钟，趁热进行离心分离，取滤液备用并记录滤液总体积。

2. 发酵液总酸的测定。取滤液 1mL，加 5mL 蒸馏水于洁净三角瓶，加入 1 滴酚酞指示剂用 0.1429mol·L⁻¹ NaOH 滴定于初显红色为止，记下 NaOH 的消耗量。

3. 中和。将发酵滤液加热至 70℃，同时加入发酵液总酸量 72％的轻质碳酸钙进行中和至 pH5.8，残酸 0.2％～0.3％，并于 85℃条件下搅拌并保温 30min。

4. 离心及洗糖。将中和液趁热离心，倾去上清液后加入滤液总量 1/2 的 80℃热水洗糖，再次离心所得固体即为柠檬酸钙盐。

5. 将所得柠檬酸钙置于干燥洁净的表面皿中，于 105℃烘干称重。

【实验数据处理】

1. 计算发酵液中总酸浓度及发酵所得的总酸量。

2. 根据所得的钙盐重量计算钙盐提取的提取收率。

3. 简述发酵液预处理的意义及洗糖的目的。

实验 43　食品中常见微量元素的分析与检测

【实验目的】

1. 了解食物中的常见微量元素。

2. 掌握常见微量元素的分析与检测方法。

【实验原理】

1. 微量元素简介

在体内含量不足 0.05％的 14 种微量元素是人体所必需的，这十四种元素是：Zn、Fe、Cu、Mn、Cr、Mo、Co、Se、Ni、V、Sn、N、I、Sr。它们在人体内的含量是平衡的。当人体所处的环境或饮食发生变化，这些微量元素含量的平衡状态也会随之变化。长期处于微量元素失衡的环境或长期使用微量元素失衡的食品，均会破坏人体的微量元素平衡。每一种微量元素，又有其特殊的生理功能。在某种情况下，一种微量元素可以产生多种特殊的生理作用。尽管它们的体内的含量只有万分之几，有的甚至仅有十亿分之几，但是如果缺少了这微乎其微的任何一种物质，生命很可能因此而终止。环境污染和不良的生活习惯，使有毒有害的微量元素在体内有蓄积的倾向，将严重威胁人体的健康。

(1) 微量元素的作用

那么，每种微量元素在人体中究竟有什么样的生理功能呢？我们重点介绍以下几种。

钙：是构成骨骼及牙齿的主要成分。钙对神经系统也有很大的影响，当血液中钙的含量减少时，神经兴奋性增加，会发生肌肉抽搐。钙还可帮助血液凝固。

磷：是身体中酶、细胞核蛋白质、脑磷脂和骨骼的重要成分。

铁：是制造血红蛋白及其他铁质物质不可缺少的元素。

铜：是多种酶的主要原料。

钠：是柔软组织收缩所必需元素。

钾：钾与钙的平衡对心肌的收缩有重要作用。

镁：可以促进磷酸酶的功能，有益骨骼的构成；还能维持神经的兴奋，缺乏时有抽搐现象发生。

氟：可预防龋齿和老年性骨质疏松。

锌：是很多金属酶的组成成分或酶的激动剂，儿童缺乏时可出现味觉减退、胃纳不佳、厌食和皮炎等。

硒：心力衰竭、克山病、神经系统功能紊乱与缺硒有关。

碘：缺乏时，可有甲状腺肿大、智力低下、身体及性器官发育停止等症状。

锰：成人体内含量为 $12\sim20\text{mg}$。缺乏时可出现糖耐量下降、脑功能下降、中耳失衡等症状。

另外，还需要介绍两种有毒金属。铝：可造成低血钙、小儿多动症及关节病等。

铅：可造成行为及神经系统的异常。平时我们应少接触它们，以免对身体造成损害。

上述微量元素人们都可以从食品中获取，但是过量的摄入将会对人体产生严重的危害。

（2）食品中微量元素及检测方法

① 海带中的碘元素

海带属于褐藻门，海带科，藻体褐色，扁平呈带状。最长可达 7m。基部有固着器树状分枝，用以附着海底岩石。生长于水温较低的海中，藻体含有碘、藻胶素、昆布素（多糖类）、脂肪、蛋白质、胡萝卜素、硫胺素、核黄素。它所含营养物质特别丰富，尤其是矿物质。每 100g 中含 24mg 碘（为目前已知所有植物中含量最高），每 100g 海带还含有 1177mg 钙，8.2g 蛋白质。此外还含有大量的粗纤维、碳水化合物、胡萝卜素、维生素 B_1、维生素 B_2 等多种维生素和磷、氟等十几种矿物质和丰富的甘露醇；部分海带还含有特别丰富的铁。值得注意的是，海带中的碘主要以一碘乙酸或二碘乙酸的形式存在（极少量碘酰化合物），可以认为碘以负一价的形式存在。

海带中的碘元素可以通过加入氧化剂的方法将负一价碘氧化为单质碘，然后通过淀粉显色反应而鉴别。而食盐中的碘则是以碘酸钾的形式存在，不能够采用氧化淀粉显色法。

② 菠菜中的铁元素

所有人体中微量元素含量最高的是铁元素，成年人铁含量约为 $4\sim5\text{g}$，正常情况下，人体内的铁主要来自食物。多数食物中都含有少量铁。食物中铁含量最高者为黑木耳、海带、发菜、紫菜、香菇、猪肝等，其次为豆类、肉类、血、蛋等。人体对各种食物中铁的吸收量是不同的。从动物的肝、肌肉、血和黄豆等中能被吸收的铁可达 $15\%\sim20\%$，而谷物、蔬菜或水果则为 $1.7\%\sim7.9\%$。用铁锅做饭菜也能得到相当量的无机铁。其中菠菜含铁量最高（$17\sim20\text{mg}\cdot\text{kg}^{-1}$），而且富集在菠菜根部（菠菜根部的红色是富含胡萝卜素，与铁无关）。菠菜中的铁元素可以通过灰化处理后酸浸出，也可以通过水浴加热酸浸出法获得，前者多用于定量分析，后者多用于定性分析。铁元素定量分析方法非常多，如滴定法、邻二氮菲和磺基水杨酸显色分光光度法，原子吸收等等。定性方法采用硫氰酸铵显色即可，酸性条件下铁离子与硫氰酸根形成红色络合物。

③ 骨头中的钙和磷

骨组织形式分为两种：密致骨（或称皮质骨）和松质骨（或称小梁骨）。在成熟骨骼中，密致骨结构按照哈佛式系统排列，形成外层（皮质），包绕着内层含有骨髓的疏松小梁状松质骨。密致骨构成骨质的 80%，包含 99% 的人体总钙和 90% 的磷酸盐。骨组织主要包括有机成分（约占 35%）和无机成分（约占 65%）。有机基质由胶原蛋白和糖蛋白构成；无机成分主要有羟基磷灰石、阳离子（钙、镁、钠、钾和锶）和阴离子（硫化物、磷和氯化物）。无机基质中钙主要提供骨骼硬度和压力，有机基质中的胶原纤维提供支撑和张力和一定的韧性，其中磷酸钙含量超过 95%。

骨头中的磷和钙元素的检测，定量方法为灰化，酸浸出，然后再进行定量分析。而定性方法可以通过加热酸浸出，然后磷酸根可以通过加入钼酸铵进行检测，它们反应形成磷钼酸络合物，该络合物为亮黄色。而钙离子可以通过加入钙指示剂或者铬黑 T 在碱性条件下络合显色，红色或者酒红色络合物。

④ 豆粉中的钙、磷和铁

大豆粉的营养成分非常丰富，其蛋白质含量高达 40%，含油 20%，除此之外还含有：大豆异黄酮、大豆低聚糖、大豆皂苷、大豆磷脂等保健功能成分，另含有钙、磷、铁和维生素 E、B_1、B_2 等人体必需的营养物质。豆粉中的微量元素检测方法同上，但是由于含量很低，因此关键是酸浸出的工艺，灰化效果最好。

2. 日常用品中的化学

（1）不宜用火柴梗剔牙

有些人吃完饭顺手从火柴盒中取出一根火柴悠然剔起牙来，殊不知火柴梗在火柴生产过程中早已被制作火柴头的原料污染了，有毒物质乘机就会进入人体，危害健康。大家知道，安全火柴是以硫磺作为还原剂，所以火柴头组成除了以硫磺为主的火药和玻璃屑等物质外，还含有帮助燃烧的松香、重铬酸钾等。重铬酸钾不仅有毒，而且是一种强烈的致癌物质，所以为了健康，请不要用已被重铬酸钾污染过的火柴剔牙。

检验火柴头中所含 $K_2Cr_2O_7$ 的方法很多，首先把火柴头压碎后用少量酸溶解，向溶液中加适当的还原剂检验 $K_2Cr_2O_7$，或者用与 $Pb(Ac)_2$ 生成黄色 $PbCrO_4$ 沉淀的方法检验。

（2）消毒剂中的化学

日常生活中，常用的几种消毒剂是：酒精、浓食盐水、碘酒、双氧水、高锰酸钾和漂白粉等。其中，酒精是靠它渗透到细菌菌体内，使蛋白质凝固而杀死细菌，而浓食盐水是靠细菌菌体内水大部分渗透到浓盐水中，导致细胞干瘪致死，其余则都是依靠它们各自具有很强的氧化性，能破坏细菌菌体组织，致细菌于死地，从而达到消毒作用。

（3）指纹鉴定

许多影视作品中常常有指纹破案的情节，从案发现场的器物上，作案者留下的指纹找到破案的线索。原来，人的手指表面有油脂、汗水等，当手指接触器物后，指纹上的油脂、汗水就会印在器物表面，人眼不易看出来。如果用碘蒸气熏，由于碘易溶于油脂等有机物质中并显出一定的颜色，因而使器物上的指纹显现出来。

（4）壁画之谜

世界闻名的敦煌壁画画面上各种人物的脸和皮肤都是灰黑色，而不是正常的黄色或白色，这是怎么回事呢？经过分析知道，灰黑色物质是 PbS，专家们经过研究认为原来涂上去的并非 PbS，而是有名的白色颜料-铅白，即碱式碳酸铅 $[2PbCO_3 \cdot Pb(OH)_2]$，它具有很强的覆盖力，涂抹在壁画上应该是雪白的，但由于空气中微量气体长期的作用，发生了如下的化学变化：

$$2PbCO_3 \cdot Pb(OH)_2 + H_2S \longrightarrow 3PbS + CO_2 + 4H_2O$$

原来白色的脸面和皮肤就渐渐变成灰黑色了。

如果要使画面恢复原样，只需取一块软布蘸一些双氧水（H_2O_2）在画面上轻轻擦拭，由于发生了如下的化学变化：

$$PbS + 4H_2O_2 \longrightarrow PbSO_4 + 4H_2O$$

就可以使画面整旧如新了。

人们在日常生活中常常会遇到许多各类不同的化学问题，有些是常识性的、容易解决的，有些则需要运用化学知识及化学实验技术进行分析，设法加以解决。

3. 掺假食品的鉴别

（1）牛奶中掺豆浆的检查

牛奶是一种营养丰富、老少皆宜的食品。正常牛奶为白色或浅黄色均匀胶状液体，无沉淀、无凝块、无杂质，具有轻微的甜味和香味，其成分见下表。

牛奶的成分

成分	水	脂肪	蛋白质	酪蛋白	乳糖	白蛋白	灰分
含量	87.35%	3.75%	3.40%	3.00%	4.75%	0.40%	0.75%

在牛奶中掺入价格低得多的豆浆，尽管此时牛奶的密度、蛋白质含量变化不大，可能仍在正常范围内，但由于豆浆中几乎不含淀粉，而含约 25% 碳水化合物（主要是棉籽糖、水苏糖、蔗糖、阿拉伯半乳聚糖等），它们遇碘后显灰绿色，所以利用这种变化可定性检查牛奶中是否掺有豆浆。

（2）掺蔗糖蜂蜜的鉴定

蜂蜜是人们喜爱的营养丰富的保健食品，正常蜂蜜的密度约为 $1.401 \sim 1.433\% \, g \cdot cm^{-3}$，主要成分是葡萄糖和果糖约 $65 \sim 81\%$，蔗糖约为 8%，水约 $16 \sim 25\%$，糊精、非糖物质、矿物质和有机酸等约 5%，此外还含有少量酵素、芳香物质、维生素及花粉粒等，因所采花粉不同，其成分也有一定差异。人为地将价廉的蔗糖熬成糖浆掺入蜂蜜中，外观上也会出现一些变化。一般，这种掺糖蜂蜜色泽比较鲜艳，大多为浅黄色、味淡、回味短，且糖浆味较浓。用化学方法可取掺假样品加水搅拌，如有混浊或沉淀再加 $AgNO_3$（1%），若有絮状物产生，即为掺蔗糖蜂蜜。

（3）亚硝酸钠与食盐的区别

亚硝酸钠（$NaNO_2$）是一种白色或浅黄色晶体或粉末，有咸味，很像食盐，往往容易错当食盐使用，如果误食 $0.3 \sim 0.5g$ 亚硝酸钠就会中毒，食后 10min 就会出现明显中毒症状：呕吐、腹痛、紫绀、呼吸困难，甚至抽搐、昏迷，严重时还会危及生命。亚硝酸钠不仅有毒，而且还是致癌物，对人体健康危害很大。

利用 $NaNO_2$ 在酸性条件下氧化 KI 生成单质碘的反应：

$$NaNO_2 + KI + 2H_2SO_4 \longrightarrow 2NO + I_2 + K_2SO_4 + Na_2SO_4 + 2H_2O$$

单质碘遇淀粉显蓝色，就可以把亚硝酸钠与食盐区别开。

【实验用品】

试剂：海带溶液、豆粉、骨头、菠菜、亚硝酸钠、氯化钠、淀粉溶液、蜂蜜、蔗糖、牛奶、豆浆、过硫酸铵（10%）、硫氰化钾、$NaOH(1mol \cdot L^{-1})$、$HCl(1mol \cdot L^{-1})$、$HNO_3(3mol \cdot L^{-1})$、钼酸铵（5%）、$H_2SO_4(2mol \cdot L^{-1})$、铬黑 T（1%）、碘水溶液、KI（1%）、$AgNO_3$（1%）。

仪器：水浴锅、烧杯、试管、试管架、玻璃棒、吸管、镊子。

【实验内容】

1. 碘元素：取 0.5mL 海带浸出液，加 2～3 滴淀粉溶液，振荡，加入 0.5mL 硫酸，振荡，再加入 0.5mL 过硫酸铵，观察现象。

2. 钙元素：在试管中先加入约 1.5mL 的 NaOH 溶液，然后加入固体铬黑 T，待溶解后再滴加豆粉或者骨头的浸出液，观察现象。

3. 磷元素：在试管中先加入约 1.5mL 的钼酸铵溶液，然后加入 0.5mL 硝酸，振荡均匀后，再滴加豆粉或者骨头的浸出液，观察现象；

4. 铁元素：在试管中先加入约 1mL 的硫氰酸钾溶液，再滴加豆粉或者菠菜的浸出液，观察现象；

5. 牛奶掺豆浆：取 1mL 牛奶，加入 1mL 水，然后加入碘水溶液，观察现象；

6. 真假蜂蜜：取 0.5mL 蜂蜜，加 1～2mL 水，然后加入 3～5 滴硝酸银，观察现象；

7. 亚硝酸钠和氯化钠：取上述固体少量，加入 2～3mL 水，充分溶解，加 HCl 或者硫酸，5～10 滴，再加入淀粉溶液 2～3 滴，最后加 KI 溶液 2～3 滴，观察现象。

实验 44　维生素 B_{12} 的鉴别及其注射液的含量测定

【实验目的】

1. 掌握用紫外分光光度法对物质进行鉴别的方法。

2. 掌握以吸光系数法测定物质含量的方法。

【实验原理】

1. 维生素 B_{12} 是含 Co 有机药物，为深红色吸湿性结晶，制成注射液用于治疗贫血等疾病。注射液的标示含量有每毫升维生素 B_{12} $50\mu g$、$100\mu g$ 或 $500\mu g$ 等规格。

2. 维生素 B_{12} 的水溶液在 $278\pm1nm$、$361\pm1nm$ 与 $550\pm1nm$ 三波长处有最大吸收。药典规定以上述三个吸收峰处测得的吸光度比值作为其定性鉴别的依据，比值范围应为：

$$\frac{A(361nm)}{A(278nm)}=1.70～1.88 \qquad \frac{A(361nm)}{A(550nm)}=3.15～3.45$$

3. 维生素 B_{12} 的水溶液在 361nm 处的吸收峰强度较高、干扰较少，故药典规定以 $361\pm1nm$ 处吸收峰的比吸收系数（2.07×10^{-4}）作为测定注射液实际含量的依据。

【实验用品】

试剂：维生素 B_{12} 注射液。

仪器：752 型紫外可见分光光度计、容量瓶、移液管。

【实验内容】

1. 准确量取样品 10mL 至 50mL 容量瓶中，加水稀释至刻度。

2. 用 1cm 石英比色皿，以蒸馏水作空白，从波长 230～580nm 每间隔 20nm 测定一次吸光度，在最大吸收峰 278nm、361nm 与 550nm 附近每间隔 4nm 测定一次读取其吸光度。

3. 按 $361\pm1nm$ 处的吸光度计算样品稀释液中维生素 B_{12} 的含量（$\mu g\cdot ml^{-1}$）。

原始注射液每毫升所含 B_{12} 的微克数 $=A_{(测)361nm}\times48.31\times$ 稀释倍数。

4. 计算三个吸收峰处的吸光度比值 $\left[\dfrac{A\ (361nm)}{A\ (278nm)},\ \dfrac{A\ (361nm)}{A\ (550nm)}\right]$，并与药典规定的比值范围进行对照。

5. 数据记录及处理

不同波长下的 B_{12} 溶液吸光度

λ/nm	250	270	274	278	282	302	322	342	357	361	365
A											
λ/nm	385	405	425	445	465	485	505	525	550	554	580
A											

注意事项

1. 每次改变波长，要进行空白测定。

2. 200～340nm 时选择氘灯，340～1000nm 选择卤钨灯。

【思考题】

1. 注射液 B_{12} 三个最大吸收峰的意义何在？

2. 如果取注射液 2mL 用水稀释 15 倍，在 361nm 处测得 A 值为 0.698，试计算注射液每 1mL 含 B_{12} 多少？

实验 45　彩色固体酒精的制备

【实验目的】

了解彩色固体酒精的制备原理、用途，掌握其制备方法。

【实验原理】

彩色固体酒精制备过程中涉及的主要化学反应式为：

$$C_{17}H_{35}COOH+NaOH=\!=\!=C_{17}H_{35}COONa+H_2O$$

反应后生成的硬脂酸钠是一个长碳链的极性分子，室温下在酒精中不易溶，在较高的温度下，硬脂酸钠可以均匀地分散在液体酒精中，而冷却后则形成凝胶体系，使酒精分子被束缚于相互连接的大分子之间，呈不流动状态而使酒精凝固，形成固体酒精。

【实验用品】

试剂：硬脂酸（化学纯）、酒精（工业品，90%）、氢氧化钠（分析纯）、酚酞（指示剂）、硝酸铜（分析纯）、苯甲酸（分析纯）、棉纱、引火丝、氧气钢瓶。

仪器：三颈烧瓶（100mL）、回流冷凝管、电热恒温水浴锅、天平、电动搅拌器、容量瓶。

【实验内容】

1. 彩色固体酒精的制备

用蒸馏水将硝酸铜配成 10% 的水溶液，备用。将氢氧化钠配成 8% 的水溶液，然后用工业酒精稀释成 1∶1 的混合溶液，备用。将 1g 酚酞溶于 100mL 60% 的工业酒精中，备用。分别取 2.5g 工业硬脂酸、50mL 工业酒精和两滴酚酞置于 100mL 三颈烧瓶中，水浴加热，搅拌，回流。维持水浴温度在 70℃左右，在冷凝管上方滴加上述 1∶1 的混合溶液，直至溶液颜色由无色变为浅红又立即褪掉为止。继续维持水浴温度在 70℃左右，搅拌，回流反应 10min 后，一次性加入 1.5mL10％硝酸铜溶液再反应 5min 后，停止加热，冷却至 60℃，再将溶液倒入模具中，自然冷却后得嫩蓝绿色的固体酒精。

2. 安全预防：酒精易燃，避免明火。

【思考题】

1. 固体酒精燃料性能如何评价？

2. 固体酒精制备，常用的固化剂有哪些？

3. 提高固体酒精产品质量有什么措施和方法？

实验 46 废电池的回收与综合利用

【实验目的】

1. 进一步熟悉无机物的实验室提取、制备、提纯、分析等方法与技能；

2. 学习实验方案的设计；

3. 了解废弃物中有效成分的回收利用方法。

【实验原理】

日常生活中用的干电池主要为锌锰干电池，其负极是作为电池壳体的锌电极，正极是被 MnO_2（为增强导电能力，填充有碳粉）包围着的石墨电极，电解质是氯化锌及氯化铵的糊状物。其电池反应为：

$$Zn+2NH_4Cl+2MnO_2 \rightleftharpoons Zn(NH_3)_2Cl_2+2MnOOH$$

在使用过程中，锌皮消耗最多，二氧化锰只起氧化作用，氯化铵作为电解质没有消耗，炭粉是填料。因而回收处理废干电池可以获得多种物质，如铜、锌、二氧化锰、氯化铵和炭棒等。

回收时，剥去废干电池外层包装纸，用螺丝刀撬去顶盖，用小刀除去盖下面的沥青层，即可用钳子慢慢拔出炭棒（连同铜帽），取下铜帽集存，可作为实验或生产硫酸铜的原料。炭棒留作电极使用。

用剪刀把废电池外壳剥开，取出里面的黑色物质，它是二氧化锰、炭粉、氯化铵、氯化锌等的混合物。把这些黑色物质倒入烧杯中，加入蒸馏水（按每节 $1^#$ 电池加入 50mL 水计算），搅拌溶解，澄清后过滤。滤液用以提取氯化铵，滤渣用以制备 MnO_2 及锰的化合物，电池的锌壳可用以制锌粒及锌盐。（请同学利用课外活动时间预先分解废干电池）剖开电池后，从下列三项中选做一项。

【实验用品】

试剂：一个废电池、蒸馏水、Na_2S（0.5mol·L^{-1}）溶液、甲醛、酚酞、NaOH（2mol·L^{-1}）、盐酸、Na_2CO_3 溶液、EDTA（0.1000mol·L^{-1}）、酸性铬蓝 K、二甲酚橙、硫酸溶液、草酸溶液、氯化钡、$C_2H_2O_4·2H_2O$ 固体、$KMnO_4$（0.05mol·L^{-1}）。

仪器：剪刀、布氏漏斗、离心机、离心试管、普通试管、分析天平、普通天平、滴定管、吸量管、铁架台、150mL 和 250mL 容量瓶、玻璃棒、酒精灯、三角架、泥三角、蒸发皿、坩埚。

【实验内容】

1. 从黑色混合物的滤液中提取氯化铵

(1) 要求

① 设计实验方案，提取并提纯氯化铵。

② 产品定性检验：

A：证实其为铵盐；B：证实其为氯化物；C：判断有否杂质存在。

* ③ 测定产品中 NH_4Cl 的百分含量。（不作要求）

(2) 提示

已知滤液的主要成分为 NH_4Cl 和 $ZnCl_2$，两者在不同温度下的溶解度见下表。

NH_4Cl、$ZnCl_2$ 在不同温度下的溶解度（g/100g 水）

T/K	273	283	293	303	313	333	353	363	373
NH_4Cl	29.4	33.2	37.2	31.4	45.8	55.3	65.3	71.2	77.3
$ZnCl_2$	342	363	395	437	452	488	541	—	614

氯化铵在 100℃时开始显著挥发，338℃时离解，350℃时升华。

2. 从黑色混合物的滤渣中提取 MnO_2

(1) 要求

① 设计实验方案，精制二氧化锰。

② 设计实验方案，验证二氧化锰的催化作用。

③ 试验 MnO_2 与盐酸、MnO_2 与 $KMnO_4$ 的作用。

(2) 提示

黑色混合物的滤渣中含有二氧化锰、炭粉和其他少量有机物。用少量水冲洗，滤干固体，灼烧以除去炭粉和有机物。

粗二氧化锰中尚含有一些低价锰和少量其他金属氧化物，应设法除去，以获得精制二氧化锰。纯二氧化锰密度 $5.03g \cdot cm^{-3}$，535℃时分解为 O_2 和 Mn_2O_3，不溶于水、硝酸及稀 H_2SO_4。

取精制二氧化锰做如下实验：

① 催化作用　二氧化锰对氯酸钾热分解反应有催化作用。

② 与浓 HCl 作用　二氧化锰与浓 HCl 发生如下反应：

$$MnO_2 + 4HCl = MnCl_2 + Cl_2 \uparrow + 2H_2O$$

注意：所设计的实验方法（或采用的装置）要尽可能避免产生实验室空气污染。

③ MnO_4^{2-} 的生成及歧化反应　在大试管中加入 5mL $0.002mol \cdot L^{-1}$ $KMnO_4$ 及 5mL $2mol \cdot L^{-1}$ NaOH 溶液，再加入少量所制备的 MnO_2 固体。

3. 由锌壳制取七水硫酸锌

(1) 要求

① 设计实验方案，以锌单质制备七水硫酸锌。

② 产品定性检验：A：证实硫酸盐；B：证实为锌盐；C：不含 Fe^{3+}、Cu^{2+}。

(2) 提示

将洁净的碎锌片用适量的酸溶解。溶液中有 Fe^{3+}、Cu^{2+} 杂质时，设法除去。七水硫酸锌极易溶于水（在 15℃时，无水盐为 33.4%），不溶于乙醇。在 39℃时溶于结晶水，100℃

开始失水。在水中水解呈酸性。

实验 47　由废铜屑制备甲酸铜及其组成测定

【实验目的】

　　1. 了解制备某些金属有机酸盐的原理和方法。

　　2. 继续巩固固液分离、沉淀洗涤、蒸发、结晶等基本操作。

【实验原理】

　　某些金属的有机酸盐，例如，甲酸镁、甲酸铜、醋酸钴、醋酸锌等，可用相应的碳酸盐、碱式碳酸盐或氧化物与甲酸或醋酸作用来制备。这些低碳的金属有机酸盐分解温度低，而且容易得到很纯的金属氧化物。制备具有超导性能的钇钡铜（$YBa_2Cu_3O_x$）化合物的其中一种方法，是由甲酸与一定配比的 $BaCO_3$，Y_2O_3 和 $Cu(OH)_2 \cdot CuCO_3$ 混合物作用，生成甲酸盐共晶体，经热分解得到混合的氧化物微粉，再压成片在氧气氛下高温烧结，冷却吸氧和相变氧迁移有序化后制得。

　　本实验用硫酸铜和碳酸氢钠作用制备碱式碳酸铜：

$$2CuSO_4 + 4NaHCO_3 == Cu(OH)_2 \cdot CuCO_3 \downarrow + 3CO_2 \uparrow + 2Na_2SO_4 + H_2O$$

然后再与甲酸反应制得蓝色四水甲酸铜：

$$Cu(OH)_2 \cdot CuCO_3 + 4HCOOH + 5H_2O == 2Cu(HCOO)_2 \cdot H_2O + 3CO_2 \uparrow$$

而无水的甲酸铜为白色。

　　甲酸铜的组成测定

　　1. 用分光光度法测定铜的含量

　　利用 Cu^{2+} 与过量的 $NH_3 \cdot H_2O$ 作用生成深蓝色的配离子 $[Cu(NH_3)_4]^{2+}$，这种配离子对波长为 610nm 的光具有强吸收，而且在一定浓度下，它对光的吸收程度（用吸光度 A 表示）与溶液浓度成正比。因此由分光光度计测得甲酸铜溶液中 Cu^{2+} 与 $NH_3 \cdot H_2O$ 作用后生成的 $[Cu(NH_3)_4]^{2+}$ 溶液的吸光度，利用工作曲线并通过计算就能确定才 $c(Cu^{2+})$ 浓度，由此计算出 Cu^{2+} 的含量。

　　附：工作曲线的绘制

　　配制一系列 $[Cu(NH_3)_4]^{2+}$ 标准溶液，用分光光度计测定该标准系列中各溶液的吸光度，然后以吸光度 A 为纵坐标，相应的 Cu^{2+} 浓度为横坐标作图得到的直线称为工作曲线。

　　2. 用高锰酸钾测定甲酸根的量

　　甲酸根在酸性介质中可被高锰酸钾定量氧化，反应方程式为

$$MnO_4^- + 5COO^- + 8H^+ == Mn^{2+} + 5CO_2 + 4H_2O$$

　　用已知浓度的高锰酸钾标准溶液滴定，由消耗的高锰酸钾的量，便可求出甲酸根的量

【实验用品】

　　试剂：废铜屑、浓 HNO_3、H_2SO_4（$3mol \cdot L^{-1}$）、$NaHCO_3$（s）、$HCOOH$、$Na_2S_2O_3$（$1mol \cdot L^{-1}$）溶液（称取 12.5g $Na_2S_2O_3 \cdot 5H_2O$ 用新煮沸并冷却的蒸馏水溶解，加入 $0.1gNa_2CO_3$，用新煮沸并冷却的蒸馏水稀释至 500mL，贮存于棕色瓶中，于暗处放置7～14 天后标定）、0.5% 淀粉溶液，HCl（$6mol \cdot L^{-1}$）、20% KI 溶液、10% KSCN 溶液、$Na_2S_2O_3$ 溶液（$0.1mol \cdot L^{-1}$）、$K_2Cr_2O_7$ 溶液（$0.02mol \cdot L^{-1}$）、H_2SO_4 溶液（$1mol \cdot L^{-1}$）、

MnSO$_4$ 滴定液 5mL、0.01mol·L^{-1}KMnO$_4$ 标准溶液(0.01mol·L^{-1})。

仪器：托盘天平，研钵，温度计。

【实验内容】

1. 甲酸铜制备

（1）无水硫酸铜的制备

准确称取废铜屑 4.0～5.0g，于 100mL 烧杯中，向其中加入 50mL 2mol·L^{-1}稀硫酸，加热至无气泡产生，过滤洗涤铜屑。然后加入 2mol·L^{-1}稀硫酸 40mL 和 3.6mol·L^{-1}过氧化氢溶液 60mL 加热至铜全部溶解。继续加热至出现晶膜，冷却至出现晶体，后减压过滤，将晶体晾干。

（2）碱式碳酸铜的制备

准确称取上述步骤所得晶体 13.0～14.0g，再称取 10g Na$_2$CO$_3$·10H$_2$O（或 6g 无水碳酸钠），将两者混合研碎，将混合物迅速投入 100mL 沸水中（此时停止加热），混合物加完后，再加热近沸几分钟，有蓝绿色沉淀产生，抽滤洗涤，直至滤液中不含 SO$_4^{2-}$ 为止，取出沉淀，风干，得到蓝绿色晶体。

（3）甲酸铜的制备

将前面制得的晶体放入烧杯内，加入约 20mL 蒸馏水，加热搅拌至 320K 左右，逐滴加入适量的甲酸至沉淀完全溶解，趁热过滤，滤液在通风橱下蒸发至原体积的 1/3 左右。冷却至室温，减压过滤，用少量乙醇洗涤 2 次，抽滤至干，称重，计算产率。

称取 12.5g CuSO$_4$·5H$_2$O(0.05mol) 和 9.5g NaHCO$_3$ 于研钵中，磨细和混合均匀。在快速搅拌下将混合物分多次少量缓慢加入到 100mL 近沸的蒸馏水（此时停止加热）。混合物加完后，再加热近沸数分钟。静置澄清后，用倾析法洗涤沉淀至溶液无 SO$_4^{2-}$。抽滤至干，称重。

2. 甲酸铜组成测定

（1）结晶水的测定

① 将一个称量瓶放入烘箱内在 110℃下加热 1h，然后置于干燥器内冷却，称重。

② 准确称取上述制得的药品 3.0g，放入已称重的称量瓶中，置于烘箱内在 110℃下加热 1.5h，然后置于干燥器中冷却，称重，重复干燥、冷却、称量等操作，直到恒重。

（2）铜离子含量测定

① 工作曲线的绘制

分别吸取 0.40mL、0.80mL、1.20mL、1.60mL 和 2.00mL 0.100mol·L^{-1}CuSO$_4$ 溶液于 5 个 50mL 容量瓶中，各加入 1∶1 NH$_3$·H$_2$O 4mL，摇匀，用蒸馏水稀释至刻度，再摇匀。

以蒸馏水作参比液，选用 1cm 比色皿，选择入射光波长为 610nm 用分光光度计分别测定各溶液的吸光度，填入表 5-4 中。以吸光度为纵坐标，相应 Cu^{2+} 浓度为横坐标，绘制工作曲线。

② 饱和溶液中 Cu^{2+} 浓度的测定

取上述制得的 Cu(HCOO)$_2$·4H$_2$O 固体配制成溶液于 50mL 容量瓶中，加入的（1∶1）NH$_3$·H$_2$O 4mL，摇匀，用水稀释至刻度，再摇匀。按上述测工作曲线同样条件测定溶液的吸光度。根据工作曲线求出饱和溶液中的 c(Cu^{2+})。

（3）钾酸根含量的测定

① KMnO$_4$ 溶液的标定

　　精确称取 3 份草酸钠（每份 0.15～0.18g），分别放在 250mL 锥形瓶中，并加入 50mL 水，待草酸钠溶解后，加入 15mL 浓度为 2mol·L^{-1} H$_2$SO$_4$，从滴定管中放出约 10mL 待标定的 KMnO$_4$ 溶液到锥形瓶中，加热 70～80℃（不高于 85℃）直到紫红色消失，再用 KMnO$_4$ 溶液滴定热溶液直到微红色在 30s 内不消褪，记下消耗的溶液体积，计算其准确浓度。

　　② 甲酸根含量的测定

　　将制得的 Cu(HCOO)$_2$·4H$_2$O 产品在 383K 的温度下干燥 1.5～2.0 个小时，然后在干燥器中冷却备用。

　　准确称取 0.6g 固体样品，置于 100mL 烧杯中，加蒸馏水溶解，然后转入 250mL 容量瓶中加蒸馏水稀释至刻度，摇匀。用移液管量取 25.00mL 试液，注入锥形瓶中，加入 0.2g 无水碳酸钠，30.00mL 0.1mol·L^{-1} 的高锰酸钾标准溶液，在 80℃ 水浴中加热 30min，冷却。加入 10mL 4mol·L^{-1} 硫酸、2.0g 碘化钾，加盖于暗处放置 5min，用 0.1mol·L^{-1} 硫代硫酸钠标准溶液滴定，近终点时，加入 3mL 0.5% 的淀粉指示剂，继续滴定至溶液蓝色消失。同时作空白试验。

$$w(\text{HCOO}^-) = \frac{22.52 \times 10^{-3}(V_1 - V_2)c}{G \times \dfrac{25}{250}} \times 100\%$$

　　式中：V_1 为空白试验硫代硫酸钠标准溶液用量，mL；V_2 为样品滴定消耗硫代硫酸钠用量，mL；c 为硫代硫酸钠标准溶液浓度，mol·L^{-1}；G 为试样质量，g；22.52 为每 0.5mol 甲酸根的克数。

【实验数据处理】

　　1. 绘制工作曲线

不同浓度 Cu^{2+} 标准溶液的吸光度

项　　目	1	2	3	4	5
$V(\text{CuSO}_4)$/mL	0.40	0.80	1.20	1.60	2.00
相应的 $c(\text{Cu}^{2+})$/ mol·L^{-1}					
吸光度 A					

　　2. 根据 Cu(IO$_3$)$_2$ 饱和溶液吸光度，通过工作曲线求出饱和溶液中的 Cu^{2+} 浓度，计算 Cu^{2+} 含量

　　3. 结晶水的测定

结晶水的测定

称量瓶质量 m	产物质量 m_1	干燥后质量 m_2	结晶水质量 m'

　　4. KMnO$_4$ 溶液的标定

KMnO$_4$ 溶液的标定

项　　目	1	2	3
$m(\text{Na}_2\text{C}_2\text{O}_4)$/g			
V(水)/mL	50	50	50
$V(\text{H}_2\text{SO}_4)$/mL	15	15	15

续表

项　目	1	2	3
$V(KMnO_4)/mL$			
$c(KMnO_4)$			
$c(KMnO_4)$			

5. 甲酸根含量的测定

甲酸根含量的测定

项　目	1	2	3	空白组
$m[Cu(HCOO)_2]/g$				
$V(KMnO_4)/mL$				

实验 48　从废钒触媒中回收五氧化二钒

【实验目的】

1. 进一步了解钒（V）的性质。

2. 熟练分离、沉淀、过滤等基本操作。

【实验原理】

在钒触媒中，钒是以 KVO_3 的形式分散在载体硅藻土上的。但在接触法制造硫酸的催化剂装置更换下来的废钒触媒中，30%～70%的钒以 $VOSO_4$ 的形式存在。为了从废钒触媒中回收 V_2O_5，可在酸性条件下，选择适当的氧化剂将钒（Ⅳ）氧化成钒（V）。例如选用 $KClO_3$ 为氧化剂，发生如下反应：

$$ClO_3^- + 6VO^{2+} + 3H_2O \Longrightarrow 6VO_2^+ + Cl^- + 6H^+$$

VO_2^+ 再水解，就得到 V_2O_5：

$$2VO_2^+ + H_2O \Longrightarrow V_2O_5 + 2H^+$$

所得粗粒 V_2O_5 沉淀为砖红色，俗称"红饼"。

【实验用品】

试剂：废钒触媒、H_2SO_4（$1mol \cdot L^{-1}$，$2mol \cdot L^{-1}$）、$KClO_3$（晶体）、NaOH 溶液（$6mol \cdot L^{-1}$）。

仪器：研钵、抽滤装置、蒸发皿、pH 试纸。

【实验内容】

1. 浸出

称取 50.0g 研细的废钒触媒，加入 120mL $2mol \cdot L^{-1}$ H_2SO_4 溶液，充分搅动 1h。

2. 过滤

抽滤，保留滤液，滤渣用 20mL $1mol \cdot L^{-1}$ H_2SO_4 溶液浸洗抽滤，弃去滤渣，将滤液合并在一起。

3. 氧化

将翠绿色滤液加热至近沸，向热滤液中慢慢加入 1.0g $KClO_3$ 晶体，并不断搅拌至滤液变成黄色。

4. 水解

将上述黄色溶液加热至近沸。在维持近沸的温度（90～95℃）下，逐滴加入 6mol·L^{-1} NaOH 溶液，不断搅拌，并随时用 pH 试纸检验溶液的酸度，要求水解反应在 pH＝1～2 下进行。直至有砖红色沉淀析出，保持 90～95℃ 0.5h，停止加热。

5. 分离

将所得砖红色沉淀抽滤，用少量蒸馏水洗涤，抽干，称重。

【思考题】

为什么水解时要控制 pH＝1～2？

实验 49　由废铝箔制备硫酸铝

【实验目的】

1. 了解用铝制备硫酸铝的方法。
2. 掌握沉淀与溶液分离的几种操作方法。
3. 进行废物利用。

【实验原理】

铝是一种两性元素，既与酸反应，又与碱反应。将其溶于浓氢氧化钠溶液，生产可溶性的四羟基合铝酸钠，再用稀硫酸调节溶液的 pH 值，可将其转化为氢氧化铝，氢氧化铝溶于硫酸，生产硫酸铝。

$$2Al+2NaOH+6H_2O = 2Na[Al(OH)_4]+3H_2 \uparrow$$
$$2Na[Al(OH)_4]+H_2SO_4 = 2Al(OH)_3 \downarrow +Na_2SO_4+2H_2O$$
$$2Al(OH)_3+3H_2SO_4 = Al_2(SO_4)_3+6H_2O$$

【实验用品】

试剂：废铝箔、NaOH（固）、H$_2$SO$_4$（3mol·L^{-1}，2mol·L^{-1}）、HNO$_3$（6mol·L^{-1}）、NH$_4$SCN 溶液（15%）、铁标准溶液（含 Fe^{3+} 0.1mol·L^{-1}）。

仪器：烧杯、抽滤装置、蒸发皿、比色管。

【实验内容】

1. 四羟基合铝酸钠的制备

称取 1.3g 氢氧化钠固体于 250mL 烧杯中，加入 30mL 去离子水使其溶解。称取 0.5g 铝箔投入上述溶液（在通风橱中进行，并远离火焰）。待反应平息，添加一些水，如不再有气泡产生，说明反应完毕。加水冲稀溶液至 80mL 左右，过滤。

2. 氢氧化铝的生成和洗涤

将滤液加热近沸，在不断搅拌下滴加 3mol·L^{-1} H$_2$SO$_4$ 溶液，使其 pH＝8～9，继续搅拌煮沸数分钟，静置澄清。于上层清液中滴加 H$_2$SO$_4$ 溶液检验沉淀是否完全。待沉淀完全后，静置，弃去清液。先用煮沸的去离子水以倾析法洗涤 Al(OH)$_3$ 沉淀 2～3 次，然后抽滤，并继续用沸水洗涤，直至洗涤液 pH 值降至 6～7，抽干。

3. 硫酸铝的制备

将制得的 Al(OH)$_3$ 沉淀转入烧杯中，加入 18mL3mol·L^{-1} H$_2$SO$_4$，小心地煮沸，使沉

淀溶解。加入去离子水稀释至 50mL 左右，滤去不溶物。

滤液用小火蒸发至 10mL 左右，在不断搅拌下用冷水冷却，使晶体析出。待充分冷却后，抽滤，然后在沉淀上盖上数张滤纸按压，以助抽干。产品称重，计算产率。

4. 产品检验——铁含量的检验

称取 0.5g 样品置于小烧杯中，用 5mL 去离子水溶解，加入 1mL 6mol·L^{-1} HNO$_3$ 和 1mL 2mol·L^{-1} H$_2$SO$_4$，加热至沸，冷却，转移至 50mL 比色管中（用少量水冲洗烧杯和玻璃棒，一并倾入比色管中），加 10mL 15% NH$_4$SCN 溶液，加水至刻度，摇匀。所得颜色与标准试样比较，确定产品级别。

标准试样的制作：分别准确移取 5mL、10mL 和 20mL 铁标准溶液（含 Fe^{3+} 0.1mol·L^{-1}），用上述方法处理，得到一、二和三级试剂的标准。

【思考题】

1. 为什么用稀碱溶液与铝箔反应，不用浓碱溶液？
2. 本实验是在哪一步骤中除掉铝箔中的铁杂质？
3. 为使制得 Al(OH)$_3$ 沉淀容易过滤、洗涤，操作时应注意什么？

实验 50　塑料化学镀铜

【实验目的】

1. 了解塑料电镀铜的基本原理。
2. 掌握塑料电镀铜的工艺过程。
3. 掌握配方条件对镀层质量的影响。

【实验原理】

我们知道，绝大部分塑料都是绝缘体，不能在塑料上进行电镀；若要电镀，必须对塑料制件的表面进行金属化处理——即在不通电的情况下给塑料制件表面涂上一层导电的金属薄膜，使其具有一定的导电能力，然后再进行电镀。

塑料制件金属化的方法很多，如真空镀膜、金属喷镀，阴极溅射、化学沉淀等。这些方法中比较行之有效的是化学沉淀法，因而它在化学工业生产中得到广泛应用。

利用化学沉积法进行塑料化学镀的现行工艺通常由下列各步组成：

塑料制件的准备—除油—粗化—敏化—活化—化学镀。

以下是各步骤的详细说明。

1. 除油

塑料制件表面除油目的在于使表面能很快地被水浸润，为化学粗化做好准备。除油的方法又有有机溶剂除油、碱性化学除油和酸性化学除油等，我们采用常用的碱性化学除油法。

2. 粗化

塑料作粗化处理目的在于在塑料表面造成凹坑、微孔等均匀的微观粗糙状况，以保证金属镀层与塑料表面具有较好的结合力。粗化的方法有两种：即机械粗化和化学粗化。由于机械粗化有一定的局限性而很少使用，通常都采用化学粗化。例如对 ABS 塑料，化学粗化处理一般用硫酸和铬酸的混合溶液来侵蚀，使塑料表面的丁二烯珠状体溶解，留下凹坑，形成微观粗糙，同时还增加了表面积。通过红外光谱检测，还发现化学粗化过的表面存在着活性基团如—COOH、—CHO、—OH 等，这些基团的存在也会增加镀层与基体的结合力。

3. 敏化

敏化就是在经粗化后的塑料表面上吸附上一层容易被还原的物质，以便在下一道活化处理时通过还原反应，使塑料表面附着一层金属薄层。最常用的敏化剂是氯化亚锡，现在认为敏化过程的机理是当塑料制品经敏化处理后，表面吸附了一层敏化液，再放入水洗槽中时，由于清洗水的 pH 值高于敏化液而使 2 价锡发生水解作用。

$$SnCl_2 + H_2O \Longrightarrow Sn(OH)Cl + HCl$$
$$SnCl_2 + 2H_2O \Longrightarrow Sn(OH)_2 + 2HCl$$
$$Sn(OH)Cl + Sn(OH)_2 \Longrightarrow Sn(OH)_3Cl$$

$Sn(OH)_3Cl$ 是一种微溶于水的凝胶状物质，会沉积在塑料表面，形成一层几十埃到几千埃的凝胶物质。

4. 活化

活化处理就是在塑料工件上产生一层具有催化活性的贵金属，如金、银、钯等，以便加速后面要进行的化学沉积速度。活化好坏决定化学镀的成败。活化的原理是让敏化处理时塑料表面吸附的还原剂从活化液中还原出一层贵金属来。最常用的活化液是硝酸银型的。当敏化过的工件浸入硝酸银溶液中时，发生反应如下：

$$Sn^{2+} + 2Ag^+ \Longrightarrow Sn^{4+} + 2Ag\downarrow$$

5. 化学镀铜

化学镀是利用化学还原的方法在工件表面催化膜上沉积一层金属，使原来不导电的塑料表面沉积薄薄的一层导电的铜或镍层，便于随后进行电镀各种金属。化学镀是塑料电镀前处理的一道关键工序，切不可疏忽大意。常用的化学镀的原理是：在硫酸铜溶解中加入碱，生成氢氧化铜：

$$CuSO_4 + 2NaOH \Longrightarrow Cu(OH)_2\downarrow + Na_2SO_4$$

当溶液中同时存在酒石酸钾钠时，则会生成酒石酸铜络合物：

$$Cu(OH)_2 + NaKC_4H_4O_6 \Longrightarrow NaKCuC_4H_4O_6 + 2H_2O$$

在溶液中加入甲醛后，铜的络合物被还原分解生成氧化亚铜：

$$NaKCuC_4H_4O_6 + HCHO + NaOH + H_2O \Longrightarrow CuO_2 + 2NaKC_4H_4O_6 + HCOONa$$

然后工件上的催化银膜进一步使氧化亚铜或络离子中的 Cu^{2+} 直接还原为铜。逐步形成覆盖工件表面的铜层：

$$NaKCuC_4H_4O_6 + HCHO + NaOH \Longrightarrow Cu + HCOONa + NaKC_4H_4O_6$$

当塑料表面形成一层有一定厚度的紧密的化学镀金属层后，就可以像金属电镀一样，在它们上面进行常规的电镀处理了。

由上述讨论可见，塑料化学镀的工艺过程是比较复杂的，而且每一步处理的好坏都影响镀层的质量，在实验中每一步都必须严格按规定的工艺条件操作。最后还要说明的是，不是所有的塑料都能进行化学镀，目前可镀的有 ABS、聚丙烯、聚酰胺、聚甲醛、聚苯乙烯、聚乙烯等。最常用的是 ABS。

【实验用品】

试剂：有机除油液；ABS 塑料制品（纽扣）若干。化学粗化液（重铬酸钾 12g、硫酸 28mL、Al^{3+} 10mg）——暗红色溶液；敏化液：氯化亚锡 1.0g、盐酸 5mL、锡粒几颗——白色固体悬浮液；活化液：硝酸银 1.5g、氨水 0.7mL（1 滴）——灰色固体悬浮液；化学镀铜液：酒石酸钾钠 4.3g、氢氧化钠 1.0g、硫酸铜 1.0g、甲醛 10mL（化学镀前临时加入）——蓝色溶液。

仪器：烧杯、玻璃棒、镊子、电热套等。

【实验内容】

配制上述各溶液 100mL。

（1）取 ABS 塑料制品（镀件），放在除油液中浸泡 35min；

（2）取出镀件洗净后，放入 70℃的粗化液中粗化 70min；

（3）用水洗净镀件，不挂水珠（说明粗化效果良好），放入常温的敏化液中敏化 5min；

（4）取出镀件后，用热水洗 10min 以上，洗净后放入活化液中在室温活化 10min；

（5）活化后的镀件，立即放入镀液中化学镀，2min 左右，取出冲洗干净，自然干燥保存。

【注意事项】

1. 每一步完成后必须用去离子水漂洗干净，以免将污物带入下一步的溶液中而影响质量。

2. 粗化开始以后的各步中，必须不断翻动工件并搅拌溶液才能得到好的结果。

3. 除油和粗化步骤决定了镀层的结合性，如果处理效果不理想，铜层就很难吸附于镀件表面。敏化和活化步骤决定了银层能否均匀分布于镀件表面，如果敏化和活化不彻底，镀件表面就很难得到均匀的铜层。

【思考题】

1. 化学镀与电镀的主要区别是什么？

2. 化学镀中粗化和敏化的作用是什么？

3. 化学镀中甲醛的作用是什么？

附　　录

附录 1　无机化学实验常用仪器介绍

名称	仪器示意图	规　格	用　途	注意事项
试管		①玻璃质。分硬质和软质 ②普通试管以管口外径（mm）×管长（mm）表示规格 ③离心试管以容积（mL）表示规格	用于少量试剂的反应器，便于操作和观察。也可用于少量气体的收集；离心试管主要用于少量沉淀与溶液的分离	普通试管可直接用火加热，硬质试管可加热到高温，加热时要用试管夹夹持，加热后不能骤冷，反应试液一般不超过试管容积的1/2，加热时要不停地摇荡，试管口不要对着别人和自己，以防发生意外
烧杯		①玻璃质。分硬质和软质 ②普通型和高型，有刻度和无刻度 ③以容量（mL）表示规格	用作反应物较多时的反应容器，可搅拌，也可用作配制溶液时的容器，或简便水浴的盛水器	加热时外壁不能有水，要放在石棉网上，先放溶液后加热，加热后不可放在湿物上
锥形瓶		①玻璃质。分硬质和软质 ②以容量（mL）表示规格	用作反应容器，振荡方便，适用于滴定操作	同烧杯
平底（圆底）烧瓶	平底　　圆底	①玻璃质 ②普通型、标准磨口型，有圆底、平底之分 ③以容量（mL）表示规格	反应物较多时，且需较长时间加热时用作反应器	加热时应放在石棉网上，加热前外壁应擦干，圆底烧瓶竖放桌上时，应垫一合适的器具，以防滚动、打坏
蒸馏烧瓶		①玻璃质 ②以容量（mL）表示规格	用于液体蒸馏，也可用作少量气体的发生装置	同上
漏斗		①化学实验室使用的一般为玻璃质或塑料质 ②规格以口径大小表示	用于过滤等操作，长颈漏斗特别适用于定量分析中的过滤操作	不能用火加热

续表

名称	仪器示意图	规格	用途	注意事项
量筒		①玻璃质 ②规格以刻度所能量度的最大容积（mL）表示	用以量度一定体积的溶液	不能加热,不能量热液体,不能用作反应器
吸量管和移液管		①玻璃质 ②一定温度下的容积（mL）表示规格	用以较准确移取一定体积的溶液	不能加热或移取热溶液 管口无"吹出"者,使用时末端的溶液不允许吹出
酸式（碱式）滴定管	酸式　碱式	①玻璃质 ②所容的最大容积（mL）表示规格 ③分酸式和碱式,酸式有无色和棕色两种。酸式下端玻璃旋塞控制流出液速度,碱式下端连接一里面装有玻璃球的乳胶管来控制流液量	用以较精确移取一定体积的溶液	不能加热,不能量取较热的液体,使用前应排除其尖端的气泡,并检漏,酸碱式不可互换使用
容量瓶		①玻璃质 ②以刻度以下的容积（mL）表示规格 ③有磨口瓶塞,也有塑料瓶塞	用以配制准确浓度一定体积的溶液	不能加热,不能用毛刷洗刷瓶的磨口与瓶塞配套使用,不能互换

名称	仪器示意图	规　格	用　途	注意事项
分液漏斗		①玻璃质 ②规格以容积（mL）大小表示 ③形状分球形、梨形、筒形、锥形	用于互不相溶的液-液分离，也可用做少量气体发生器装置中的加液器	不能用火直接加热，漏斗塞子不能互换，活塞处不能漏液
称量瓶		①玻璃质 ②规格以外径（mm）×高度（mm）表示 ③形状分扁型和高型两种	用于准确称量一定量的固体样品	不能用火直接加热，瓶和塞是配套的，不能互换使用
试剂瓶		①玻璃质 ②带磨口塞。有无色或棕色 ③规格以容积（mL）大小表示	细口瓶用于存放液体药品，广口瓶用于存放固体药品	不能直接加热，瓶塞配套，不能互换，存放碱液时要用橡皮塞，以防打不开
研钵		①用瓷、玻璃、玛瑙或金属制成 ②规格以口径（mm）表示	用于研磨固体物质及固体物质的混合。按固体物质的性质和硬度选用合适的坩埚	不能用火直接加热，研磨时不能捣碎，只能辗压，不能研磨易爆炸物质
表面皿		①玻璃质 ②规格以口径（mm）大小表示	盖在烧杯上，防止液体迸溅或其他用途	不能用火直接加热
蒸发皿		①瓷质，也有玻璃、石英、金属制成的 ②规格以口径（mm）或容量（mL）表示	蒸发、浓缩用。随液体性质的不同选用不同材质的蒸发皿	瓷质蒸发皿加热前应擦干外壁，加热后不能骤冷，溶液不能超过 2/3，可直接用火加热
坩埚		①用瓷、石英、铁、镍、铂及玛瑙等制成 ②规格以容积（mL）表示	用于灼烧固体用，随固体性质的不同选用不同的坩埚	可直接用火加热至高温，加热至灼热的坩埚应放在石棉网上，不能骤冷

名称	仪器示意图	规　格	用　途	注意事项
微孔玻璃漏斗		①漏斗为玻璃质，砂芯滤板为烧结陶瓷 ②其规格以砂芯板孔的平均孔径（μm）和漏斗的容积（mL）表示 又称烧结漏斗、细菌漏斗、微孔漏斗	用于细颗粒沉淀，以至细菌的分离。也可用于气体和液体扩散实验	不能用于含 HF、浓碱液和活性炭等物质的分离，不能直接用火加热，用后要及时洗净
抽滤瓶和布氏漏斗		①布氏漏斗为瓷质，规格以容量（mL）和口径大小表示 ②抽滤瓶为玻璃瓶，以容量（mL）表示大小	两者配套，用于沉淀的减压过滤	滤纸要略小于漏斗的内径才能粘紧。要先将滤瓶取出再停泵，以防滤液回流。不能用火直接加热
洗瓶		①塑料质 ②规格以容积（mL）表示	装蒸馏水或去离子水用。用于挤出少量水洗沉淀或仪器用	不能漏气，远离火源
干燥器		①玻璃质 ②规格以外径（mm）大小表示 ③分普通干燥器和真空干燥器	内放干燥剂，可保持样品或产物的干燥	防止盖子滑动打碎，灼热的样品待稍冷后再放入
坩埚钳		①铁质 ②有大小不同规格	夹持热的坩埚、蒸发皿用	防止与酸性溶液接触，以防生锈，使轴不灵活

名称	仪器示意图	规　格	用　途	注意事项
三角架		①铁质 ②有大小、高低之分	放置较大或较重的加热容器,做石棉网及仪器的支撑物	要放平衡
点滴板		①瓷质。透明玻璃质,分白釉和黑釉两种 ②按凹穴多少分为四穴、六穴和十二穴	用于生成少量沉淀或带色物质反应的实验,根据颜色的不同,选用不同的点滴板	不能加热,不能用于含 HF 和浓碱的反应,用后要洗净
石棉网		①由细铁丝编成,中间涂有石棉 ②规格以铁网边长(cm)表示	放在受热仪器和热源之间,使受热均匀缓和	用前检查石棉是否完好,石棉脱落者不能使用 不能和水接触,不能折叠
泥三角		①用铁丝拧成,套以瓷管 ②有大小之分	加热时,坩埚或蒸发皿放在其上直接用火加热	铁丝断了不能再用。灼烧后的泥三角应放在石棉网上
漏斗架		木质或者塑料质	过滤时,用于放置漏斗	
试管夹		由木料、钢丝或塑料制成	用于夹持试管	防止烧损和腐蚀
铁架台		铁质	固定玻璃仪器用	

续表

名称	仪器示意图	规　格	用　途	注意事项
试管架		①有木质、铝质和塑料质等 ②有大小不同、形状各异的多种规格	盛放试管用	加热后的试管应以试管夹夹好悬放在架上，以防烫坏木质或塑料质的试管架
滴管和滴瓶		①玻璃质 ②滴管(或吸管)由玻璃尖管和胶头组成	滴管吸取少量溶液用	胶头坏了要及时更换，防止掉地摔坏
毛刷		①用动物毛(或化学纤维)和铁丝制成 ②以大小和用途表示，如试管刷、滴定管刷等	洗刷玻璃仪器用	小心刷子顶端的铁丝撞破玻璃仪器，顶端无毛者不能使用

附录 2　　国际相对原子量表

元素		原子序数	相对原子质量	元素		原子序数	相对原子质量
名称	符号			名称	符号		
氢	H	1	1.008	钙	Ca	20	40.08
氦	He	2	4.003	钪	Sc	21	44.96
锂	Li	3	6.941	钛	Ti	22	47.88
铍	Be	4	9.012	钒	V	23	50.94
硼	B	5	10.81	铬	Cr	24	52.00
碳	C	6	12.01	锰	Mn	25	54.94
氮	N	7	14.01	铁	Fe	26	55.85
氧	O	8	16.00	钴	Co	27	58.93
氟	F	9	19.00	镍	Ni	28	58.69
氖	Ne	10	20.18	铜	Cu	29	63.55
钠	Na	11	22.99	锌	Zn	30	65.39
镁	Mg	12	24.31	镓	Ga	31	69.72
铝	Al	13	26.98	锗	Ge	32	72.61
硅	Si	14	28.09	砷	As	33	74.92
磷	P	15	30.97	硒	Se	34	78.96
硫	S	16	32.07	溴	Br	35	79.90
氯	Cl	17	35.45	氪	Kr	36	83.80
氩	Ar	18	39.95	铷	Rb	37	85.47
钾	K	19	39.10	锶	Sr	38	87.62

| 元　素 | | 原子序数 | 相对原子质量 | 元　素 | | 原子序数 | 相对原子质量 |
名称	符号			名称	符号		
钇	Y	39	88.91	钨	W	74	183.9
锆	Z	40	91.22	铼	Re	75	186.2
铌	Nb	41	92.91	锇	Os	76	190.2
钼	Mo	42	95.94	铱	Ir	77	192.2
锝	Tc	43	98.91	铂	Pt	78	195.1
钌	Ru	44	101.1	金	Au	79	197.0
铑	Rh	45	102.9	汞	Hg	80	200.6
钯	Pd	46	106.4	铊	Tl	81	204.4
银	Ag	47	107.9	铅	Pb	82	207.2
镉	Cd	48	112.4	铋	Bi	83	209.0
铟	In	49	114.8	钋	^{210}Po	84	210.0
锡	Sn	50	118.7	砹	^{210}At	85	210.0
锑	Sb	51	121.8	氡	^{222}Rn	86	222.0
碲	Te	52	127.6	钫	^{223}Fr	87	223.2
碘	I	53	126.9	镭	^{226}Ra	88	226.0
氙	Xe-	54	131.3	锕	^{227}Ac	89	227.0
铯	Cs	55	132.9	钍	Th	90	232.0
钡	Ba	56	137.3	镤	^{231}Pa	91	231.0
镧	La	57	138.9	铀	U	92	238.0
铈	Ce	58	140.1	镎	^{237}Np	93	237.0
镨	Pr	59	140.9	钚	^{239}Pu	94	239.1
钕	Nd	60	144.2	镅	^{243}Am	95	243.1
钷	Pm	61	144.9	锔	^{247}Cm	96	247.1
钐	Sm	62	150.4	锫	^{247}Bk	97	247.1
铕	Eu	63	152.0	锎	^{252}Ct	98	252.1
钆	Gd	64	157.3	锿	^{252}Es	99	252.1
铽	Tb	65	158.9	镄	^{257}Fm	100	257.1
镝	Dy	66	162.5	钔	^{256}Md	101	256.1
钬	Ho	67	164.9	锘	^{259}No	102	259.1
铒	Fr	68	167.3	铹	^{260}Lr	103	260.1
铥	Tm	69	168.9	铈	^{261}Rf	104	261.1
镱	Yb	70	173.0	𬭊	^{262}Ha	105	262.1
镥	Lu	71	175.0		^{263}Nh	106	263.1
铪	Hf	72	178.5		^{262}Ns	107	262.1
钽	Ta	73	180.9		^{266}Ue	108	266.1

附录3　常用的气体干燥剂

气体	干燥剂	气体	干燥剂
H_2	$CaCl_2$、P_2O_5、浓 H_2SO_4	H_2S	$CaCl_2$
O_2	$CaCl_2$、P_2O_5、浓 H_2SO_4	NH_3	CaO 或 CaO-KOH
Cl_2	$CaCl_2$	NO	$Ca(NO_3)_2$
N_2	$CaCl_2$、P_2O_5、浓 H_2SO_4	HCl	$CaCl_2$
O_3	$CaCl_2$	HBr	$CaBr_2$
CO	$CaCl_2$、P_2O_5、浓 H_2SO_4	HI	CaI_2
CO_2	$CaCl_2$、P_2O_5、浓 H_2SO_4	SO_2	$CaCl_2$、P_2O_5、浓 H_2SO_4

附录 4　常见酸碱试剂的浓度

试剂	相对密度	浓度/mol·L^{-1}	质量分数/%
冰醋酸	1.05	17.4	99.7
氨水	0.90	14.8	28.0
苯胺	1.022	11.0	
盐酸	1.19	11.9	36.5
氢氟酸	1.14	27.4	48.0
硝酸	1.42	15.8	70.0
高氯酸	1.67	11.6	70.0
磷酸	1.69	14.6	85.0
硫酸	1.84	17.8	95.0
三乙醇胺	1.124	7.5	
浓氢氧化钠	1.44	14.4	40
饱和氢氧化钠	1.539	20.07	

附录 5　洗涤液的配制及使用

1. 铬酸洗液

主要用于去除少量油污，是无机及分析化学实验室中最常用的洗涤液。使用时应先将待洗仪器用自来水冲洗一遍，尽量将附着在仪器上的水控净，然后用适量的洗液浸泡。

配制方法：称取 25g 化学纯 $K_2Cr_2O_7$ 置于烧杯中，加 50mL 水溶解，然后一边搅拌一边慢慢沿着烧杯壁加入 450mL 工业浓 H_2SO_4，冷却后转移到有玻璃塞的细口瓶中保存。

2. 酸性洗液

工业盐酸（1∶1），用于去除碱性物质和无机物残渣，使用方法与铬酸洗液相同。

3. 碱性洗液

1% 的 NaOH 水溶液，可用于去除油污，加热时效果较好，但长时间加热会腐蚀玻璃。使用方法与铬酸洗液相同。

4. 草酸洗液

用于除去 Mn，Fe 等氧化物。加热时洗涤效果更好。

配制方法：5～10g 草酸溶于 100mL 水中，再加入少量浓盐酸。

5. 盐酸-乙醇洗液

用于洗涤被染色的比色皿、比色管和吸量管等。

配制方法：将化学纯的盐酸与乙醇以 1∶2 的体积比混合。

6. 酒精与浓硝酸的混合液

此溶液适合于洗涤滴定管。使用时，先在滴定管中加入 3mL 酒精，沿壁再加入 4mL 浓 HNO_3，盖上滴定管管口，利用反应所产生的氧化氮洗涤滴定管。

7. 含 KMnO$_4$ 的 NaOH 水溶液

将 10g KMnO$_4$ 溶于少量水中，向该溶液中注入 100mL 10% NaOH 溶液即成。该溶液适用于洗涤油污及有机物，洗后在玻璃器皿上留下的 MnO$_2$ 沉淀，可用浓 HCl 或 Na_2SO_3

溶液将其洗掉。

附录 6　常用缓冲溶液的配制

缓冲溶液组成	pK_a	缓冲液 pH	缓冲溶液配制方法
氨基乙酸-HCl	2.35 (pK_{a_1})	2.3	取氨基乙酸 150g 溶于 500mL 水中后，加浓 HCl 80mL，水稀至 1L。
H_3PO_4-柠檬酸盐		2.5	取 $Na_2HPO_4 \cdot 12H_2O$ 113g 溶于 200mL 水后，加柠檬酸 387g，溶解，过滤后，稀至 1L。
一氯乙酸-NaOH	2.86	2.8	取 200g 一氯乙酸溶于 200mL 水中，加 NaOH40g，溶解后，稀至 1L。
邻苯二甲酸氢钾-HCl	2.95 (pK_{a_1})	2.9	取 500g 邻苯二甲酸氢钾溶于 500mL 水中，加浓 HCl 80mL，稀至 1L。
甲酸-NaOH	3.76	3.7	取 95g 甲酸和 NaOH 40g 于 500mL 水中，溶解，稀至 1L。
NaAc-HAc	4.74	4.7	取无水 NaAc 83g 溶于水中，加冰 HAc 60mL，稀至 1L。
六亚甲基四胺-HCl	5.15	5.4	取六亚甲基四胺 40g 溶于 200mL 水中，加浓 HCl 10mL，稀至 1L。
Tris-HCl[三羟甲基氨甲烷 $CNH_2(HOCH_3)_3$]	8.21	8.2	取 25g Tris 试剂溶于水中，加浓 HCl8mL，稀至 1L。
NH_3-NH_4Cl	9.26	9.2	取 NH_4Cl 54g 溶于水中，加浓氨水 63mL，稀至 1L。

附录 7　常用酸碱指示剂的配制

指示剂	变色范围 pH	颜色变化	pK_{HIn}	浓　度
百里酚蓝	1.2~2.8	红~黄	1.65	0.1%的 20%乙醇溶液
甲基黄	2.9~4.0	红~黄	3.25	0.1%的 90%乙醇溶液
甲基橙	3.1~4.4	红~黄	3.45	0.1%的水溶液
溴酚蓝	3.0~4.6	黄~紫	4.1	0.1%的 20%乙醇溶液或其钠盐水溶液
溴甲酚绿	4.0~5.6	黄~蓝	4.9	0.1%的 20%乙醇溶液或其钠盐水溶液
甲基红	4.4~6.2	红~黄	5.0	0.1%的 60%乙醇溶液或其钠盐水溶液
溴百里酚蓝	6.2~7.6	黄~蓝	7.3	0.1%的 20%乙醇溶液或其钠盐水溶液
中性红	6.8~8.0	红~黄橙	7.4	0.1%的 60%乙醇溶液
苯酚红	6.8~8.4	黄~红	8.0	0.1%的 60%乙醇溶液或其钠盐水溶液
酚酞	8.0~10.0	无~红	9.1	0.2%的 90%乙醇溶液
百里酚蓝	8.0~9.6	黄~蓝	8.9	0.1%的 20%乙醇溶液
百里酚酞	9.4~10.6	无~蓝	10.0	0.1%的 90%乙醇溶液

附录 8　常见沉淀物的 pH 值

（1）金属氧化物沉淀物的 pH（包括形成氢氧配离子的大约值）

氢氧化物	开始沉淀时的 pH		沉淀完全时 pH（残留离子浓度 $<10^{-5}\,mol\cdot L^{-1}$）	沉淀开始溶解的 pH	沉淀完全溶解时的 pH
	初浓度[M^{n+}]				
	$1\,mol\cdot L^{-1}$	$0.01\,mol\cdot L^{-1}$			
$Sn(OH)_4$	0	0.5	1	13	15
$TiO(OH)_2$	0	0.5	2	—	—
$Sn(OH)_2$	0.9	2.1	4.7	10	13.5
$ZrO(OH)_2$	1.3	2.3	3.8	—	—
HgO	1.3	2.4	5	11.5	—
$Fe(OH)_3$	1.5	2.3	4.1	14	
$Al(OH)_3$	3.3	4	5.2	7.8	10.8
$Cr(OH)_3$	4	4.9	6.8	12	15
$Be(OH)_2$	5.2	6.2	8.8		
$Zn(OH)_2$	5.4	6.4	8	10.5	12～13
Ag_2O	6.2	8.2	11.2	12.7	—
$Fe(OH)_2$	6.5	7.5	9.7	13.5	
$Co(OH)_2$	6.6	7.6	9.2	14.1	
$Ni(OH)_2$	6.7	7.7	9.5		
$Cd(OH)_2$	7.2	8.2	9.7		
$Mn(OH)_2$	7.8	8.8	10.4		
$Mg(OH)_2$	9.4	10.4	12.4	14	
$Pb(OH)_2$		7.2	8.7		13
$Ce(OH)_4$		0.8	1.2	10	
$Th(OH)_4$		0.5			
$Tl(OH)_3$		～0.6	～1.6		
H_2WO_4		～0	～0	—	—
H_2MoO_4				～8	～9
稀土		6.8～8.5	～9.5		
H_2UO_4		3.6	5.1		

（2）沉淀金属硫化物的 pH

pH	被硫化氢所沉淀的金属
1	Cu, Ag, Hg, Pb, Bi, Cd, Rh, Pd, Os, As, Au, Pt, Sb, Ir, Ge-, Se-, Te-, Mo
2～3	Zn, Ti, In, Ga
5～6	Co, Ni
>7	Mn, Fe-

附录 9　常见无机阳离子的定性鉴定方法

阳离子	鉴定方法	条件与干扰
Na$^+$	1. 取 2 滴 Na$^+$ 试液,加 8 滴醋酸铀酰试剂：UO$_2$(Ac)$_2$＋Zn(Ac)$_2$＋HAc,放置数分钟,用玻璃棒摩擦器壁,淡黄色的晶状沉淀出现,示有 Na$^+$：$3UO_2^{2+}+Zn^{2+}+Na^++9Ac^-+9H_2O$ ═══ $3UO_2$(Ac)$_2$·Zn(Ac)$_2$·NaAc·9H$_2$O	1. 在中性或醋酸酸性溶液中进行,强酸强碱均能使试剂分解。需加入大量试剂,用玻璃棒摩擦器壁 2. 大量 K$^+$ 存在时,可能生成 KAc·UO$_2$(Ac)$_2$ 的针状结晶。如试液中有大量 K$^+$ 时用水冲稀 3 倍后试验。Ag$^+$、Hg^{2+}、Sb^{3+} 有干扰,PO$_4^{3-}$、AsO$_4^{3-}$ 能使试剂分解,应预先除去
	2. Na$^+$ 试液与等体积的 0.1 mol·L^{-1} KSb(OH)$_6$ 试液混合,用玻璃棒摩擦器壁,放置后产生白色晶形沉淀示有 Na$^+$：Na$^+$＋Sb(OH)$_6^-$ ═══ NaSb(OH)$_6$↓ Na$^+$ 浓度大时,立即有沉淀生成,浓度小时因生成过饱和溶液,很久以后(几小时,甚至过夜)才有结晶附在器壁	1. 在中性或弱碱性溶液中进行,因酸能分解试剂 2. 低温进行,因沉淀的溶解度随温度的升高而加剧 3. 除碱金属以外的金属离子也能与试剂形成沉淀,需预先除去
K$^+$	1. 取 2 滴 K$^+$ 试液,加 3 滴六硝基合钴酸钠(Na$_3$[Co(NO$_2$)$_6$]) 溶液,放置片刻,黄色的 K$_2$Na[Co(NO$_2$)$_6$] 沉淀析出,示有 K$^+$ $2K^++Na^++$[Co(NO$_2$)$_6$]$^{3-}$ ═══ K$_2$Na[Co(NO$_2$)$_6$]↓	1. 中性微酸性溶液中进行,因酸碱都能分解试剂中的 [Co(NO$_2$)$_6$]$^{3-}$ 2. NH$_4^+$ 与试剂生成橙色沉淀（NH$_4$)$_2$Na[Co(NO$_2$)$_6$] 而干扰,但在沸水中加热 1～2 分钟后(NH$_4$)$_2$Na[Co(NO$_2$)$_6$] 完全分解,K$_2$Na[Co(NO$_2$)$_6$]无变化,故可在 NH$_4^+$ 浓度大于 K$^+$ 浓度 100 倍时,鉴定 K$^+$
	2. 取 2 滴 K$^+$ 试液,加 2～3 滴 0.1mol·L^{-1} 四苯硼酸钠 Na[B(C$_6$H$_5$)$_4$] 溶液,生成白色沉淀,示有 K$^+$ K$^+$＋[B(C$_6$H$_5$)$_4$]$^-$ ═══ K[B(C$_6$H$_5$)$_4$]↓	1. 在碱性中性或稀酸溶液中进行 2. NH$_4^+$ 有类似的反应而干扰,Ag$^+$、Hg^{2+} 的影响可加 NaCN 消除,当 pH＝5,若有 EDTA 存在时,其他阳离子不干扰
NH$_4^+$	1. 气室法：用干燥、洁净的表面皿两块(一大、一小),在大的一块表面皿中心放 3 滴 NH$_4^+$ 试液,再加 3 滴 6 mol·L^{-1} NaOH 溶液,混合均匀。在小的一块表面皿中心黏附一小条潮湿的酚酞试纸,盖在大的表面皿上做成气室。将此气室放在水浴上微热 2min,酚酞试纸变红,示有 NH$_4^+$ NH$_4^+$＋OH$^-$ ═══ NH$_3$＋H$_2$O	这是 NH$_4^+$ 的特征反应
	2. 取 1 滴 NH$_4^+$ 试液,放在白滴板的圆孔中,加 2 滴奈氏试剂(K$_2$HgI$_4$ 的 NaOH 溶液),生成红棕色沉淀示有 NH$_4^+$ NH$_4^+$ 浓度低时,没有沉淀产生,但溶液呈黄色或棕色	1. Fe^{3+}、Co^{2+}、Ni^{2+}、Ag$^+$、Cr^{3+} 等存在时,与试剂中的 NaOH 生成有色沉淀而干扰,必须预先除去 2. 大量 S^{2-} 的存在,使 [HgI$_4$]$^{2-}$ 分解析出 HgS 沉淀。大量 I$^-$ 存在使反应向左进行,沉淀溶解
Mg^{2+}	1. 取 2 滴 Mg^{2+} 试液,加 2 滴 2 mol·L^{-1} NaOH 溶液,1 滴 　镁试剂(Ⅰ),沉淀呈天蓝色,示有 Mg^{2+}。对硝基苯偶氮苯二酚 　俗称镁试剂(Ⅰ),在碱性环境下呈红色或红紫色,被Mg(OH)$_2$ 吸附后则呈天蓝色。	1. 反应必须在碱性溶液中进行,如[NH$_4^+$]过大,由于它降低了[OH$^-$]。因而妨碍 Mg^{2+} 的捡出,故在鉴定前需加碱煮沸,以除去大量的 NH$_4^+$ 2. Ag$^+$、Hg$_2^{2+}$、Hg^{2+}、Cu^{2+}、Co^{2+}、Ni^{2+}、Mn^{2+}、Cr^{3+}、Fe^{3+} 及大量 Ca^{2+} 干扰反应,应预先除去
	2. 取 4 滴 Mg^{2+} 试液,加 2 滴 6 mol·L^{-1} 氨水,2 滴 2 mol·L^{-1} (NH$_4$)$_2$HPO$_4$ 溶液,摩擦试管内壁,生成白色晶形 MgNH$_4$PO$_4$·6H$_2$O 沉淀,示有 Mg^{2+} Mg^{2+}＋HPO$_4^{2-}$＋NH$_3$·H$_2$O＋5H$_2$O ═══ MgNH$_4$PO$_4$·6H$_2$O↓	1. 反应需在氨缓冲溶液中进行,要有高浓度的 PO$_4^{3-}$ 和足够量的 NH$_4^+$ 2. 反应的选择性较差,除本组外,其他组很多离子都可能产生干扰

阳离子	鉴定方法	条件与干扰
Ca^{2+}	1. 取 2 滴 Ca^{2+} 试液,滴加饱和 $(NH_4)_2C_2O_4$ 溶液,有白色的 CaC_2O_4 沉淀形成,示有 Ca^{2+}	1. 反应在 HAc 酸性、中性、碱性中进行 2. Mg^{2+}、Sr^{2+}、Ba^{2+} 有干扰,但 MgC_2O_4 溶于醋酸,CaC_2O_4 不溶,Sr^{2+}、Ba^{2+} 在鉴定前应除去
	2. 取 1～2 滴 Ca^{2+} 试液于一滤纸片上,加 1 滴 6 mol·L^{-1}NaOH,1 滴 GBHA。若有 Ca^{2+} 存在时,有红色斑点产生,加 2 滴 Na_2CO_3 溶液不褪,示有 Ca^{2+} 乙二醛双缩 [2-羟基苯胺] 简称 GBHA,与 Ca^{2+} 在 pH=12～12.6 的溶液中生成红色螯合物沉淀	1. Ba^{2+}、Sr^{2+} 在相同条件下生成橙色、红色沉淀,但加入 Na_2CO_3 后,形成碳酸盐沉淀,螯合物颜色变浅,而钙的螯合物颜色基本不变 2. Cu^{2+}、Cd^{2+}、Co^{2+}、Ni^{2+}、Mn^{2+}、UO_2^{2+} 等也与试剂生成有色螯合物而干扰,当用氯仿萃取时,只有 Cd^{2+} 的产物和 Ca^{2+} 的产物一起被萃取
Ba^{2+}	取 2 滴 Ba^{2+} 试液,加 1 滴 0.1 mol·L^{-1} K_2CrO_4 溶液,有 $BaCrO_4$ 黄色沉淀生成,示有 Ba^{2+}	在 HAc-NH_4Ac 缓冲溶液中进行反应
Al^{3+}	1. 取 1 滴 Al^{3+} 试液,加 2～3 滴水,加 2 滴 3 mol·$L^{-1}NH_4$Ac,2 滴铝试剂,搅拌,微共片刻,加 6 mol·L^{-1}氨水至碱性,红色沉淀不消失,示有 Al^{3+}:	1. 在 HAc-NH_4Ac 的缓冲溶液中进行 2. Cr^{3+}、Fe^{3+}、Bi^{3+}、Cu^{2+}、Ca^{2+} 等离子在 HAc 缓冲溶液中也能与铝试剂生成红色化合物而干扰,但加入氨水碱化后,Cr^{3+}、Cu^{2+} 的化合物部分分解,加入 $(NH_4)_2CO_3$,可使 Ca^{2+} 的化合物生成 $CaCO_3$ 而分解,Fe^{3+}、Bi^{3+}(包括 Cu^{2+})可预先加 NaOH 形成沉淀而分离
	2. 取 1 滴 Al^{3+} 试液,加 1 mol·L^{-1}NaOH 溶液,使 Al^{3+} 以 AlO_2^- 的形式存在,加 1 滴茜素磺酸钠溶液(茜素 S),滴加 HAc,直至紫色刚刚消失,过量 1 滴则有红色沉淀,示有 Al^{3+}。或取 1 滴 Al^{3+} 试液于滤纸上,加 1 滴茜素磺酸钠,用浓氨水熏至出现桃红色斑,此时立即离开氨瓶。如氨熏时间长,则显茜素 S 的紫色,可在石棉网上,用手拿滤纸烤一下,则紫色褪去,现出红色:	1. 茜素磺酸钠在氨性或碱性溶液中为紫色,在醋酸溶液中为黄色,在 pH=5～5.5 介质中与 Al^{3+} 生成红色沉淀 2. Fe^{3+}、Cr^{3+}、Mn^{2+} 及大量 Cu^{2+} 有干扰,用 K_4[Fe(CN)$_6$] 在纸上分离,由于干扰离子沉淀为难溶亚铁氰酸盐留在斑点的中心,Al^{3+} 不被沉淀,扩散到水渍区,分离干扰离子后,于水渍区用茜素磺酸钠鉴定 Al^{3+}
Cr^{3+}	1. 取 3 滴 Cr^{3+} 试液,加 6 mol·L^{-1}NaOH 溶液直到生成的沉淀溶解,搅动后加 4 滴 3% 的 H_2O_2,水浴加热,溶液颜色由绿变黄,继续加热直至剩余的 H_2O_2 分解完,冷却,加 6 mol·L^{-1}HAc 酸化,加 2 滴 0.1 mol·L^{-1}Pb(NO$_3$)$_2$ 溶液,生成黄色 $PbCrO_4$ 沉淀,示有 Cr^{3+}: $Cr^{3+} + 4OH^- = CrO_2^- + 2H_2O$ $2CrO_2^- + 3H_2O_2 + 2OH^- = 2CrO_4^{2-} + 4H_2O$ $Pb^{2+} + CrO_4^{2-} = PbCrO_4 \downarrow$	1. 在强碱性介质中,H_2O_2 将 Cr^{3+} 氧化为 CrO_4^{2-} 2. 形成 $PbCrO_4$ 的反应必须在弱酸性(HAc)溶液中进行
	2. 按 1 法将 Cr^{3+} 氧化成 CrO_4^{2-},用 2 mol·L^{-1} H_2SO_4 酸化溶液至 pH=2～3,加入 0.5 mL 戊醇、0.5 mL 3%H_2O_2,振荡,有机层显蓝色,示有 Cr^{3+}: $Cr_2O_7^{2-} + 4H_2O_2 + 2H^+ = 2H_2CrO_6 + 3H_2O$	1. pH<1,蓝色的 H_2CrO_6 分解 2. H_2CrO_6 在水中不稳定,故用戊醇萃取,并在冷溶液中进行,其他离子无干扰
Fe^{3+}	1. 取 1 滴 Fe^{3+} 试液放在白滴板上,加 1 滴 K_4[Fe(CN)$_6$]溶液,生成蓝色沉淀,示有 Fe^{3+}	1. K_4[Fe(CN)$_6$]不溶于强酸,但被强碱分解生成氢氧化物,故反应在酸性溶液中进行。 2. 其他阳离子与试剂生成的有色化合物的颜色不及 Fe^{3+} 的鲜明,故可在其他离子存在时鉴定 Fe^{3+},如大量存在 Cu^{2+}、Co^{2+}、Ni^{2+} 等离子,也有干扰,分离后再作鉴定。
	2. 取 1 滴 Fe^{3+} 试液,加 1 滴 0.5mol·$L^{-1}NH_4$SCN 溶液,形成红色溶液示有 Fe^{3+}。	1. 在酸性溶液中进行,但不能用 HNO_3。 2. F^-、H_3PO_4、$H_2C_2O_4$、酒石酸、柠檬酸等有机酸能与 Fe^{3+} 形成稳定的配合物而干扰。溶液中若有大量汞盐,由于形成 [Hg(SCN)$_4$]$^{2-}$ 而干扰,钴、镍、铬和铜盐因离子有色,或因与 SCN^- 的反应产物的颜色而降低检出 Fe^{3+} 的灵敏度。

阳离子	鉴定方法	条件与干扰
Fe²⁺	1. 取 1 滴 Fe²⁺ 试液在白滴板上,加 1 滴 K₃[Fe(CN)₆]溶液,出现蓝色沉淀,示有 Fe²⁺。	1. 本法灵敏度、选择性都很高,仅在大量重金属离子存在而[Fe²⁺]很低时,现象不明显; 2. 反应在酸性溶液中进行。
	2. 取 1 滴 Fe²⁺ 试液,加几滴 2.5 g·L⁻¹ 的邻菲罗啉溶液,生成橘红色的溶液,示有 Fe²⁺。	1. 中性或微酸性溶液中进行; 2. Fe³⁺ 生成微橙黄色,不干扰,但在 Fe³⁺、Co²⁺ 同时存在时不适用。10 倍量的 Cu²⁺、40 倍量的 Co²⁺、140 倍量的 C₂O₄²⁻、6 倍量的 CN⁻ 干扰反应; 3. 此法比 1 法选择性高; 4. 如用 1 滴 NaHSO₃ 先将 Fe³⁺ 还原,即可用此法检出 Fe³⁺。
Mn²⁺	取 1 滴 Mn²⁺ 试液,加 10 滴水,5 滴 2 mol·L⁻¹ HNO₃ 溶液,然后加固体 NaBiO₃,搅拌,水浴加热,形成紫色溶液,示有 Mn²⁺。	1. 在 HNO₃ 或 H₂SO₄ 酸性溶液中进行; 2. 本组其他离子无干扰; 3. 还原剂(Cl⁻、Br⁻、I⁻、H₂O₂ 等)有干扰。
Zn²⁺	1. 取 2 滴 Zn²⁺ 试液,用 2 mol·L⁻¹ HAc 酸化,加等体积(NH₄)₂Hg(SCN)₄ 溶液,摩擦器壁,生成白色沉淀,示有 Zn²⁺:Zn²⁺ + Hg(SCN)₄²⁻ ══ ZnHg(SCN)₄↓ 或在极稀的 CuSO₄ 溶液(<0.2 g·L⁻¹)中,加(NH₄)₂Hg(SCN)₄ 溶液,加 Zn²⁺ 试液,摩擦器壁,若迅速得到紫色混晶,示有 Zn²⁺ 也可用极稀的 CoCl₂(<0.2g·L⁻¹)溶液代替 Cu²⁺ 溶液,则得蓝色混晶。 2. 取 2 滴 Zn²⁺ 试液,调节溶液的 pH=10,加 4 滴 TAA,加热,生成白色沉淀,沉淀不溶于 HAc,溶于 HCl,示有 Zn²⁺。	1. 在中性或微酸性溶液中进行; 2. Cu²⁺ 形成 CuHg(SCN)₄ 黄绿色沉淀,少量 Cu²⁺ 存在时,形成铜锌紫色混晶更有利于观察; 3. 少量 Co²⁺ 存在时,形成钴锌蓝色混晶,有利于观察; 4. Cu²⁺、Co²⁺ 含量大时干扰,Fe³⁺ 有干扰。 铜锡组、银组离子应预先分离,本组其他离子也需分离。
Co²⁺	1. 取 1～2 滴 Co²⁺ 试液,加饱和 NH₄SCN 溶液,加 5～6 滴戊醇溶液,振荡,静置,有机层呈蓝绿色,示有 Co²⁺。	1. 配合物在水中解离度大,故用浓 NH₄SCN 溶液,并用有机溶剂萃取,增加它的稳定性; 2. Fe³⁺ 有干扰,加 NaF 掩蔽。大量 Cu²⁺ 也干扰。大量 Ni²⁺ 存在时溶液呈浅蓝色,干扰反应。
	2. 取 1 滴 Co²⁺ 试液在白滴板上,加 1 滴钴试剂,有红褐色沉淀生成,示有 Co²⁺ 钴试为 α-亚硝基-β-萘酚,有互变异构体,与 Co²⁺ 形成螯合物,Co²⁺ 转变为 Co³⁺ 是由于试剂本身起着氧化剂的作用,也可能发生空气氧化。	1. 中性或弱酸性溶液中进行,沉淀不溶于强酸; 2. 试剂须新鲜配制; 3. Fe³⁺ 与试剂生成棕黑色沉淀,溶于强酸,它的干扰也加 Na₂HPO₄ 掩蔽,Cu²⁺、Hg²⁺ 及其他金属干扰。
Ni²⁺	取 1 滴 Ni²⁺ 试液放在白滴板上,加 1 滴 6 mol·L⁻¹ 氨水,加 1 滴丁二酮肟,稍等片刻,在凹槽四周形成红色沉淀示有 Ni²⁺。	1. 在氨性溶液中进行,但氨不宜太多。沉淀溶于酸、强碱,故合适的酸度 pH=5～10; 2. Fe²⁺、Pd²⁺、Cu²⁺、Co²⁺、Fe³⁺、Cr³⁺、Mn²⁺ 等干扰,可事先把 Fe²⁺ 氧化成 Fe³⁺,加柠檬酸或酒石酸掩蔽 Fe³⁺ 和其他离子。
Cu²⁺	1. 取 1 滴 Cu²⁺ 试液,加 1 滴 6 mol·L⁻¹ HAc 酸化,加 1 滴 K₄[Fe(CN)₆]溶液,红棕色沉淀出现,示有 Cu²⁺ 2Cu²⁺+[Fe(CN)₆]⁴⁻ ══ Cu₂[Fe(CN)₆]↓ 2. 取 2 滴 Cu²⁺ 试液,加吡啶(C₅H₅N)使溶液显碱性,首先生成 Cu(OH)₂ 沉淀,后溶解得[Cu(C₅H₅N)₂]²⁺ 的深蓝色溶液,加几滴 0.1mol·L⁻¹ NH₄SCN 溶液,生成绿色沉淀,加 0.5mL 氯仿,振荡,得绿色溶液,示有 Cu²⁺: Cu²⁺ + 2SCN⁻ + 2C₅H₅N ══ [Cu(C₅H₅N)₂(SCN)₂]↓	1. 在中性或弱酸性溶液中进行。如试液为强酸性,则用 3mol·L⁻¹ NaAc 调至弱酸性后进行。沉淀不溶于稀酸,溶于氨水,生成 Cu(NH₃)₄²⁺,与强碱生成 Cu(OH)₂。 2. Fe³⁺ 以及大量的 Co²⁺、Ni²⁺ 会干扰。

阳离子	鉴定方法	条件与干扰
Pb^{2+}	取 2 滴 Pb^{2+} 试液,加 2 滴 $0.1mol \cdot L^{-1} K_2CrO_4$ 溶液,生成黄色沉淀,示有 Pb^{2+}	1. 在 HAc 溶液中进行,沉淀溶于强酸,溶于碱则生成 PbO_2^{2-} 2. Ba^{2+}、Bi^{3+}、Hg^{2+}、Ag^+ 等干扰
Hg^{2+}	1. 取 1 滴 Hg^{2+} 试液,加 $1mol \cdot L^{-1} KI$ 溶液,使生成沉淀后又溶解,加 2 滴 $KI\text{-}Na_2SO_3$ 溶液,2～3 滴 Cu^{2+} 溶液,生成橘黄色沉淀,示有 Hg^{2+} 　$Hg^{2+} + 4I^- \Longrightarrow HgI_4^{2-}$ 　$2Cu^{2+} + 4I^- \Longrightarrow 2CuI\downarrow + I_2$ 　$2CuI + HgI_4^{2-} \Longrightarrow Cu_2HgI_4 + 2I^-$ 反应生成的 I_2 由 Na_2SO_3 除去	1. Pd^{2+} 因有下面的反应而干扰：$2CuI + Pd^{2+} \Longrightarrow PdI_2 + 2Cu^+$ 产生的 PdI_2 使 CuI 变黑 2. CuI 是还原剂,须考虑到氧化剂的干扰(Ag^+、Hg^{2+}、Au^{3+}、Pt^{IV}、Fe^{3+}、Ce^{IV} 等)。钼酸盐和钨酸盐与 CuI 反应生成低氧化物(钼蓝、钨蓝)而干扰
	2. 取 2 滴 Hg^{2+} 试液,滴加 $0.5mol \cdot L^{-1} SnCl_2$ 溶液,出现白色沉淀,继续加过量 $SnCl_2$,不断搅拌,放置 2～3min,出现灰色沉淀,示有 Hg^{2+}	1. 凡与 Cl^- 能形成沉淀的阳离子应先除去 2. 能与 $SnCl_2$ 起反应的氧化剂应先除去 3. 这一反应同样适用于 Sn^{2+} 的鉴定
Sn^{IV} Sn^{2+}	1. 取 2～3 滴 Sn^{IV} 试液,加镁片 2～3 片,不断搅拌,待反应完全后加 2 滴 $6mol \cdot L^{-1} HCl$,微热,此时 Sn^{IV} 还原为 Sn^{2+},鉴定按 2 进行	反应的特效性较好
	2. 取 2 滴 Sn^{2+} 试液,加 1 滴 $0.1mol \cdot L^{-1} HgCl_2$ 溶液,生成白色沉淀,示有 Sn^{2+}	
Ag^+	取 2 滴 Ag^+ 试液,加 2 滴 $2mol \cdot L^{-1} HCl$,搅动,水浴加热,离心分离。在沉淀上加 4 滴 $6mol \cdot L^{-1}$ 氨水,微热,沉淀溶解,再加 $6mol \cdot L^{-1} HNO_3$ 酸化,白色沉淀重又出现,示有 Ag^+	

附录10　常见无机阴离子的定性鉴定方法

阴离子	鉴定方法	条件及干扰
SO_4^{2-}	试液用 $6mol \cdot L^{-1} HCl$ 酸化,加 2 滴 $0.5mol \cdot L^{-1} BaCl_2$ 溶液,白色沉淀析出,表示有 SO_4^{2-}	
SO_3^{2-}	1. 取 1 滴 $ZnSO_4$ 饱和溶液,加 1 滴 $K_4[Fe(CN)_6]$ 于白滴板中,即有白色 $Zn_2[Fe(CN)_6]$ 沉淀产生,继续加入 1 滴 $Na_2[Fe(CN)_5NO]$,1 滴 SO_3^{2-} 试液(中性),则白色沉淀转化为红色 $Zn_2[Fe(CN)_5NOSO_3]$ 沉淀,表示有 SO_3^{2-}	1. 酸能使沉淀消失,故酸性溶液必须以氨水中和 2. S^{2-} 有干扰,必须除去
	2. 在验气装置中进行,取 2～3 滴 SO_3^{2-} 试液,加 3 滴 $3mol \cdot L^{-1} H_2SO_4$ 溶液,将放出的气体通入 $0.1mol \cdot L^{-1} KMnO_4$ 的酸性溶液中,溶液退色,表示有 SO_3^{2-}	$S_2O_3^{2-}$、S^{2-} 有干扰
$S_2O_3^{2-}$	1. 取 2 滴试液,加 2 滴 $2mol \cdot L^{-1} HCl$ 溶液,加热,白色浑浊出现,表示有 $S_2O_3^{2-}$	1. S^{2-} 干扰
	2. 取 3 滴 $S_2O_3^{2-}$ 试液,加 3 滴 $0.1mol \cdot L^{-1} AgNO_3$ 溶液,摇动,白色沉淀迅速变黄、变棕、变黑,表示有 $S_2O_3^{2-}$: 　$2Ag^+ + S_2O_3^{2-} \Longrightarrow Ag_2S_2O_3\downarrow$ 　$Ag_2S_2O_3 + H_2O \Longrightarrow H_2SO_4 + Ag_2S\downarrow$	2. $Ag_2S_2O_3$ 溶于过量的硫代硫酸盐中

阴离子	鉴定方法	条件及干扰
S^{2-}	1. 取 3 滴 S^{2-} 试液,加稀 H_2SO_4 酸化,用 $Pb(Ac)_2$ 试纸检验放出的气体,试纸变黑,表示有 S^{2-} 2. 取 1 滴 S^{2-} 试液,放白滴板上,加 1 滴 $Na_2[Fe(CN)_5NO]$ 试剂,溶液变紫色 $Na_4[Fe(CN)_5NOS]$,表示有 S^{2-}	在酸性溶液中,$S^{2-} \longrightarrow HS^-$ 而不产生颜色,加碱则颜色出现
CO_3^{2-}	装配仪器,调节抽水泵,使气泡能一个一个进入 NaOH 溶液(每秒钟 2~3 个气泡)。分开乙管上与水泵连接的橡皮管,取 5 滴 CO_3^{2-} 试液、10 滴水放在甲管,并加入 1 滴 3% H_2O_2 溶液,1 滴 3 $mol \cdot L^{-1}$ H_2SO_4。乙管中装约 1/4$Ba(OH)_2$ 饱和溶液,迅速把塞子塞紧,把乙管与抽水泵连接起来,把甲管中产生的 CO_2 随空气通入乙管与 $Ba(OH)_2$ 作用,如 $Ba(OH)_2$ 溶液浑浊,示有 CO_3^{2-}	1. 当过量的 CO_2 存在时,$BaCO_3$ 沉淀可能转化为可溶性的酸式碳酸盐 2. $Ba(OH)_2$ 极易吸收空气中的 CO_2 而变浑浊,故须用澄清溶液,迅速操作,得到较浓厚的沉淀方可判断 CO_3^{2-} 存在,初学者可作空白试验对照 3. SO_3^{2-}、$S_2O_3^{2-}$ 妨碍鉴定,可预先加入 H_2O_2 或 $KMnO_4$ 等氧化剂,使 SO_3^{2-}、$S_2O_3^{2-}$ 氧化成 SO_4^{2-},再作鉴定
PO_4^{3-}	1. 取 3 滴 PO_4^{3-} 试液,加氨水至呈碱性,加入过量镁铵试剂,如果没有立即生成沉淀,用玻璃棒摩擦器壁,放置片刻,析出白色晶状沉淀 $MgNH_4PO_4$,示有 PO_4^{3-}	1. 在 $NH_3 \cdot H_2O$-NH_4Cl 缓冲溶液中进行,沉淀能溶于酸,但碱性太强可能生成 $Mg(OH)_2$ 沉淀 2. AsO_4^{3-} 生成相似的沉淀($MgNH_4AsO_4$),浓度不太大时不生成
	2. 取 2 滴 PO_4^{3-} 试液,加入 8~10 滴钼酸铵试剂,用玻璃棒摩擦器壁,黄色磷钼酸铵生成,示有 PO_4^{3-} $PO_4^{3-}+3NH_4^++12MoO_4^{2-}+24H^+ =\!=\!= (NH_4)_3PO_4 \cdot 12MoO_3 \cdot 6H_2O \downarrow +6H_2O$	1. 沉淀溶于过量磷酸盐生成配阴离子,需加入大量过量试剂,沉淀溶于碱及氨水中 2. 还原剂的存在使 $Mo(\text{VI})$ 还原成"钼蓝"而使溶液呈深蓝色。大量 Cl^- 存在会降低灵敏度,可先将试液与浓 HNO_3 一起蒸发。除去过量 Cl^- 和还原剂 3. AsO_4^{3-} 有类似的反应。SiO_3^{2-} 也与试剂形成黄色的硅钼酸,加酒石酸可消除干扰 4. 与 $P_2O_7^{4-}$、PO_3^- 的冷溶液无反应,煮沸时由于 PO_4^{3-} 的生成而生成黄色沉淀
Cl^-	取 2 滴 Cl^- 试液,加 6$mol \cdot L^{-1}$ HNO_3 酸化,加 0.1$mol \cdot L^{-1}$$AgNO_3$ 至沉淀完全,离心分离。在沉淀上加 5~8 滴银氨溶液,搅动,加热,沉淀溶解,再加 6$mol \cdot L^{-1}$$HNO_3$ 酸化,白色沉淀重又出现,示有 Cl^-	
Br^-	取 2 滴 Br^- 试液,加入数滴 CCl_4,滴入氯水,振荡,有机层显红棕色或金黄色,示有 Br^-	如氯水过量,生成 $BrCl$,使有机层显淡黄色
I^-	1. 取 2 滴 I^- 试液,加入数滴 CCl_4,滴加氯水,振荡,有机层显紫色,示有 I^-	1. 在弱碱性、中性或酸性溶液中,氯水将 $I^- \longrightarrow I_2$ 2. 过量氯水将 $I_2 \longrightarrow IO_3^-$,有机层紫色褪去
	2. 在 I^- 试液中,加 HAc 酸化,加 0.1$mol \cdot L^{-1}$$NaNO_2$ 溶液和 CCl_4,振荡,有机层显紫色,示有 I^-	Cl^-、Br^- 对反应不干扰
NO_2^-	1. 取 1 滴 NO_2^- 试液,加 6$mol \cdot L^{-1}$ HAc 酸化,加 1 滴对氨基苯磺酸,1 滴 α-萘胺,溶液显红紫色,示有 NO_2^-	1. 反应的灵敏度高,选择性好 2. NO_2^- 浓度大时,红紫色很快褪去,生成褐色沉淀或黄色溶液
	2. 同 I^- 的鉴定方法 2。试液用醋酸酸化,加 0.1$mol \cdot L^{-1}$ KI 和 CCl_4 振荡,有机层显红紫色,示有 NO_2^-	
NO_3^-	1. 当 NO_2^- 不存在时,取 3 滴 NO_3^- 试液,用 6$mol \cdot L^{-1}$ HAc 酸化,再加 2 滴,加少许镁片搅动,NO_3^- 被还原为 NO_2^-,取 2 滴上层溶液,照 NO_2^- 的鉴定方法进行鉴定	

阴离子	鉴定方法	条件及干扰
NO₃⁻	2. 当 NO_2^- 存在时,在 $12mol \cdot L^{-1} H_2SO_4$ 溶液中加入 α-萘胺,生成淡红紫色化合物,示有 NO_3^-	
	3. 棕色环的形成:在小试管中滴加 10 滴饱和 $FeSO_4$ 溶液,5 滴 NO_3^- 试液,然后斜持试管,沿着管壁慢慢滴加浓 H_2SO_4,由于浓 H_2SO_4 密度比水大,沉到试管下面形成两层,在两层液体接触处(界面)有一棕色环(配合物 $Fe(NO)SO_4$ 的颜色),示有 NO_3^-: $3Fe^{2+} + NO_3^- + 4H^+ === 3Fe^{3+} + NO + H_2O$ $Fe^{2+} + NO + SO_4^{2-} === F(NO)SO_4$	NO_2^-、Br^-、I^-、CrO_4^{2-} 有干扰,Br^-、I^- 可用 AgAc 除去,CrO_4^{2-} 用 $Ba(Ac)_2$ 除去,NO_2^- 用尿素除去: $2NO_2^- + CO(NH_2)_2 + 2H^+ === CO_2 \uparrow + 2N_2 \uparrow + 3H_2O$

参 考 文 献

[1] 北京师范大学无机化学教研室，等. 无机化学实验. 第 3 版. 北京：高等教育出版社，2001.

[2] 南京大学化学实验教学组. 大学化学实验. 北京：高等教育出版社，1999.

[3] 武汉大学. 无机化学实验. 武汉：武汉大学出版社，2002.

[4] 大连理工大学无机化学教研室. 无机化学实验. 第 2 版. 北京：高等教育出版社，2004.

[5] 周宁怀. 微型无机化学实验. 北京：科学出版社，2000.

[6] 吴泳. 大学化学新体系实验. 北京：科学出版社，1999.

[7] 山东大学，山东师范大学等. 基础化学实验（Ⅰ）——无机及分析化学实验. 北京：化学工业出版社，2003.

[8] 陈虹锦. 实验化学. 北京：科学出版社，2003.

[9] 蒋碧如，等. 无机化学实验. 第 3 版. 北京：高等教育出版社，2001.

[10] 李梅，等. 化学实验与生活——从实验中了解化学. 北京：化学工业出版社，2004.

[11] 华中师范大学. 分析化学实验. 第 3 版. 北京：高等教育出版社，2001.

[12] 侯振雨. 无机及分析化学实验. 北京：化学工业出版社，2004.

[13] 范玉华. 无机及分析化学实验. 青岛：中国海洋大学出版社，2009.

[14] 宋毛平，何占航. 基础化实验与技术. 北京：化学工业出版社，2011.

[15] 强亮生，王慎敏. 精细化工综合实验. 哈尔滨：哈尔滨工业大学出版社，2004.

[16] 曾华梁. 电镀工艺手册. 北京：机械工业出版社，1989.

[17] 冯丽娟. 无机化学实验. 青岛：中国海洋大学出版社，2009.